U0184973

非线性转子系统数据驱动
模型辨识与应用

罗　忠　朱云鹏　李玉奇　韩清凯　郎自强　著

科学出版社
北京

内 容 简 介

本书以航空发动机转子系统动力学为背景、以线性系统辨识方法为基础介绍数据驱动建模方法，由此展开非线性系统模型结构及数据驱动建模方法的研究，在此基础上介绍适用于转子系统谐波信号建模的时域、频域数据驱动建模方法等方面的最新理论研究成果。书中主要介绍数据驱动建模的模型结构和辨识算法的基本理论；介绍谐波信号辨识的谐波拼接辨识方法和频域辨识方法，并给出参数化 NARX 模型结构及建模方法；从动力学建模、仿真分析、故障特征和实验分析等方面对简单线性转子系统和包含连接结构的转子系统进行分析；以不平衡故障转子和螺栓连接转子为例，通过数值和实验案例详细说明新型建模方法在转子系统动力学建模方面的应用；提出基于数据驱动模型的转子系统设计和故障诊断方法；附录中附有必要的数值仿真流程和程序。

本书对系统辨识、转子动力学、故障诊断等方面的研究具有重要的参考价值，可供从事转子系统动力学研究特别是系统辨识领域的研究人员和学生参考，同时可供从事系统辨识、转子动力学、故障诊断等相关学科研究的教师和研究生参考。

图书在版编目（CIP）数据

非线性转子系统数据驱动模型辨识与应用/罗忠等著. —北京：科学出版社，2022.2

ISBN 978-7-03-071368-1

Ⅰ. ①非… Ⅱ. ①罗… Ⅲ. ①非线性–转子–系统模型–研究 Ⅳ. ①TH133

中国版本图书馆 CIP 数据核字（2022）第 019511 号

责任编辑：裴 育 朱英彪 / 责任校对：崔向琳
责任印制：吴兆东 / 封面设计：蓝正设计

科 学 出 版 社 出版

北京东黄城根北街 16 号
邮政编码：100717
http://www.sciencep.com

北京厚诚则铭印刷科技有限公司印刷
科学出版社发行　各地新华书店经销

*

2022 年 2 月第 一 版　开本：720×1000 B5
2024 年 4 月第三次印刷　印张：14 1/2
字数：292 000

定价：98.00 元

（如有印装质量问题，我社负责调换）

前　言

航空发动机、燃气轮机、发电机和电动机等是典型的旋转机械，转子系统是其核心。工作中转子系统的振动可能会降低工作效率，严重时甚至会导致故障发生，造成事故。因此，在设计阶段有效避免系统的异常振动、在工作阶段准确识别故障类型与故障特征具有重要意义。

开展转子系统设计、分析与故障诊断的前提是建立能够呈现系统动力学特征的数学模型。用于描述转子系统动力学特征的数学模型可分为机理模型和数值模型两种。机理模型是根据先验物理知识建立的模型，一般以微分方程来表征系统动力学特性，而数值模型是基于系统辨识技术建立的动力学系统数据驱动模型。建立转子系统的机理模型要求研究人员具备丰富的先验知识，并且建立的模型往往需要对物理关系进行大量的假设，导致所得模型并不能准确描述转子系统的动力学特性。此外，复杂转子系统的机理模型通常自由度较多，存在模型复杂、求解耗时长等不足。而系统辨识是通过系统输入和输出来识别系统动力学模型的方法，该方法是由控制理论发展而来的，可以广泛应用于可测量输入和输出的实际系统中，包括工业工程、控制系统、金融和医学等。

在过去的几十年里，动力学系统的数据驱动建模方法已经成为一个重要的研究课题。最初该方法主要应用于线性系统研究，近年来则更多地应用于非线性系统研究。建模过程中一般根据需要选择适当的模型类型，进一步结合辨识算法，即可获得描述动力学系统的数据驱动模型。用于数据驱动建模的模型类型较多，如神经网络、多项式模型、分式模型和非线性有源自回归(nonlinear autoregressive with external input, NARX)模型等，由于 NARX 模型结构简单，且便于开展非线性动力学系统的分析、设计与故障诊断，在众多领域得到了广泛应用。本书以航空发动机转子系统结构特点为背景，针对其载荷特点，结合传统 NARX 模型结构和建模方法，深入研究非线性转子系统的数据驱动建模与模型应用方法。

本书以线性系统辨识方法为基础介绍数据驱动建模方法，由此展开非线性系统 NARX 模型结构及数据驱动建模方法的研究，并与其他几种典型的数据驱动模型结构对比以说明其优势；在此基础上提出适用于谐波信号建模的时域、频域数据驱动建模方法，结合数值算例和实验验证深入讨论该建模方法在转子系统动力学建模中的应用，以及所得模型在转子系统设计、分析与故障诊断中的适用性。本书共 6 章。第 1 章为绪论，介绍研究背景以及目前国内外在 NARX 模型辨识方法及转子系统动力学特性分析领域的相关研究情况；第 2 章详细介绍用于数据驱动建模的模型结构和辨识算法；第 3 章提出谐波信号辨识的谐波拼接辨识方法和频域辨识方法，并给出参数化 NARX 模型结构及建模方法；第 4 章针对简单线性转子系统和包含连接结构的转子系统，从动力学建模、仿真分析和故障特征等方面进行分析；第 5 章分别以不平衡故障转子和螺栓连接转子为例，通过数值和实验案例详细说明本书提出的建模方法在转子系统动力学建模方面的应用；第 6 章提出基于数据驱动模型的转子系统设计和故障诊断方法；附录中给出了必要的仿真程序。另外，每章均附有作者独有的科研成果及代表性实例。

　　本书内容是作者近几年项目研究的主要成果总结，相关研究工作得到了国家重点基础研究发展计划(973 计划)项目(2012CB026000)、国家自然科学基金项目(11572082, 11872148)、广东省基础与应用基础研究基金联合基金项目(2020B1515120015)、中央高校基本科研业务费项目(N2003013)、辽宁省普通高等学校校际合作对外交流高层次教育合作项目(辽教发[2020]28 号)等的支持。

　　本书由东北大学罗忠教授、英国谢菲尔德大学朱云鹏博士、广西科技大学李玉奇博士、东北大学韩清凯教授和英国谢菲尔德大学郎自强教授共同撰写完成。高屹、周广泽、刘昊鹏、马莹、葛晓彪、仇越、石宝龙、阎晓璐和郑思佳等研究生参与了有关内容的研究和整理工作。特别感谢在本书撰写过程中给予帮助的中国航发沈阳发动机研究所刘永泉研究员、王相平研究员、吴法勇研究员、姜广义研究员和王雅谋研究员等专家，对给予本书出版大力支持的中国振动工程学会转子动力学专业委员会、辽宁省科学技术协会和辽宁省振动工程学会深表感谢！

　　由于作者水平有限，书中难免存在不妥之处，敬请广大读者批评指正。

目　录

第1章 绪 论

1.1 研 究 意 义

旋转机械广泛应用于现代工业与生产生活中，如航空发动机、汽车发动机、压缩机和发电机等[1]。其中，航空发动机作为飞机的动力装备，是一种高度复杂和精密的热力机械，也是一个国家科技和国防实力的重要体现。随着国防及社会发展的需求日渐提高，航空发动机在大推重比、高强度和轻量化等方面的要求不断提升，这就要求相关人员针对其结构特点开展深入研究。

由于制造、维修和搬运等方面的需要，航空发动机的各个部件并不是通过一次加工得到的，而是采用螺栓连接、止口连接、套齿连接和铆接等方式将大量零部件连接成的[2,3]。螺栓连接结构是转子系统中的一种典型连接结构，由于其具有可靠性高、拆卸方便、连接性能好等优点，广泛应用于发动机的静子结构(如机匣)和旋转结构(如转子系统)中。图1.1为某型航空发动机螺栓连接结构的转子结构简图，其中转子系统压气机和涡轮结构中存在大量的螺栓连接结构。

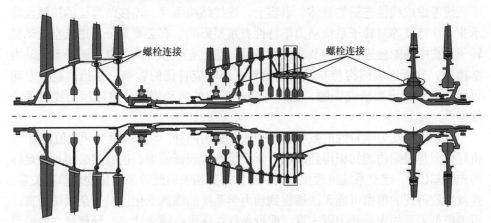

图1.1 某型航空发动机转子结构简图

大量的连接结构导致发动机整体结构的动力学特征与完整结构之间存在很大不同，容易使发动机振动呈现出宏观上的不稳定特征，进而导致航空发动机转子系统性能特别是动力学特性与理想的确定性系统特性存在较大差异，对航空发动机的设计具有重要影响。据有关部门统计，航空发动机连接结构会造成发动机工作中整机振动水平发生 1～6 倍的变化，特别是工作 500h 后的发动机性能变化高达 6%～8%。近年来，国内航空发动机厂家在进行发动机大修的过程中，陆续发现了由螺栓连接结构设计中性能预测不足导致的故障及性能变化过大等问题。据美国空军材料实验室统计，在发动机故障引起的飞机事故中，由螺栓连接失效或连接结构引起的整机振动问题占比达到 64% 左右。从国内外的工程实际情况中可以发现，在设计过程中忽略螺栓连接的影响，会导致整机产生振动不稳定、运动状态改变等一系列的问题。因此，为了提高发动机设计水平，开展螺栓连接转子系统建模方法的研究及螺栓连接结构参数对转子动力学特性影响的分析具有重要意义。

此外，转子不平衡、不对中和碰摩等典型故障也严重影响发动机性能。航空发动机转子系统中可能存在多种不对中问题，诸如支点不同心、联轴器不对中和转子不对中等，会给航空发动机转子系统动力学特性带来非线性特征，造成转子系统异常振动。现在航空发动机设计在追求大推力、高性能的同时为保证压气机效率，将转子和定子的间隙尽可能地缩小，当转子系统中存在的不对中故障较为严重时，在不平衡故障的作用下，系统剧烈振动会引起转子与定子之间的碰摩，最终引发严重飞行事故[4]。

尽管近年来连接结构动力学建模与分析引起了大量学者的关注，但是对于包含连接结构及考虑故障的非线性转子系统动力学建模的相关研究尚不多见。在以往的大多数转子动力学研究中，往往忽略了连接结构及非线性特征的影响，将转子系统考虑成线性连续的整体。事实上，连接结构刚度、连接结合面的接触及轴承非线性特征等对转子系统动力学特性有重要影响。有必要充分考虑航空发动机转子系统中的螺栓连接结构及非线性特征，建立有效和准确的复杂转子系统动力学模型，分析连接结构与非线性参数对系统响应特征的影响，是当前航空发动机领域涉及的重要研究课题，这将为转子系统的振动控制、故障预防提供理论依据[5]。

描述系统动力学特性的数学模型一般可分为两种，即机理模型和数值模型[6]。机理模型是根据物理知识得到的动力学系统数学表征模型，这要求必须具备足够的先验知识[7]。建立系统机理模型时，通常需要相关的假设来简化物理参数关系，这就导致得到的模型可能无法捕捉到动力学系统的细微变化。对复杂系统而言，机理模型需要的先验知识更丰富，假设条件往往也会随之增多，导致建立的模型无法反映系统的真实动力学特性。此外，描述复杂动力学系统的机理模型往往需要采用大量自由度来描述动力学系统，因此会带来计算耗时的问题。由此可以看出，虽然机理模型中的参数具有明确、直观的物理意义，便于工程人员开展分析与设计，但该模型更适用于参数关系清晰、内部机理明确的动力学系统。对于复杂系统，建模过程中很有可能会丢失重要信息，导致其工程应用存在一定的局限性。而数值模型是一种基于系统辨识技术建立的动力学系统数学表征模型,该方法是基于实际系统的输入、输出数据建立输入、输出间的映射关系,从而得到可呈现系统动力学特性的代理模型[8]。当系统因外界激励的影响而产生相应的响应或使其状态发生变化时,最明显的就是数据的变化,所以通过数据驱动的方式建模来反映目标对象内部复杂的逻辑关系可以在一定程度上满足相关性和准确性。这种方法在不考虑目标研究对象内部机理的情况下只需要采集实际系统的数据来建立系统变量之间的某种映射关系或依赖关系。

数值模型作为一种起源于控制理论的数据驱动建模方法,提供了一种新的动力学建模与分析技术,已经在制造、化工、医疗和金融等领域中得到应用,实现基于传统方法难以完成的分析与设计工作,如图 1.2 所示。具体到依据非线性系统动力学响应建立系统模型方面,常用的方法是系统辨识方法。系统辨识无须掌握丰富的先验知识,仅凭输入、输出信号并结合相应的模型形式和算法即可。该建模方法的优势是适用性强,建模速度快,可有效解决物理关系复杂、难以合理简化的动力学系统建模问题,从而广泛应用于实际工程中[9]。

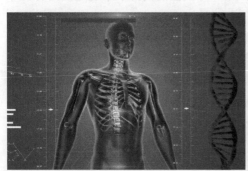

(a) 医疗数据预测

(b) 股票预测

(c) 汽车振动控制

(d) 桥梁振动控制

图 1.2　数值模型应用场景

非线性系统无法用通用模型结构来描述，由于研究对象的多样性，形成了多种类型的数值模型，如 Volterra 级数模型[10,11]、Hammerstein 模型[12,13]、Hammerstein-Wiener 模型[14,15]等。上述数值模型通常需要特定的系统形式且对输入信号形式有严格要求，因而难以广泛应用于工程中的非线性动力学系统。NARX 模型[16,17]作为一种更普遍的模型类型，因其结构简单、鲁棒性强、构建容易、能反映真实系统特性等特点，在实际非线性系统建模与分析中得到了广泛应用。与拟合能力较强的神经网络模型相比，NARX 模型可以提供清晰的模型结构，便于进行分析和设计[9,18]。由于数据驱动模型的特点，辨识得到的数值模型通常不具有明确的实际物理意义，这对系统的参数化分析与设计产生了限制。为此，Zhu 等[19]基于传统模型结构提出了用于系统设计的数值模型概念，物理参数作为系数出现在模型中，便于开展动力学系统的参数化分析，因此该模型也称为动态参数化模型[20]。此外，结合 NARX 模型的分析设计方法相比于其他数值模型，类型也更加丰富，如基于 NARX 模型的谐波分析[21]、结构损伤检测[22]、非线性系统设计[19]和特征参数影响分析[23]等，这也进一步说明基于 NARX 模型的动力学系统建模具有良好的工程应用前景和研究价值。

作者团队在国家大力发展航空动力装备背景下，结合非线性系统辨识技术，开展考虑航空发动机非线性的转子动力学建模方法研究以及航空发动机典型部件的振动特性分析工作，探明非线性结构如轴承非线性特征、螺栓连接结构等对转子系统振动响应特性的影响规律，并开展相关实验验证，丰富现有转子系统动力学建模方法，为复杂非线性转子系统的振动特性分析与振动控制提供理论依据和技术支撑。

1.2　国内外研究现状

非线性转子系统动力学建模与分析一直受到国内外研究人员的关注。近年来，考虑轴承非线性、结构非线性、螺栓连接等特征的转子系统振动问题引起了越来越多学者的关注，尽管当前已经开展了部分研究工作，但对于其机理方面的研究仍不够深入，主要原因是传统的物理建模方法存在诸多难点，且缺乏有效的实验验证技术，而起源于控制理论的数据驱动建模方法也不能完全适用于转子系统，所以仍需开展建模方法研究、参数化分析与实验验证等工作。

相关代表性研究成果主要集中在如下几个方面：非线性转子-轴承系统振动特性分析、基于 NARX 模型的非线性系统建模、基于 NARX 模型的动态参数化建模、基于 NARX 模型的非线性系统设计与故障诊断方法。

1.2.1 非线性转子-轴承系统振动特性分析研究现状

转子系统广泛应用于航空发动机、发电机和压缩机等旋转装备,一般由轴承支承,实现自由旋转和能量传递[1]。针对轴承支承的单盘或多盘非线性转子系统的动力学建模与振动分析已有大量研究,但传统研究中通常将复杂转子系统简化成一个连续的系统。事实上,复杂转子系统中通常存在大量的连接结构,其目的是将多个旋转部件连接在一起,以传递动力并提供足够的强度,从而提高经济性[24,25],同时连接结构也引入了大量的非线性因素。研究人员在进行转子系统设计与分析时逐渐认识到连接结构的重要性,随之开展了相关的动力学建模与分析工作。本节主要从非线性轴承支承转子系统和螺栓连接转子系统动力学建模与振动特性分析方面回顾国内外学者们的相关研究工作。

关于非线性轴承支承转子系统的动力学建模及振动特性,随着研究的不断深入,转子轴承支承模型越来越接近实际模型,轴承模型由简化为线性支承[26]到考虑赫兹接触(Hertzian contact)、热耦合[27]以及进一步考虑轴承滚道表面波纹度[28]等因素不断发展。大量学者详细分析了轴承非线性因素对转子振动响应的影响。南京航空航天大学 Chen[29]建立了滚动轴承支承的不平衡转子系统动力学模型,模型考虑轴承内部游隙、非线性赫兹接触力和滚动体接触位置周期变化引起的时变刚度,基于此模型研究了转速和游隙对转子系统动力学特性的影响。南京航空航天大学 Leng 等[30]基于哈密顿原理建立了电厂汽轮机转子-轴承-密封系统非线性模型,采用龙格-库塔(Runge-Kutta)法求解方程并分析整个系统的非线性振动特性。哈尔滨工业大学 Zhang 等[27]研究了基于轴承间隙和赫兹接触耦合作用下球轴承的主共振变柔度滞回特性,与无损耗赫兹接触的软滞后特性不同,其水平共振响应呈现燕尾结构,而竖直方向随着阻尼增大软滞后特性逐渐消失。希腊雅典国立技术大学 Lioulios 等[28]考虑了球与滚道之间的接触力、不同柔度和内部径向间隙的影响,建立了存在径向间隙球轴承支承的水平转子系统,研究了速度波动对转子动态特性的影响,并指出转子转速的小波动会引起系统动力学的重大变化以及转子系统中轴承非线性因素的影响不可忽略。建模方面,法国里昂中央学院 Sinou[31]基于有限元研究了不平衡激励下球轴承支承的柔性转子的非线性动力学响应。南京航空航天大学陈果[32]建立了复杂转子-支承-机匣耦合的动力学模型,采用有限元法建立转子和机匣模型,采用集总参数法建立考虑非线性的支承模型,通过实验验证了转子-轴承整机振动系统的模态。东北大学 Liu 等[33]针对含非线性深沟球轴承支承的双盘转子系统采用有限元法建模,分析了轴承间隙和轴承内环加速度对转子系统动力学的影响。加拿大多伦多大学 Al-Solihat 等[34]利用假设模态法建立了柔性轴盘转子系统模型,并对其非线性动力学特性进行了数值研究。西安交通大学 Wang 等[35]提出了一种基于自由界面的复合元件模态综合方法并应用于广义转子-轴承系统的各向异性模型,研究了轴和轴承的各向异性对转子系统动力学的影响,考虑了转子系统在刚度、转动惯量和阻尼方面的各向异性。

非线性转子系统的振动特性分析方面,目前对于非线性系统解的形式尚未完全掌握,至今已知的解的形式有周期解、倍周期解、拟周期解、平衡点、混沌等。韩国焊接联合学会 Saito[36]采用增量谐波平衡法求解转子-轴承系统的不平衡响应,并给出了非线性力的近似表达式。加拿大多伦多大学 Al-Solihat 等[34]将谐波平衡法与伪连续法相结合,建立了圆盘不平衡力作用下的非线性频率响应和力传递特性曲线。法国图卢兹大学 Shad 等[26]基于哈密顿原理建立了单个刚性盘和柔性轴组成的数学模型,并应用多尺度法求解其微分方程。日本名古屋大学 Kano 等[37]基于无限长轴承理论推导了非线性油膜力的计算式,并通过有限元法建立了转子-轴承系统的动力学模型,应用中心流形理论研究了系统不稳定点附近的分岔现象,并通过实验验证了理论分析结果的正确性。法国里昂中央学院 Sinou[31]研究了球轴承支承的转子系统由于不平衡激励引起的非线性动力学响应,采用谐波平衡法缩减系统的非线性坐标后进行分析。法国里昂大学 Peletan 等[38]基于 Jeffcott 转子模型,利用准周期谐波平衡法和拟弧长延拓法相结合的算法预测转子系统的稳态与动态特性。加拿大多伦多大学 Al-Solihat 等[34]采用谐波平衡法结合拟弧长延拓方法分析了在受到不平衡力的情况下,轴承刚度、偏心质量、刚性盘距左端轴承距离对非线性频率响应和力传递曲线的影响。哈尔滨工业大学 Yang 等[39]提出了频域/时域交变谐波平衡的半解析法求解转子球轴承系统,并分析了具有非线性参数激励的转子滚珠轴承系统的解和特性。英国帝国理工学院 Haslam 等[40]提出一种详细的轴承模型,结合 Jeffcott 转子系统和广义谐波平衡法研究了转子-轴承系统的运动特性,研究发现当滚动体通过频率与固有频率重合时,会产生亚谐共振现象。哈尔滨工业大学 Zhang 等[27]指出 Runge-Kutta 法适用于求解自由度较少和质量矩阵对角的微分方程,纽马克(Newmark)法适用于多自由度微分方程,合适的积分控制参数可以使线性微分方程解无条件稳定,但当微分方程包含强非线性时,结果收敛需要小步长,与计算时间难以平衡。印度理工学院 Patra 等[41]为研究圆柱滚子轴承支承的不平衡转子系统混沌动力学特性,建立了具有非线性刚度和阻尼的弹簧质量模型,使用四阶 Runge-Kutta 法求解非线性微分方程组,通过频谱和庞加莱(Poincare)图分析了系统的混沌路径。希腊雅典国立技术大学 Lioulios 等[28]分析轴承转子系统中滚动轴承的装配柔度和内部间隙对转子系统动力学响应的影响。中国矿业大学 Hua 等[42]采用 Runge-Kutta 法分析转子系统在非线性摩擦作用下的耦合振动特性等。东北大学 Luo 等[43]针对悬臂组合支承转子系统,采用 Runge-Kutta 结合纽马克-β法(Newmark β-method)分析了组合支承非线性因素对转子系统动力学的影响。印度信息技术设计与制造研究所 Metsebo 等[44]基于铁摩辛柯(Timoshenko)梁架理论建立了转子轴承系统动力学模型,采用非线性弹簧模拟滚动体和内外圈的接触作用,基于赫兹接触理论计算非线性弹簧刚度,通过实验验证了简化模型的有效性,并基于该模型研究了转速对系统运动稳定性的影响。

关于含有螺栓连接结构的转子-轴承系统动力学建模与振动特性研究,清华大学 Qin 等[2,45]推导了盘鼓连接结构时变弯曲刚度表达式,并通过有限元仿真结果验证了解析式的正确性,以含螺栓-鼓筒连接结构的转子系统为例,引入连接结构弯曲刚度建立转子系统动力学模型,有限元建模如图 1.3 所示。采用谐波平衡法求解方程,通过与完整转子系统响应对比得出螺栓连接结构对转子系统动力学特性的影响,并进一步研究了螺栓预紧力松弛对系统临界转速的影响规律。天津大学刘卓乾等[46]基于有限元法建立了航空发动机螺栓连接转子系统动力学模型,通过一个分段线性参数化模型模拟连接结构刚度特性,研究了含螺栓连接转子系统的模态特性和稳态动力学响应。研究表明:分段线性连接刚度对中转速段模态和稳态动力学响应影响较大,而对低速和高速运动区间内的稳定性影响较小;预紧力对转子系统运动稳定性影响显著,在一定范围内增大预紧力使系统不稳定加剧,但不稳定运动区间范围缩短。华北电力大学 Hu 等[47,48]基于拉格朗日动力学方程建立了考虑非线性油膜力、不平衡质量及不平衡拉杆预紧力的拉杆转子-轴承系统的非线性动力学模型,采用四阶 Runge-Kutta 法求解方程,分析了该转子系统的动力学特性。结果表明:不平衡预紧力引入的转轴初始变形、非线性油膜力、转速对转子系统动力学特性有显著影响。华北电力大学胡亮[49]以某燃气发电机拉杆转子作为研究对象,在充分考虑轮盘接触特性的前提下,建立了拉杆转子系统的运动方程,通过理论分析和数值模拟研究该转子系统有初始弯曲及碰摩共同作用时的响应特性,并搭建了多盘拉杆转子系统实验平台研究预紧力对系统固有特性的影响。西安理工大学 Hei 等[50]建立了考虑陀螺效应的拉杆-轴承转子系统动力学模型,将盘和拉杆之间的相互作用假设为具有三次方刚度的非线性弹簧,基于变分原理并采用分离变量法提出了有限长轴承非线性油膜力的近似解析解,以转速、离心率及弯曲刚度作为控制变量,提出一种改进 Newmark 法求解方程,数值结果揭示了转子系统周期、倍周期、准周期等丰富的非线性特性。西安交通大学刘恒等[51]采用哈密顿原理建立了周向均布拉杆-轴承-转子系统的动力学模型,得到因拉杆而产生的附加刚度矩阵和预紧力不均匀产生的力矩,根据铁摩辛柯梁单元理论建立了转子系统动力学方程,运用打靶法和 Floquet(弗洛凯)稳定性分析理论,得到系统稳态周期解的稳定边界以及系统运动的分岔路径。西安交通大学李辉光等[52]通过三维有限元仿真分析拉杆转子在不同预紧力和工况下的应力分布和接触界面接触状态变化规律。分析结果表明:拉杆转子预紧力不足会导致接触界面在工作中发生局部分离和滑移,此时承载能力小于连续转子;随着预紧力的增加,拉杆转子能够传递更大的载荷,但最大应力显著增加,降低了材料的强度裕度。

根据得到的拉杆转子应力水平、接触界面应力分布及接触界面切向力与法向力的比值，给出了保证转子结构完整性和结构强度要求的拉杆预紧力确定方法。南京航空航天大学 Yu 等[53]根据航空发动机中典型的螺栓法兰-止口连接结构特点，推导出其刚度表达式并基于有限元仿真进行了验证，建立了带有螺栓法兰-止口连接结构的转子系统动力学模型，研究了摩擦系数、法兰长度等对系统响应的影响。中南大学 Wang 等[54,55]基于达朗贝尔原理建立了拉杆转子-轴承系统的动力学模型，其中接触界面被视为具有非线性刚度的弹簧，并基于此模型开展了系统运动稳定性分析。大连理工大学 Sun 等[3]根据航空发动机结构特点，建立了盘鼓-转轴系统的动力学模型，通过引入表征配合面上的装配力学关系，研究装配参数对系统动力学特性的影响并开展了实验验证。

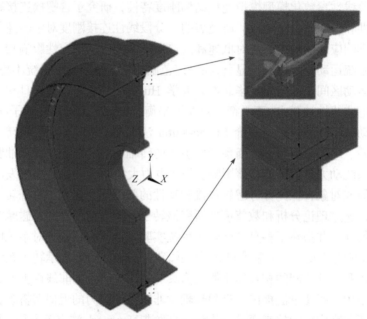

图 1.3　盘鼓连接转子系统有限元静力学仿真

1.2.2　基于 NARX 模型的非线性系统建模研究现状

英国谢菲尔德大学 Billings 等[16,17]最初于 1985 年提出用于非线性系统辨识的 NARX 模型，作为一种数据驱动数值模型，其形式简单、建模速度快，且能够广泛适用于一大类非线性系统，因而得到了广泛应用。随着该技术的发展，一些经典的建模算法相继被提出，如正交最小二乘(orthogonal least squares, OLS)算法[56,57]和前向正交最小二乘(forward regression orthogonal least squares, FROLS)算法[58]等。本节从 NARX 模型的应用研究、模型结构优化与辨识两个方面回顾基于 NARX 模型的非线性系统建模研究现状。

　　在应用研究方面，希腊佩特雷大学 Samara 等[59]以航母的攻角为追踪对象，以飞机的纵向加速度和速度为输入建立表征上述参数动态变化规律的 NARX 模型，成功预测了飞机仰角的变化。新西兰奥克兰大学 Hafiz 等[60]提出一种简单的灰箱识别方法用于连续导电模式下的电压转换器建模，以模型项分类的方法确定候选模型的静态响应，将灰箱识别问题转换为一个多目标问题来平衡建模过程中的偏差，最终得到可呈现系统动态和静态行为的数值模型。中国石油大学 He 等[61]针对管道中石油实时流量受噪声和仪器精度的影响而无法直接观测的问题，提出一种结合数据驱动和模型驱动的方法来估计石油产品的实时流量，并对局部压力突变的预估策略进行改进。研究结果表明，该方法提高了在不可预见情况下石油流量估计的准确性。韩国庆北大学 Kim 等[62]以 NARX 模型结合自组织映射图，建立了首尔每个流域的洪水预测模型，并根据 2010 年和 2011 年首尔特大暴雨数据进行了洪水预测，结果表明该模型具有较高的洪水预报准确度。意大利佛罗伦萨大学 Basso 等[63]以电厂燃气轮机为对象，以燃料冲程和涡轮角速度为输入，以产生的转矩为输出完成建模，通过真实数据验证表明该模型可成功预测燃气轮机的输出转矩；此外研究发现用宽带信号识别出来的模型在准确性和普适性上优于用窄带信号和中带信号建立的模型。西安航空学院 Wu 等[64]为预测驾驶员在隧道中的行为风险特征，选取两个长距离隧道进行了实车实验，并采集熟练驾驶员和非熟练驾驶员的车速，基于 NARX 模型建立了基于安全速度差的驾驶员行为风险量化模型。伊朗谢里夫理工大学 Erfani 等[65]以 NARX 模型预测建筑物热力学动态变化，并用遗传算法获得控制信号的最佳值，验证结果表明得到的数值模型可以达到 97.71%的预测精度。美国肯特州立大学 Lee 等[66]从美国 41 个不同城市收集了 1975～2010 年期间的人口死亡率数据和温度数据，建立了表征温度与死亡率关系的 NARX 模型，研究结果表明 NARX 模型在流行病学和环境科学的各种应用中具有适用性。意大利米兰理工学院 Savaresi 等[67]以磁流变阻尼器的伸长速率和控制电流作为输入，用阻尼器产生的力作为输出，建立表征阻尼器动力学行为的 NARX 模型，以此实现阻尼力的精确控制。美国坎特伯雷大学 Asgari 等[68]结合神经网络，建立重载汽轮机 NARX 模型，利用压缩器进口温度、压缩器进口驻点压力和燃料质量流率成功预测压缩器出口温度、涡轮出口温度、压缩器压力比和涡轮转速，最大误差控制在 7.5%以下。英国谢菲尔德大学的 Akinola 等[69]基于 NARX 模型系统辨识方法，建立了能够准确描述工业二氧化碳捕获过程中关键变量的动态关系模型，基于一步向前(one step ahead, OSA)和模型预测输出(model predicted output, MPO)方法验证了模型的预测能力，并详细分析了输入和输出不同时滞对预测响应的影响。印度理工学院 Ghosh 等[70]针对血糖代谢动力学具有高度非线性、随机性和因人而异的特点而无法采用传统建模方法得到准确的血糖代谢模型的问题,结合遗传算法与 NARX 模型建立了血糖代谢动力学模型。希腊格里法达综合航空航天科学公司 Karagiannis 等[71]建立了用于控制航空航天用形状记忆合金单周期、多周期加载条件的 NARX 模型,通过实验数据表明该模型的预测结果与真实结果具有良好的一致性。

随着 NARX 模型的广泛应用,一些问题也逐渐表现出来,这些问题主要集中在建立的模型结构冗余、不便于确定模型参数、对输入信号要求比较严苛等。为了解决这些问题,国内外许多学者开展了算法优化与模型改进工作。例如,英国谢菲尔德大学 Worden 等[72]结合机器学习提出一种基于高斯进程的 NARX 模型,给出了相应的高阶频响函数表达式,提出一种将高斯进程不确定性引入高阶频响函数的算法,并以非对称达芬(Duffing)振子和海洋波浪力为例,证明该算法可用于识别奇偶非线性系统。华中科技大学 Tang 等[73]针对传统算法容易产生模型项冗余的问题,提出一种稳定正交回归算法,该算法通过传统正交向前回归算法及重采样建立表征系统的多个模型,从中选取出现次数最多的模型项来确定最终模型的结构,通过理论分析和仿真算例证明了该算法的有效性。此外,Tang 等[74]提出一种贝叶斯增广拉格朗日辨识方法,通过贝叶斯学习降低模型复杂程度,从而避免过拟合的问题,最后通过仿真算例证明了该算法的有效性。马来西亚世纪大学 Saadon 等[75]提出一种 NARX-QR 分解模型预测河道的侵蚀率,通过为期 12 个月的现场测量数据完成建模,模型考虑了河道水力特性参数、河岸几何参数和土壤特性参数,通过 QR(正交三角)分解完成模型参数估计,最后通过模型预测数据与真实数据的对比说明 NARX-QR 分解模型在河岸侵蚀率估算中的适用性。巴西米纳斯吉拉斯联邦大学 Abreu 等[76]针对 NARX 模型的非线性系统滞回特性的辨识和补偿问题,提出一种新的模型结构,并基于此模型提出两种设计滞后补偿器的策略,最后通过数值和实验算例说明了该方法的有效性。奥地利约翰尼斯·开普勒大学 Hirch 等[77]提出了一种多输入 NARX 模型迭代识别算法,通过增加多项式的阶数不断逼近未知非线性结构,最后通过数值算例和实验说明了该迭代识别算法的适用性。英国谢菲尔德大学 Wei 等[78]将小波算法运用到高维非线性系统的建模中,通过控制小波基函数调节模型的精度和复杂程度。意大利米兰理工大学 Piroddi[79]指出 NARX 模型结构冗余的原因在于传统算法在模型项识别中基于一步向前预测误差最小的原则来确定模型项,为解决该问题提出了以仿真误差减小率来选取模型项的方法,并以此为基础,确定了建模的新算法。意大利米兰理工大学 Bonin 等[80]提出了一种仿真误差最小化-最小绝对值收敛和选择算子(simulation error minimisation-least absolute shrinkage and selection operator, SEM-LASSO)算法,将仿真误差最小方法、最小绝对值收敛算法和选择算子算法相结合,通过构造惩罚函数来获得最精简的模型结构,在不损失模型准确性的前提下极大地减少了计算量。英国谢菲尔德大学 Guo 等[81]从理论的角度解释了通过传统正交算法不能总是得到最优 NARX 模型的原因，为解决该问题提出一种迭代正交算法，该算法不需要其他算法辅助即可获得全局最优模型，通过三个数值算例说明所提出的算法可有效去除冗余模型项，并准确选取到传统算法识别过程中丢失的模型项，此外还证明了该算法在有噪声干扰下的辨识可靠性。突尼斯莫纳斯提尔大学 Benabdelwahed 等[82]提出一种 NARX-Laguerre(拉盖尔)模型，建立了模型输入、输出、交叉积、外源积和自回归积 5 个独立的 Laguerre 标准正交基的系数关系，并采用遗传算法最小化均方误差优化 Laguerre 极点，最后通过数值模拟和实验验证所提出方法的准确性。意大利米兰理工大学 Avellina 等[83]针对非线性系统辨识中的模型项选择问题，提出一种分布优化方法，将模型选择问题转化为回归子集的结合问题，该分布式优化方案不仅能够减少计算时间，而且由于算法执行的内在并行性，对模型项子空间的搜索更加有效，在模型精度方面也具有一定的优势。北京航空航天大学 Li 等[84]提出一种基于可调预测误差平方和的局部正则化正交向前回归算法，引入多 β 小波基函数来表示时变系数，解决时变非线性系统的辨识问题，仿真和实验算例表明该算法可有效捕捉时变系统的全局和局部特征。意大利米兰理工大学 Bianchi 等[85]指出传统的 NARX 模型辨识方法多采用增量建模方式，即每个模型项选取过程中通过评估单次增加的模型项对模型预测能力的影响来确定模型结构，该方法极有可能导致模型项选取中得到局部最优模型，为解决该问题提出一种基于多元伯努利分布的随机建模方法，并通过对比说明该算法相比于传统方法能够得到更简洁的模型结构。

1.2.3　基于 NARX 模型的动态参数化建模研究现状

尽管 NARX 模型可以准确预测非线性系统的动力学特性，但由于该模型结构体现的仅是输入、输出间的映射关系，且模型不包含任何实际物理意义，所以在系统参数化分析与设计中存在诸多不便。为解决此问题，将物理参数引入传统 NARX 模型结构，即可得到动态参数化模型结构，基于此模型可有效开展参数化分析与系统设计，使基于系统辨识技术的振动特性分析更加便捷。本节主要从基于系统辨识方法的动态参数化建模方面回顾国内外学者们的研究成果。由于 NARX 模型存在模型结构多变的特点，针对同一系统的不同工况，往往不能得到统一的模型结构表征同一个动力学系统，为解决此问题，英国谢菲尔德大学 Wei 等[86]提出了含有参数的通用模型结构(parameter dependent common-structured, PDCS)模型，并推导了相应的向前延拓正交回归(extended forward orthogonal regression, EFOR)算法，利用模型项和输出之间的相关性，先得到统一的模型结构再进行模型项系数识别，进一步确定物理参数与模型系数之间的关系，以此来预测不同工况下的输出。谢菲尔德大学 Zhu 等[19]在此基础上提出了用于系统设计的数值模型概念，由于物理参数作为系数出现在模型中，便于开展动力学系统的参数化分析与设计。谢菲尔德大学 Li 等[87]基于 PDCS 模型结构开展了非线性时变系统动态参数化模型的辨识方法研究，提出了一种有效的通用模型结构选择算法，使用滑动窗口递归最小二乘方法估计已识别的通用模型结构时变参数，通过数值算例表明该方法可以有效检测并快速捕获非平稳信号的瞬态变化，得到具有更好泛化特性的数值模型。英国谢菲尔德大学 Solares 等[88]针对与全球地磁干扰有关的 K_p 指数演变规律建模和预测问题，将与 K_p 指数相关的参数引入 PDCS 模型中，并提出递归法和直接法两种建模方法，通过两种建模方法得到模型的预测能力对比，证明直接法相比于递归法能得到更准确的模型。在建立多自由度系统的动态参数化模型方面，东北大学 Liu 等[89]提出了一种基于预测残差平方和(predicted residual sums of squares, PRESS)准则的辨识算法，同时提出了基于交叉验证来评估模型泛化能力的方法，最后通过数值仿真和实验说明该算法相比于传统 EFOR 算法具有泛化能力强、预测精度高的优点。此外，东北大学 Liu 等[6]提出一种迭代向前延拓正交(iterative extended forward orthogonal regression, IEFOR)算法，并通过理论和实验证明了该方法的有效性和相比于传统算法的优势。可以看出，基于系统辨识方法的动态参数化模型在应用和算法上的研究成果并不丰富，但由于该模型便于开展参数化分析与设计，具有良好的研究价值和应用前景。

1.2.4　基于 NARX 模型的非线性系统设计与故障诊断方法研究

故障被定义为系统的至少一个特征属性或参数从标准的状态出现一个不受约束的偏差。故障诊断方法主要研究怎样对系统中出现的故障进行检测、分离和辨识，即判断故障有没有发生，确定故障发生的位置和类型，以及判断故障的大小和发生的时间等。故障诊断主要包括三个过程，即故障检测、故障隔离和故障辨识。故障检测是最基本的过程，它将用于检验系统是否存在故障，并给出系统出现故障的时间。故障隔离主要确定故障部件位置，故障辨识是要指出故障类型、状态以及程度。

随着故障诊断方法的快速发展，越来越多的研究人员从不同的角度对故障诊断方法进行分类，目前，故障诊断方法主要分为基于解析模型的方法、基于经验知识的方法和基于数据驱动的方法等。

图 1.4 为基于解析法的故障诊断流程图。解析模型的方法需要对诊断对象建立观测器模型，利用检测变量，以参数变化与故障之间的联系为桥梁，对状态估计的残差序列进行检验和识别，进而判断是否有故障产生并对其隔离和辨识。因此，解析模型的方法又可以分为参数估计法、等价空间法和状态估计法三种。

图 1.4　解析法故障诊断流程

与基于解析模型的故障诊断方法不同，基于经验知识的故障诊断方法不需要建立故障系统的数学模型，只是通过专家经验、逻辑推理等方面的知识来对系统进行故障诊断。常用的方法包括专家系统、故障树和模糊推理等。

基于数据驱动的故障诊断方法既不需要建立解析模型也不需要依赖于经验知识，而是通过分析以往的工业过程中产生的数据，挖掘其中的有用信息来建立相应的模型。互联网时代的到来使得数据的产生量显著提升，同时大数据分析技术的出现，让工业过程历史数据的分析和挖掘变得更为容易。相对于前两种故障诊断方法，基于数据驱动的故障诊断方法成本更为低廉，诊断过程也更为简单，因此，这种方法在故障诊断领域中变得越来越受关注和重视。

基于多元统计方法的数据驱动模型主要包括偏最小二乘(partial least squares, PLS)法、主元分析(principal component analysis, PCA)法等方法。其中，PCA 由于计算速度快、建模简单等特点被人们广泛使用。

PLS 通过将处于高维数据空间中的自变量和因变量投影到相应的维数较低的空间中，得到由自变量和因变量形成相互正交关系的特征向量，从而展示特征向量之间的一元线性回归关系。PLS 不仅可以解决数据之间的共线性问题，同时在选取特征向量过程中引入自变量对因变量的影响作用，使得对于回归没有作用的噪声得以去除，使模型具有最少的变量个数。

PCA 的主要原理是将高维数据投影到较低维空间，维数较低的空间由原始数据通过变量间的线性组合而成，因而极大程度地降低了投影空间的维数，又由于投影空间统计特征向量相互之间形成正交关系，使得变量之间的关联性得到消除，进而降低了原始过程特性分析的复杂程度。国内外学者对 PCA 方法有很多方面的研究。文献基于动态多元模型故障诊断研究提出了快速过采样 PCA 方法应用于光伏阵列故障诊断中，其相对传统的 PCA 故障诊断方法，故障误报率得到了大幅度的降低。南京航空航天大学 Chen 等[90]提出了深度 PCA 的故障诊断方法，可以对微小故障进行诊断。

神经网络的出现，为故障诊断领域打开了一扇新的大门。神经网络具有较强的非线性函数逼近、容错和并行信息处理能力，成为解决故障诊断问题的一种非常有效的途径，并且广泛应用于许多实际系统中。

反向传播(back propagation, BP)神经网络是最常用的多层神经网络之一。BP神经网络具有网络结构简单、变化容易、计算速度快以及仿真实现容易等优点。标准的 BP 算法收敛速度通常很慢。为了提高运算效率，引入了动量项的权值来校正算法。河南理工大学刘景艳等[91]通过使用粒子群算法优化 BP 神经网络，对提升机制动系统进行故障诊断。北京交通大学吴渊[92]将 BP 神经网络量化，利用定性数据解决设备故障诊断问题。

径向基函数(radial basis function, RBF)神经网络是一种新型的神经网络模型，它是一种基于监督学习的多层前馈网络。虽然 RBF 神经网络比 BP 神经网络复杂，但由于网络结构比较简单，算法收敛性好，使其训练速度大大提高。北京机械工业学院王光研等[93]利用 RBF 网络提取故障特征，进行机械故障诊断。浙江大学李蔚等[94]使用 RBF 神经网络对热力参数传感器进行故障诊断，取得了很好的效果。

与前馈神经网络相比，作为动态神经网络之一的 NARX 网络可以通过引入适当的输入变量时间延迟步长和输出变量时间延迟步长来更好地表征复杂系统的动态特性。中南大学贺湘宇等[95]提出 NARX 网络模型的挖掘机液压系统的故障检查方法，如图 1.5 所示，建立系统正常状态下的 NARX 辨识模型，通过辨识模型获取系统故障状态样本的模型残差；运用序贯概率必检验对残差进行假设检验，以检测系统的故障状态。之后，哈尔滨工业大学刘金福等[96]采用 NARX 网络针对燃气轮机进行实时故障检测。中国民航大学杨建忠等[97]为解决传感器发生故障后的信号恢复问题建立了 NARX 网络，并对 NARX 网络进行网络参数优化。

图 1.5　NARX 网络故障检查流程图

很多研究已经表明，损伤结构的存在通常会引入非线性动力学结构特点，且一些结构仅仅因为一个或几个部件具有非线性特性就可以使整个结构表现出非线性特征[98]。与线性系统相比，非线性系统在数学表达式上最大的特点是不满足叠加原理，一旦系统存在非线性因素，势必会影响系统的动力学响应，而且比线性系统的响应更复杂，因此更具研究价值。非线性系统动态特性基本上可以由 Volterra 级数以及由其衍生出来的频域分析工具——频率响应函数系统地进行研究。

在过去的几十年里，频率响应函数的应用与非线性频域分析在故障探测中不断地显现出优势。通过非线性系统在频域上的谐响应及谐波现象的分析，结合广义频率响应函数(general frequency response function, GFRF)、非线性输出频率响应函数(nonlinear output frequency response function, NOFRF)、传递率等概念，提出了一系列对非线性系统的分析方法，通过非线性成分的产生与故障的联系提出了多种故障探测的方法，并已经从单点故障定位发展成能够实现多点故障定位[99]，对于线性故障，也有部分研究通过系统输出的频域特征对结构故障进行探测评估。

上海交通大学 Peng 等[100]在这方面有很多研究，利用 NOFRF 概念分析了以多自由度模型表示梁的裂纹诱导产生的非线性响应，得到结论是高阶 NOFRF 对梁中裂纹的出现极为敏感，可以作为裂纹损伤的指标，反映裂纹的存在和大小；之后又用 NOFRF 对非线性系统进行分析研究[98]，通过考察局部非线性多自由度系统中两个连续质量节点间关系，得到了非线性系统节点间的一系列性质，这些特性揭示了系统的线性参数决定非线性效应的分布，所得结果可以进行非线性成分的定位。Peng 等[101]又提出通过先收集输入和输出数据，建立 NARX 模型，然后根据建立的 NARX 模型确定被检查结构的 NOFRF，最后通过对比被检测结构的 NOFRF 指标值与无损伤结构的 NOFRF 指标值，进行结构损伤检测。英国谢菲尔德大学 Lang 等[102]考虑在工程实践中，结构系统可能会由于某些类型的破坏而表现出非线性特征，通过引入非线性输出频率响应函数的传递率发展了一种基于 NOFRF 传递率的技术，用于检测和定位多自由度结构系统中的线性和非线性损伤。英国谢菲尔德大学 Cheng 等[103]提出了一种基于输出信号的低频分量(包括直流分量)对任意输入激励下的类梁结构损伤进行局部量化的新方法，其损伤被认为是局部刚度损失的线性组合。

1.3　本书主要内容

本书结合国家国防及航空动力装备发展的重大需求，针对航空发动机中的非线性转子-轴承系统，基于 NARX 模型的非线性系统辨识方法开展航空发动机非线性转子动力学建模方法研究及振动特性分析工作。考虑航空发动机转子系统中的非线性特征，建立有效和准确的复杂转子系统动力学模型，分析支承结构和连接结构对系统响应特征的影响，可为转子系统的振动控制、故障预防提供理论依据。主要研究内容如下：

(1) 分析线性系统和非线性系统的时频输出特性及各参数对于输出的影响，采用差分方法将连续时间模型离散化，得到有源自回归(autoregressive with exogenous input, ARX)或 NARX 模型；对比研究了最小二乘(least squares, LS)算法、OLS 算法和 FROLS 算法的特性，以达芬方程(Duffing equation)作为算例并结合 FROLS 算法，辨识得到其 NARX 模型。

(2) 针对只能用谐波信号作为激励信号建立 NARX 模型的系统，提出时域谐波拼接法，并在此基础上推导出频域拼接方法；给出了时域参数化 NARX 模型辨识方法，并结合频域拼接方法的经验推演出频域参数化 NARX 模型辨识。

(3) 基于传统转子动力学建模与分析方法，分析带有螺栓连接结构的转子系统动力学特性。首先基于有限元仿真研究螺栓-盘连接结构的非线性刚度特性，分析螺孔到盘心距离和预紧力对连接结构时变弯曲刚度的影响规律。提出一种螺栓连接单元，并据此建立螺栓连接转子系统动力学模型，根据有限元分析所得时变弯曲刚度的变化规律，开展螺孔到盘心距离和预紧力对转子系统振动特性的影响研究。同时针对转子不对中和碰摩故障，以及考虑不平衡与轴承故障的转子系统，并建立非线性动力学机理模型，分析系统在特定参数下的系统响应。

(4) 分析非线性转子系统 NARX 模型的时域和频域辨识方法。基于拉格朗日法建立转子系统仿真模型，得到系统多谐波输入输出时域信号，利用时域多谐波信号基于时域辨识方法建立 NARX 模型并进行模型验证；将频域系统辨识方法应用于螺栓连接转子系统 NARX 建模。通过转子实验台采集的实测信号，验证两种系统辨识方法在真实转子系统中的适用性。

(5) 以转子系统为研究对象，从系统设计和故障诊断两个方面详细介绍 NARX 模型在实际问题中的应用方法。先将频域动态参数化模型结构应用于转子-轴承系统的动态参数化建模，选取螺栓连接结构预紧力作为建模中考虑的物理参数进行系统设计；然后通过对 NARX 模型的频域分析结合支持向量机(support vector machine, SVM)理论对不同类型的转子系统故障进行诊断。另外，通过转子实验台实测信号验证了以上两种方法的有效性。

参 考 文 献

[1] Eissa M, Saeed N A. Nonlinear vibration control of a horizontally supported Jeffcott-rotor system[J]. Journal of Vibration and Control, 2018, 24(24): 5898-5921.

[2] Qin Z Y, Han Q K, Chu F L. Bolt loosening at rotating joint interface and its influence on rotor dynamics[J]. Engineering Failure Analysis, 2016, 59: 456-466.

[3] Sun W, Li T, Yang D J, et al. Dynamic investigation of aeroengine high pressure rotor system considering assembly characteristics of bolted joints[J]. Engineering Failure Analysis, 2020, 112: 104510.

[4] 韩清凯. 故障转子系统的非线性振动分析与诊断方法[M]. 北京: 科学出版社, 2010.

[5] 李玉奇. 基于 NARX 模型的螺栓连接转子系统建模及振动特性研究[D]. 沈阳: 东北大学, 2021.

[6] Liu H P, Zhu Y P, Luo Z , et al. Identification of the dynamic parametrical model with an iterative orthogonal forward regression algorithm[J]. Applied Mathematical Modelling, 2018, 64: 643-653.

[7] Ma Y, Liu H P, Zhu Y P, et al. The NARX model-based system identification on nonlinear, rotor-bearing systems[J]. Applied Sciences, 2017, 7(9): 911.

[8] 孙培. 基于 GP 模型的非线性系统建模及其应用[D]. 杭州: 浙江大学, 2016.

[9] Li Y Q, Luo Z, He F X, et al. Modeling of rotating machinery: A novel frequency sweep system identification approach[J]. Journal of Sound and Vibration, 2021, 494: 115882-115920.

[10] Sidorov D, Muftahov I, Tomin N, et al. A dynamic analysis of energy storage with renewable and diesel generation using Volterra equations[J]. IEEE Transactions on Industrial Informatics, 2020, 16(5): 3451-3459.

[11] Xu Y Q, Zhou C, Geng J H, et al. A method for diagnosing mechanical faults of on-load tap changer based on ensemble empirical mode decomposition, Volterra model and decision acyclic graph support vector machine[J]. IEEE Access, 2019, 7: 84803-84816.

[12] Mi W, Rao H M, Qian T, et al. Identification of discrete Hammerstein systems by using adaptive

finite rational orthogonal basis functions[J]. Applied Mathematics and Computation, 2019, 361: 354-364.

[13] Cheng S S, Wei Y H, Sheng D, et al. Identification for Hammerstein nonlinear systems based on universal spline fractional order LMS algorithm[J]. Communications in Nonlinear Science and Numerical Simulation, 2019, 79: 104901.

[14] Khalfi J, Boumaaz N, Soulmani A, et al. Nonlinear modeling of lithium-ion battery cells for electric vehicles using a Hammerstein-Wiener model[J]. Journal of Electrical Engineering & Technology, 2021, 16(2): 659-669.

[15] Pes B D, Oroski E, Guimaraes, J G, et al. A Hammerstein-Wiener model for single-electron transistors[J]. IEEE Transactions on Electron Devices, 2018, 66(2): 1092-1099.

[16] Leontaritis I J, Billings S A. Input-output parametric models for non-linear systems, Part I: Deterministic non-linear systems[J]. International journal of control, 1985, 41(2): 303-328.

[17] Leontaritis I J, Billings S A. Input-output parametric models for non-linear systems, Part II: Dtochastic non-linear systems[J]. International Journal of Control, 1985, 41(2): 329-344.

[18] Billings S A. Nonlinear System Identification: NARMAX Methods in the Time, Frequency, and Spatio-temporal Domains[M]. Chichester: John Wiley, 2013.

[19] Zhu Y P, Lang Z Q. Design of nonlinear systems in the frequency domain: An output frequency response function-based approach[J]. IEEE Transactions on Control Systems Technology, 2018, 26(4): 1358-1371.

[20] 罗忠, 刘昊鹏, 朱云鹏, 等. 基于 REFOR 算法的多输出非线性系统动态参数化建模方法研究[J]. 机械工程学报, 2018, 54(23): 73-81.

[21] Palumbo P, Piroddi L. Harmonic analysis of non-linear structures by means of generalised frequency response functions coupled with NARX models[J]. Mechanical Systems & Signal Processing, 2000, 14(2): 243-265.

[22] Umar S, Vafaei M, Alih S C. Sensor clustering-based approach for structural damage identification under ambient vibration[J]. Automation in Construction, 2021, 121: 103433.

[23] Zhu Y P. The Effects of Both Linear and Nonlinear Characteristic Parameters on the Output Response of Nonlinear Systems[M]. Cham: Springer, 2021.

[24] Hong J, Chen X Q, Wang Y F, et al. Optimization of dynamics of non-continuous rotor based on model of rotor stiffness[J]. Mechanical Systems and Signal Processing, 2019, 131: 166-182.

[25] Brake M R W. The Mechanics of Jointed Structures[M]. Cham: Springer, 2016.

[26] Shad M R, Michon G, Berlioz A. Modeling and analysis of nonlinear rotordynamics due to higher order deformations in bending[J]. Applied Mathematical Modelling, 2011, 35(5): 2145-2159.

[27] Zhang Z Y, Chen Y S, Li Z G. Influencing factors of the dynamic hysteresis in varying compliance vibrations of a ball bearing[J]. Science China: Technological Sciences, 2015, 58(5): 775-782.

[28] Lioulios A N, Antoniadis I A. Effect of rotational speed fluctuations on the dynamic behaviour of rolling element bearings with radial clearances[J]. International Journal of Mechanical Sciences, 2006, 48(8): 809-829.

[29] Chen G. Study on nonlinear dynamic response of an unbalanced rotor supported on ball bearing[J]. Journal of Vibration & Acoustics, 2009, 131(6): 1980-1998.

[30] Leng X L, Meng G, Zhang T, et al. Bifurcation and chaos response of a cracked rotor with random disturbance[J]. Journal of Sound and Vibration, 2007, 299(3): 621-632.

[31] Sinou J J. Non-linear dynamics and contacts of an unbalanced flexible rotor supported on ball bearings[J]. Mechanism & Machine Theory, 2009, 44(9): 1713-1732.

[32] 陈果. 航空发动机整机振动耦合动力学模型及其验证[J]. 航空动力学报, 2012, 27(2): 241-254.

[33] Liu Y, Han J Y, Zhao S Y, et al. Study on the dynamic problems of double-disk rotor system supported by deep groove ball bearing[J]. Shock & Vibration, 2019: 8120569.

[34] Al-Solihat M K, Behdinan K. Nonlinear dynamic response and transmissibility of a flexible rotor system mounted on viscoelastic elements[J]. Nonlinear Dynamics, 2019, 97(2): 1581-1600.

[35] Wang S, Wang Y, Zi Y Y, et al. A 3D finite element-based model order reduction method for parametric resonance and whirling analysis of anisotropic rotor-bearing systems[J]. Journal of Sound & Vibration, 2015, 359: 116-135.

[36] Saito S. Calculation of nonlinear unbalance response of horizontal Jeffcott rotors supported by oil film damper bearings without centering springs[C]. Vibration Conference, Qingdao, 1987: 11-18.

[37] Kano H, Ito M, Inoue T. Order reduction and bifurcation analysis of a flexible rotor system supported by a full circular journal bearing[J]. Nonlinear Dynamics, 2019, 95(4): 3275-3294.

[38] Peletan L, Baguet S, Jacquet-Richardet G. Use and limitations of the harmonic balance method for rub-impact phenomena in rotor-stator dynamics[C]. ASME Turbine Technical Conference & Exposition, Copenhagen, 2012: 647-655.

[39] Yang R, Jin Y L, Hou L, et al. Study for ball bearing outer race characteristic defect frequency based on nonlinear dynamics analysis[J]. Nonlinear Dynamics, 2017, 90(2): 781-796.

[40] Haslam A H, Schwingshackl C W, Rix A I J. A parametric study of an unbalanced Jeffcott rotor supported by a rolling-element bearing[J]. Nonlinear Dynamics, 2020, 99(219): 1-24.

[41] Patra P, Huzur S V, Harsha S P. Chaotic dynamics of cylindrical roller bearing supported by unbalanced rotor due to localized defects[J]. Journal of Vibration and Control, 2020, 26(21-22): 1898-1908.

[42] Hua C L, Cao G H, Rao Z S, et al. Coupled bending and torsional vibration of a rotor system with nonlinear friction[J]. Journal of Mechanical Science and Technology, 2017, 31(6): 2679-2689.

[43] Luo Z, Wang G W, Tang R, et al. Research on vibration performance of the nonlinear combined support-flexible rotor system[J]. Nonlinear Dynamics, 2019, 98(1): 113-128.

[44] Metsebo J, Upadhyay N, Kankar P K, et al. Modelling of a rotor-ball bearings system using Timoshenko beam and effects of rotating shaft on their dynamics[J]. Journal of Mechanical Science & Technology, 2016, 30(12): 5339-5350.

[45] Qin Z Y, Han Q K, Chu F L. Analytical model of bolted disk-drum joints and its application to dynamic analysis of jointed rotor[J]. Proceedings of the Institution of Mechanical Engineers,

Part C: Journal of Mechanical Engineering Science, 2014, 228(4): 646-663.

[46] 刘卓乾, 曹树谦, 郭虎伦, 等. 含螺栓连接转子系统非线性振动特性研究[J]. 振动与冲击, 2016, 35(22): 10-16, 37.

[47] Hu L, Liu Y B, Zhao L, et al. Nonlinear dynamic behaviors of circumferential rod fastening rotor under unbalanced pre-tightening force[J]. Archive of Applied Mechanics, 2016, 86(9): 1621-1631.

[48] Hu L, Liu Y B, Zhao L, et al. Nonlinear dynamic response of a rub-impact rod fastening rotor considering nonlinear contact characteristic[J]. Archive of Applied Mechanics, 2016, 86(11): 1869-1886.

[49] 胡亮. 燃气发电机组周向拉杆转子非线性动力学特性研究[D]. 北京: 华北电力大学, 2017.

[50] Hei D, Lu Y J, Zhang Y F, et al. Nonlinear dynamic behaviors of rod fastening rotor-hydrodynamic journal bearing system[J]. Archive of Applied Mechanics, 2015, 85(7): 855-875.

[51] 刘恒, 陈丽. 周向均布拉杆柔性组合转子轴承系统的非线性动力特性[J]. 机械工程学报, 2010, 46(19): 53-62.

[52] 李辉光, 刘恒, 虞烈. 周向均布拉杆转子预紧力的确定[J]. 航空动力学报, 2011, 26(12): 2791-2797.

[53] Yu P C, Li L X, Chen G, et al. Dynamic modelling and vibration characteristics analysis for the bolted joint with spigot in the rotor system[J]. Applied Mathematical Modelling, 2021, 94(1): 306-331.

[54] Wang L K, Wang A L, Jin M, et al. Nonlinear effects of induced unbalance in the rod fastening rotor-bearing system considering nonlinear contact[J]. Archive of Applied Mechanics, 2020, 90(5): 917-943.

[55] 王龙凯, 王艾伦, 金淼, 等. 含内阻的拉杆组合转子双稳态振动特性[J]. 中国机械工程, 2021, 32(5): 512-522, 564.

[56] Chen S, Billings S A, Luo W. Orthogonal least squares methods and their application to non-linear system identification[J]. International Journal of Control, 1989, 50(5): 1873-1896.

[57] Billings S A, Korenberg M J, Chen S. Identification of non-linear output-affine systems using an orthogonal least-squares algorithm[J]. International Journal of Systems Science, 1988, 19(8): 1559-1568.

[58] Billings S A, Chen S, Korenberg M J. Identification of MIMO non-linear systems using a forward-regression orthogonal estimator[J]. International Journal of Control, 1989, 49(6): 2157-2189.

[59] Samara P A, Fouskitakis G N, Sakellariou J S, et al. Aircraft angle-of-attack virtual sensor design via a functional pooling NARX methodology[C]. European Control Conference, Cambridge, 2003.

[60] Hafiz F, Swain A, Mendes E M A M. Multi-objective evolutionary approach to grey-box identification of buck converter[J]. IEEE Transactions on Circuits and Systems I: Regular Papers, 2020, 67(6): 2016-2028.

[61] He L, Wen K, Wu C C, et al. Hybrid method based on particle filter and NARX for real-time flow rate estimation in multi-product pipelines[J]. Journal of Process Control, 2020, 88: 19-31.

[62] Kim H I, Han K Y. Data-driven approach for the rapid simulation of urban flood prediction[J]. KSCE Journal of Civil Engineering, 2020, 24(6): 1-12.

[63] Basso M, Giarre L, Groppi S, et al. NARX models of an industrial power plant gas turbine[J]. IEEE Transactions on Control Systems Technology, 2005, 13(4): 599-604.

[64] Wu L, Hu H, Zhao W. An innovative method to measure and predict drivers' behaviour in highway extra-long tunnels using time-series modelling[J]. Journal of Intelligent & Fuzzy Systems, 2020, 38(1): 207-217.

[65] Erfani A, Rajabi-Ghahnaviyeh A, Boroushaki M. Design and construction of a non-linear model predictive controller for building's cooling system[J]. Building and Environment, 2018, 133: 237-245.

[66] Lee C C, Sheridan S C. A new approach to modeling temperature-related mortality: Non-linear autoregressive models with exogenous input[J]. Environmental Research, 2018, 164: 53-64.

[67] Savaresi S M, Bittanti S, Montiglio M. Identification of semi-physical and black-box non-linear models: The case of MR-dampers for vehicles control[J]. Automatica, 2005, 41(1): 113-127.

[68] Asgari H, Chen X Q, Morini M, et al. NARX models for simulation of the start-up operation of a single-shaft gas turbine[J]. Applied Thermal Engineering, 2016, 93: 368-376.

[69] Akinola T E, Oko E, Gu Y, et al. Non-linear system identification of solvent-based post-combustion CO_2 capture process[J]. Fuel, 2019, 239: 1213-1223.

[70] Ghosh S, Maka S. Genetic algorithm based NARX model identification for evaluation of insulin sensitivity[J]. Applied Soft Computing, 2011, 11(1): 221-226.

[71] Karagiannis D, Stamatelos D, Kappatos V, et al. An investigation of shape memory alloys, as actuating elements, in aerospace morphing applications[J]. Mechanics of Advanced Materials and Structures, 2017, 24(8): 647-657.

[72] Worden K, Becker W E, Rogers T J, et al. On the confidence bounds of Gaussian process NARX models and their higher-order frequency response functions[J]. Mechanical Systems and Signal Processing, 2018, 104: 188-223.

[73] Tang X Q, Zhang L. Stability orthogonal regression for system identification[J]. Systems & Control Letters, 2018, 117: 30-36.

[74] Tang X, Zhang L, Li X. Bayesian augmented Lagrangian algorithm for system identification[J]. Systems & Control Letters, 2018, 120: 9-16.

[75] Saadon A, Abdullah J, Muhammad N S, et al. Development of riverbank erosion rate predictor for natural channels using NARX-QR factorization model: A case study of Sg. Bernam, Selangor, Malaysia[J]. Neural Computing and Applications, 2020, 32: 1-11.

[76] Abreu P E, Tavares L A, Teixeira B O S, et al. Identification and nonlinearity compensation of hysteresis using NARX models[J]. Nonlinear Dynamics, 2020, 102(1): 285-301.

[77] Hirch M, del Re L. Iterative identification of polynomial NARX models for complex multi-input systems[J]. IFAC Proceedings Volumes, 2010, 43(14): 445-450.

[78] Wei H L, Billings S A, Balikhin M A. Wavelet based non-parametric NARX models for nonlinear input-output system identification[J]. International Journal of Systems Science, 2006, 37(15): 1089-1096.

[79] Piroddi L. Simulation error minimisation methods for NARX model identification[J]. International Journal of Modelling, Identification and Control, 2008, 3(4): 392-403.

[80] Bonin M, Seghezza V, Piroddi L. NARX model selection based on simulation error minimisation and LASSO[J]. IET Control Theory & Applications, 2010, 4(7): 1157-1168.

[81] Guo Y, Guo L Z, Billings S A, et al. An iterative orthogonal forward regression algorithm[J]. International Journal of Systems Science, 2015, 46(5): 776-789.

[82] Benabdelwahed I, Mbarek A, Bouzrara K, et al. Nonlinear system modeling based on NARX model expansion on Laguerre orthonormal bases[J]. IET Signal Processing, 2017, 12(2): 228-241.

[83] Avellina M, Brankovic A, Piroddi L. Distributed randomized model structure selection for NARX models[J]. International Journal of Adaptive Control and Signal Processing, 2017, 31(12): 1853-1870.

[84] Li Y, Zhang J B, Cui W G, et al. A multiple beta wavelet-based locally regularized ultraorthogonal forward regression algorithm for time-varying system identification with applications to EEG[J]. IEEE Transactions on Instrumentation and Measurement, 2020, 69(3): 916-928.

[85] Bianchi F, Falsone A, Prandini M, et al. A randomised approach for NARX model identification based on a multivariate Bernoulli distribution[J]. International Journal of Systems Science, 2017, 48(6): 1203-1216.

[86] Wei H L, Lang Z Q, Billings S A. Constructing an overall dynamical model for a system with changing design parameter properties[J]. International Journal of Modelling, Identification and Control, 2008, 5(2): 93-104.

[87] Li Y, Wei H L, Billings S A, et al. Identification of nonlinear time-varying systems using an online sliding-window and common model structure selection (CMSS) approach with applications to EEG[J]. International Journal of Systems Science, 2016, 47(11): 2671-2681.

[88] Solares J, Wei H L, Boynton R J, et al. Modeling and prediction of global magnetic disturbance in near-Earth space: A case study for K_p index using NARX models[J]. Space Weather, 2016, 14(10): 899-916.

[89] Liu H P, Zhu Y P, Luo Z, et al. PRESS-based EFOR algorithm for the dynamic parametrical modeling of nonlinear MDOF systems[J]. Frontiers of Mechanical Engineering, 2018, 13(3): 390-400.

[90] Chen H T, Jiang B, Lu N Y. An improved incipient fault detection method based on Kullback-Leibler divergence[J]. ISA Transactions, 2018, 79: 127-136.

[91] 刘景艳, 王福忠, 李玉东. 基于粒子群网络的提升机制动系统故障诊断[J]. 控制工程, 2016, 23(2): 294-298.

[92] 吴渊. 基于 BP 神经网络的车载设备故障诊断与预测研究[D]. 北京: 北京交通大学, 2016.

[93] 王光研, 许宝杰. RBF 神经网络在旋转机械故障诊断中的应用[J]. 机械设计与制造, 2008, 2008 (9): 57-58.

[94] 李蔚, 俞芸萝, 盛德仁, 等. 基于动态数据挖掘的热力参数传感器故障诊断[J]. 振动、测试与诊断, 2016, (4): 694-699.

[95] 贺湘宇, 何清华. 基于 NARX 网络模型的挖掘机液压系统故障检测[J]. 机械科学与技术,

2008, 27(7): 937-940.

[96] 刘金福, 白明亮, 胡进泰, 等. 基于NARX网络-箱线图和常模式提取的燃机异常检测方法[P]: 中国, CN201910802063.1, 2019.

[97] 杨建忠, 白玉轩, 孙晓哲. 基于神经网络的机电作动系统传感器故障分类研究[J]. 微电机, 2020, 53(10): 68-75.

[98] Peng Z K, Lang Z Q. The nonlinear output frequency response functions of one-dimensional chain type structures[J]. Journal of Applied Mechanics, 2010, 77(1): 1007-1024.

[99] Zhao X Y, Lang Z Q, Park G, et al. A new transmissibility analysis method for detection and location of damage via nonlinear features in MDOF structural systems[J]. IEEE-ASME Transactions on Mechatronics, 2014, 20(4): 1933-1947.

[100] Peng Z K, Lang Z Q, Chu F L. Numerical analysis of cracked beams using nonlinear output frequency response functions[J]. Computers & Structures, 2008, 86(17-18): 1809-1818.

[101] Peng Z K, Lang Z Q, Wolters C, et al. Feasibility study of structural damage detection using NARMAX modelling and nonlinear output frequency response function based analysis[J]. Mechanical Systems and Signal Processing, 2011, 25(3): 1045-1061.

[102] Lang Z Q, Park G, Farrar C R, et al. Transmissibility of non-linear output frequency response functions with application in detection and location of damage in MDOF structural systems[J]. International Journal of Non-linear Mechanics, 2011, 46(6): 841-853.

[103] Cheng L L, Fang W S, Zhu Y P. A fast technique using output only to localize and quantify multiple damages for multi-degree-of-freedom systems[J]. Structural Health Monitoring, 2021, 20(1): 321-338.

第 2 章　线性与非线性系统数据驱动模型

2.1　引　　言

模型在系统分析、设计和仿真中起着核心作用，而系统辨识是一种可以从实验数据中推断和构造系统模型的方法[1,2]。通常，机械系统可以是线性的或非线性的。

线性模型描述了激励变量与输出变量潜在的线性关系，易于解释且方法能被很好地理解与操作，有着极其广泛的应用[3]。为了更好地理解常见线性系统参数的变化对于输出变量的影响，本章以单自由度线性有阻尼的质量-弹簧系统为例，分析其参数变化的影响。由于线性系统的广泛性，诞生了大量的线性模型，其中自回归(autoregressive, AR)模型、有源自回归(ARX)模型等是线性系统识别最常用的模型结构[4,5]。然而线性模型只能捕捉变量之间的线性关系，对于一些非线性现象，存在不能有效描述激励变量与输出变量的问题。为此在线性模型的基础上衍生出非线性模型，以分析实际系统普遍具有的非线性现象。常见的非线性模型有 Volterra级数模型、块状结构模型及 Wiener 模型等[6-8]。这些非线性模型通常需要对系统做一定条件的假设，具有局限性，因而提出 NARX 模型。作为一种通用的数据驱动数值模型，其形式简单、建模速度快、鲁棒性强并且与传统机理模型之间具有一定联系，被广泛应用于工程实际[9-12]。

NARX 模型的辨识算法主要包括最小二乘(LS)算法[13]、正交最小二乘(OLS)算法[14]、前向正交最小二乘(FROLS)算法等[15]。三种算法的复杂程度不同，适用的场合也不同。其中，LS 算法与 OLS 算法主要用于模型参数辨识，FROLS 算法主要用于模型结构筛选与参数辨识。本章的主要内容结构如图 2.1 所示。

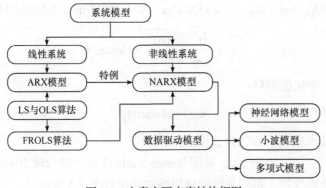

图 2.1　本章主要内容结构框图

2.2　线性系统及其 ARX 模型

　　线性模型是最常用的系统表示形式，其固有结构本质上表现为线性，模型服从叠加原理，或者说其固有行为可以通过接近系统运行的线性近似进行描述。本节以图 2.2 所示单自由度线性系统为例分析线性系统动力学特征及其 ARX 模型表征方法[16]。

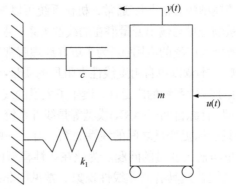

图 2.2　单自由度线性系统

2.2.1　线性系统输出特性

　　图 2.2 所示系统可以用微分方程表示为

$$m\ddot{y}(t) + c\dot{y}(t) + k_1 y(t) = u(t) \tag{2.1}$$

式中，$\dot{y} = \mathrm{d}y/\mathrm{d}t$；$\ddot{y} = \mathrm{d}^2 y/\mathrm{d}t^2$；$m$ 为质量；c 为阻尼；k_1 为线性刚度；$u(t)$ 和 $y(t)$ 分别为系统的输入信号和输出信号。

　　设系统参数为 $m = 1\mathrm{kg}$，$c = 15\mathrm{N\cdot s/m}$，$k_1 = 10^4\,\mathrm{N/m}$。系统的固有频率为

$$\omega_\mathrm{n} = \sqrt{\frac{k_1}{m}} = \sqrt{\frac{10^4}{1}} = 100\mathrm{rad/s} \tag{2.2}$$

输入 $u(t)$ 是一个正弦信号：

$$u(t) = A\sin(\omega t) \tag{2.3}$$

式中，A 为输入幅值；ω 为角速度。

　　设 $A = 1\mathrm{N}$，$\omega = 100\mathrm{rad/s}$，利用 Runge-Kutta 法求出时域输出响应如图 2.3 所示。利用傅里叶变换，得到系统的输出响应频谱如图 2.4 所示。

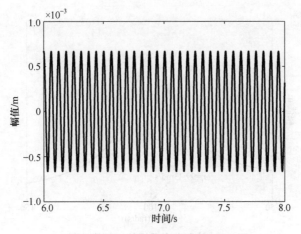

图 2.3　线性系统的时域输出

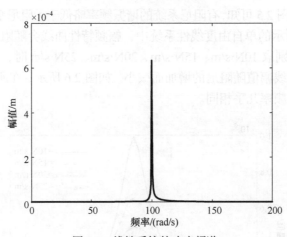

图 2.4　线性系统的响应频谱

图 2.3 和图 2.4 的结果表明,在线性系统中,输出信号频率与输入信号频率相同,即 100rad/s,输出信号未产生倍频(产生的输出信号频率是输入信号频率的整数倍)。

将线性系统进行扫频(信号在一个频段内,频率由高到低(或由低到高)连续变化的过程),得到的幅频特性如图 2.5 所示,可以得到谐振频率(也称为共振频率) ω_r。由于阻尼的作用,单自由度线性系统的谐振频率与固有频率略有不同:

$$\omega_r = \omega_n \sqrt{1 - 2\xi^2} \tag{2.4}$$

式中, ξ 为阻尼比, $\xi = c / \left(2\sqrt{mk_1}\right)$。

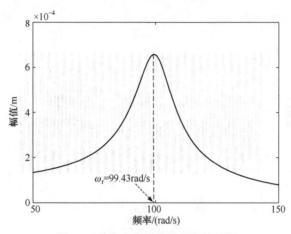

图 2.5　单自由度系统的幅频特性图

由式(2.4)和图 2.5 可知,有阻尼系统的谐振频率略低于无阻尼系统的谐振频率。

在图 2.2 所示的单自由度线性系统中,幅频特性曲线会随阻尼 c 的变化而变化,当阻尼 c 分别取 10N·s/m、15N·s/m、20N·s/m、25N·s/m 时,不改变刚度,系统的幅频特性曲线幅值随阻尼的增加而减小。如图 2.6 所示,在所有四种情况下,谐振频率与固有频率几乎相同。

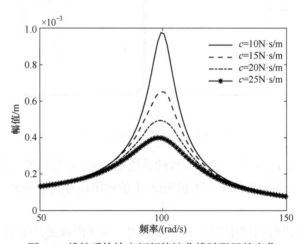

图 2.6　线性系统输出幅频特性曲线随阻尼的变化

另外,幅频特性曲线在刚度 k_1 分别取 5000N/m、10000N/m、15000N/m、20000N/m 时,不改变阻尼 c,结果如图 2.7 所示,随着刚度的增加,幅值减小,谐振频率增加,可显著改变输出特性。根据上述分析,通过适当地选择线性系统参数,就可以获得预期的输出。

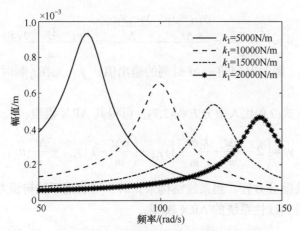

图 2.7 线性系统输出幅频特性曲线随刚度的变化

2.2.2 ARX 模型

大多数物理系统是可用连续时间模型表示的，即系统状态辨识在时间上是连续的，常用常微分方程或偏微分方程描述系统模型，如式(2.1)。这些连续模型通常可以通过离散化方式表示为离散时间模型[17]，以便于计算机在系统分析和设计中使用。一般的线性离散化模型可用 ARX 模型表示：

$$y(k)+a_1y(k-1)+\cdots+a_{n_a}y(k-n_a)=b_1u(k-1)+\cdots+b_{n_b}u(k-n_b)+\xi(k) \quad (2.5)$$

式中，符号 $u(k)$ 和 $y(k)$ 分别为系统的输入信号与输出信号；n_b 和 n_a 分别为选定的最大时间滞后量(也称为最大时滞)；$u(k-i)(i=1,2,\cdots,n_b)$ 和 $y(k-i)(i=1,2,\cdots,n_a)$ 为当下时滞的输入和输出值；$a_i(i=1,2,\cdots,n_a)$ 和 $b_i(i=1,2,\cdots,n_b)$ 为对应时滞项前系数；$\xi(k)$ 为白噪声序列，与输入、输出信号无关联，并且均值为零，方差有限。

式(2.5)的 ARX 模型也可以表示为

$$y(k)=\tilde{a}_1y(k-1)+\cdots+\tilde{a}_{n_a}y(k-n_a)+b_1u(k-1)+\cdots+b_{n_b}u(k-n_b)+\xi(k) \quad (2.6)$$

式中，$\tilde{a}_m=-a_m$，$m=1,2,\cdots,n_a$。

在已知连续时间模型条件下，通常可通过差分方法对连续时间模型进行离散化，得到 ARX 模型。以线性系统(2.1)为例，令某一个瞬时时刻为 $t_i=(i-1)\Delta t$，Δt 为采样间隔，采样频率为 $f_s=1/\Delta t$。在 t_i 时刻，有

$$m\ddot{y}_i+c\dot{y}_i+k_1y_i=u(t_i) \quad (2.7)$$

式中，y_i 为 t_i 瞬时时刻的输出值；$\ddot{y}_i$、$\dot{y}_i$ 经过中心差分方法离散化[17]：

$$\dot{y}_i\approx\frac{y(t_i)-y(t_i-\Delta t)}{\Delta t}=\frac{y_i-y_{i-1}}{\Delta t} \quad (2.8)$$

$$\ddot{y}_i \approx \frac{\dot{y}_{i+1} - \dot{y}_i}{\Delta t} = \frac{\dfrac{y_{i+1} - y_i}{\Delta t} - \dfrac{y_i - y_{i-1}}{\Delta t}}{\Delta t} = \frac{y_{i+1} - 2y_i + y_{i-1}}{\Delta t^2} \tag{2.9}$$

式中，y_{i-1} 为在 t_i 瞬时时刻前一 Δt 时刻的输出值；y_{i+1} 为在 t_i 瞬时时刻后一 Δt 时刻的输出值。

将式(2.8)、式(2.9)代入微分方程(2.7)，可得其 ARX 模型：

$$y_i = \left(2 - \frac{c\Delta t}{m} - \frac{k_1 \Delta t^2}{m}\right) y_{i-1} + \left(\frac{c\Delta t}{m} - 1\right) y_{i-2} + \frac{\Delta t^2}{m} u_{i-1} \tag{2.10}$$

相较于传统微分方程，当系统结构未知时，可利用系统辨识方法，仅通过输入、输出数据得到线性系统的 ARX 模型。

2.3　非线性系统及其 NARX 模型

在实际情况下，大多数系统都含有非线性成分，这可能产生比线性系统更丰富的动力学特性。在图 2.2 所示的单自由度线性系统中引入一个非线性弹簧，如图 2.8 所示，k_3 代表非线性刚度，满足

$$F_{\text{non}} = k_3 u^3(t) \tag{2.11}$$

式中，$u(t)$ 为位移；F_{non} 为由非线性弹簧产生的非线性弹簧力。

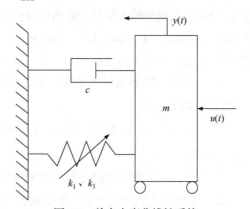

图 2.8　单自由度非线性系统

2.3.1　非线性系统输出特性

图 2.8 所示的非线性系统可以用微分方程来描述：

$$m\ddot{y}(t) + c\dot{y}(t) + k_1 y(t) + k_3 y^3(t) = u(t) \tag{2.12}$$

该方程为达芬方程。可以看出，与线性系统微分方程(2.1)相比，微分方程(2.12)

增加了一个非线性项，这个额外的非线性项代表了非线性弹簧力。

设 $m=1\text{kg}$，$c=15\text{N}\cdot\text{s/m}$，$k_1=10^4\text{N/m}$，$k_3=5\times10^{11}\text{N/m}$。假设输入 $u(t)$ 为正弦信号：

$$u(t)=A\sin(\omega t) \tag{2.13}$$

设 $A=5\text{N}$，$\omega=80\text{rad/s}$，利用 Runge-Kutta 法求出时域输出响应如图 2.9(b)所示。利用傅里叶变换，得到的系统响应频谱如图 2.10(b)所示。同时，在图 2.9(a)和图 2.10(a)中展示了具有相同线性参数的线性系统的输出，以进行比对。

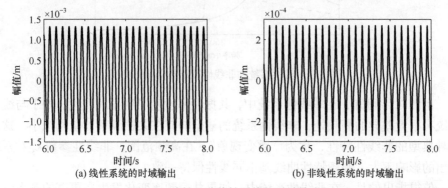

图 2.9　线性和非线性系统的时域输出

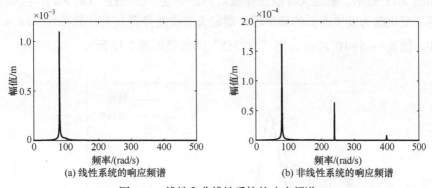

图 2.10　线性和非线性系统的响应频谱

从图 2.9 和图 2.10 可以看出，非线性系统的输出特性与线性系统有很大差别。非线性的响应频谱在 $\omega=80\text{rad/s}$，和输入频率相同，但其幅值大幅降低。在 $\omega=3\times80=240\text{rad/s}$ 和 $\omega=5\times80=400\text{rad/s}$ 处存在峰值，但在线性的响应频谱中不存在这些峰值。这种现象称为超谐波，是非线性系统输出响应的一个典型特性。

再改变输入幅值 $A=1\text{N}$，在保持其他参数不变的条件下对图 2.8 中的非线性系统进行扫频，并将幅频特性曲线与具有相同参数的线性系统的幅频特性曲线进行对比，如图 2.11 所示。

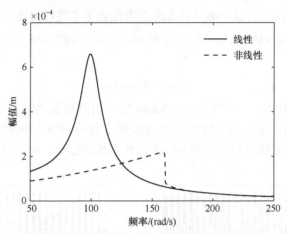

图 2.11　线性系统和非线性系统的幅频特性图

由图 2.11 可知，在非线性系统中，共振频率发生了明显的变化，处于与线性系统有很大差异的高频处，非线性系统的输出响应在共振频率处急剧减小，这是一种典型的非线性特性，称为"跳变现象"。在高频范围，非线性参数 k_3 对系统输出的影响不大，幅频特性曲线基本同线性保持一致。

值得指出的是，在非线性系统中，如果共振频率变化发生在更高的频率段，正如图 2.11 所示，就定义非线性弹簧 k_3 的影响是"硬特性"（$k_3 > 0$），但如果共振频率变化改为发生在低的频率段，则定义非线性弹簧 k_3 有"软特性"（$k_3 < 0$）。例如，使 $k_3 = -5 \times 10^9 \, \text{N/m}$，则"软特性"的效果如图 2.12 所示。

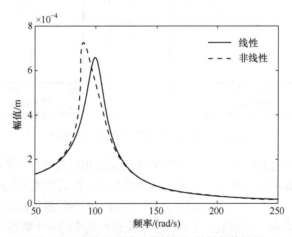

图 2.12　非线性系统"软特性"的幅频特性图

以上讨论表明，一个非线性参数对系统输出会有很重要的影响。

下面考虑线性参数 c 和 k_1 的影响。单自由度线性系统中幅频特性会随阻尼 c

的变化而变化，当阻尼 c 分别取 $10\mathrm{N\cdot s/m}$、$15\mathrm{N\cdot s/m}$、$20\mathrm{N\cdot s/m}$、$25\mathrm{N\cdot s/m}$ 时，其他参数保持不变并取幅值 $A=1\mathrm{N}$，其系统输出如图 2.13 所示。另外，当线性刚度 k_1 分别取 $0.5\times10^4\mathrm{N/m}$、$1.0\times10^4\mathrm{N/m}$、$1.5\times10^4\mathrm{N/m}$、$2.0\times10^4\mathrm{N/m}$ 时，其他参数保持不变，系统的幅频特性曲线如图 2.14 所示。

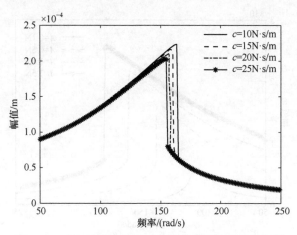

图 2.13　非线性系统输出幅频特性随线性阻尼的变化

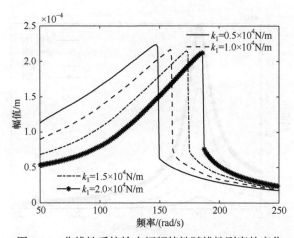

图 2.14　非线性系统输出幅频特性随线性刚度的变化

　　图 2.13 和图 2.6 中的结果表明，该系统幅频特性受线性参数影响，增加线性阻尼将减小输出的幅值，增加线性刚度将导致谐振频率增加，这与线性系统的结论相同。

　　考虑输入幅值 A 对系统输出的影响。众所周知，在线性系统中输出响应与输入响应之间是线性关系，这种线性关系在频域中定义为传递函数(经拉普拉斯变换)，与输入幅值 A 无关。然而，在非线性系统中，并没有这样的传递函数来表示系统的特性，系统的特性也会随系统的输入幅值而改变。

在图 2.8 所示单自由度非线性系统中，当输入幅值 A 分别取 0.1N、0.5N、1.0N、1.5N 时，系统的幅频特性曲线如图 2.15 所示。在同等幅值 A 的变化下，图 2.2 所示线性系统的幅频特性曲线如图 2.16 所示。

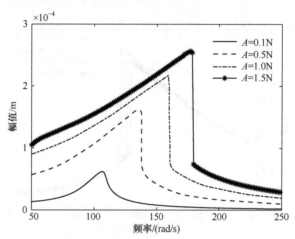

图 2.15　非线性系统输出幅频特性曲线随输入幅值的变化

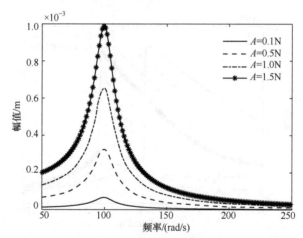

图 2.16　线性系统输出幅频特性曲线随输入幅值的变化

从图 2.15 可以看出，在非线性系统中，当输入幅值 A 减小时，共振频率减小，并逐渐接近线性系统。这表明当系统输入量减小时，非线性参数的影响也会减小，当输入幅足够小时，非线性系统可以近似地认为是线性系统。

非线性参数 k_3 变化对系统输出的影响如图 2.17 所示。在其余参数保持不变的条件下，将非线性刚度 k_3 分别取 0、$5×10^8\,\mathrm{N/m^3}$、$5×10^9\,\mathrm{N/m^3}$、$5×10^{10}\,\mathrm{N/m^3}$、$5×10^{11}\,\mathrm{N/m^3}$，与非线性系统的幅频特性曲线进行比较。需要强调的是，$k_3=0$ 即

线性系统的幅频特性曲线。

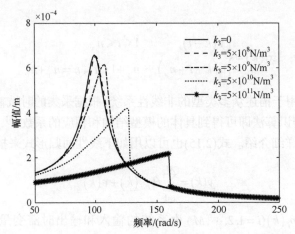

图 2.17　非线性系统输出幅频特性曲线随非线性刚度的变化

由图 2.17 可知,当非线性刚度值 k_3 足够大时,它会对系统输出产生影响。当 $k_3 = 5 \times 10^8\,\mathrm{N/m^3}$ 时,系统可以近似认为是一个线性系统。

以上的讨论表明,单自由度非线性系统的输出特性与线性系统的输出特性有很大的不同,在一定的参数范围内,线性参数和非线性参数都能显著影响非线性系统的特性。

2.3.2　NARX 模型

NARX 模型是非线性的 ARX 模型,通常可用来逼近任意非线性动态系统。

NARX 可以被隐式地定义成如下形式:

$$
\begin{aligned}
y(k) = F\big[&y(k-1), y(k-2), \cdots, y(k-n_y), \\
&u(k-d), u(k-d-1), \cdots, u(k-d-n_u)\big] + e(k)
\end{aligned}
\tag{2.14}
$$

式中,$F[\cdot]$ 为某个非线性函数;$e(k)$ 是一个相对输入输出信号的独立信号;d 是一个输入的时间延迟,通常设为 $d=1$;n_u、n_y 为输入、输出序列的最大时间滞后量。

当 $d=1$ 时,单输入-单输出 NARX 的幂次多项式展开式通常为如下形式[1, 2]:

$$
\begin{aligned}
y(k) &= F\big[y(k-1), \cdots, y(k-n_y), u(k-1), \cdots, u(k-n_u)\big] \\
&= \theta_0 + \sum_{i_1=1}^{n} \theta_{i_1} x_{i_1}(k) + \sum_{i_1=1}^{n}\sum_{i_2=i_1}^{n} \theta_{i_1 i_2} x_{i_1}(k) x_{i_2}(k) + \cdots \\
&\quad + \sum_{i_1=1}^{n} \cdots \sum_{i_l=i_{l-1}}^{n} \theta_{i_1 i_2 \cdots i_l} x_{i_1}(k) x_{i_2}(k) \cdots x_{i_l}(k) + e(k)
\end{aligned}
\tag{2.15}
$$

式中, l 为最高非线性阶数; k 为当前采样点; θ_i 为各 $x_i(k)$ 项前的对应系数, $x_i(k)$ 表示如下:

$$x_i(k) = \begin{cases} y(k-i), & 1 \leqslant i \leqslant n_y \\ u(k-i+n_y), & n_y+1 \leqslant i \leqslant n = n_y + n_u \end{cases} \tag{2.16}$$

式(2.15)可用于描述众多类型的非线性系统,根据采集的时域输入和输出数据集,使用系统辨识算法即可得到具体的模型结构和相应的系数[18],辨识算法将会在 2.4.2 节进行详细介绍。式(2.15)也可以用如下线性回归形式来描述:

$$y(k) = \sum_{i=1}^{M} \theta_i p_i(k) + e(k) \tag{2.17}$$

式中, 回归项 $p_i(k)(i=1,2,\cdots,M)$ 由系统的输入和输出时滞变量组成,例如, $u(k-1),u(k-2),\cdots,y(k-1),y(k-2),\cdots,u(k-1)\times y(k-1),\cdots$; $e(k)$ 是一个相对输入输出信号的独立信号; θ_i 为与模型项对应的系数; M 为 NARX 候选模型项的总数,计算公式为[3]

$$M = \frac{(n+l)!}{n!l!} \tag{2.18}$$

这里, $n = n_u + n_y$ 。

从前面线性模型描述可知,通过离散化方法可以将真实的线性物理模型同离散化的 ARX 模型联系起来,将达芬方程采用相同的离散化方法以构建 NARX 模型。

已知达芬方程(2.12),结合式(2.9)和式(2.10)的离散化公式,式(2.12)可表达为

$$y_i = \left(2 - \frac{c\Delta t}{m} - \frac{k_1 \Delta t^2}{m}\right) y_{i-1} + \left(\frac{c\Delta t}{m} - 1\right) y_{i-2} + \frac{\Delta t^2}{m} u_{i-1} + \frac{\Delta t^3 k_3}{m} y_{i-1}^3 \tag{2.19}$$

即

$$y(k) = \left(2 - \frac{c\Delta t}{m} - \frac{k_1 \Delta t^2}{m}\right) y(k-1) + \left(\frac{c\Delta t}{m} - 1\right) y(k-2) + \frac{\Delta t^2}{m} u(k-1) + \frac{\Delta t^3 k_3}{m} y^3(k-1)$$

$$\tag{2.20}$$

由式(2.20)可知,连续系统微分方程经离散化后,即可转变为 NARX 模型的形式,NARX 模型也可以对连续系统建模。

2.4　数据驱动模型与系统辨识方法

2.4.1　数据驱动模型

1. 神经网络

神经网络仿照人脑的生理学和心理学，通过人工模拟大脑的工作原理以实现智能辨识。在过去的几十年里，神经网络已经成为一个非常前沿的研究方向，被应用于许多不同的领域，如信号处理、模式识别、数据分析、非线性建模和智能控制等。在大多数情况下，神经网络被训练为使用某种学习算法来学习和表示已有数据。理想情况下，定义网络中神经元之间的权重，建立可以模拟产生数据集机制的神经网络架构。

神经网络可以分为多隐层网络和单隐层网络。动态驱动的多层前馈和循环网络是非线性数据拟合和信号处理最重要和最常用的网络模型。多层网络通常由若干源节点组成，这些源节点包括输入层、一个或多个隐藏层和一个输出层，隐藏层和输出层起着信息处理和计算的作用，因此这些节点被称为计算节点。在多层前馈网络中，输入信号进入网络并由计算单元逐层处理。在循环网络中，输入信号向前进入并通过逐层计算单元传播，就像在前馈网络中一样，同时输入和输出信号的一些延迟信号作为反馈，进入输入层，以增强网络的全局学习能力。这些多层网络通常也被称为多层感知器(multilayered perceptrons, MLPS)，其中单隐层网络作为一种特殊且最简单的情况。

单隐层网络又叫单层网络，是神经网络模型的一个重要子类，在许多不同的领域都有广泛应用。在非线性动态系统的识别和建模过程中，重点是从实验数据中寻找、获取恰当的模型，这些模型可以反映实验数据中内在的系统动力学特性，或在感兴趣的局部或整体非线性动态系统的操作区域内的输入-输出行为。换句话说，目标是构建可用于执行系统模拟和预测任务的动态驱动网络。动态驱动单层递归 NARX 网络的典型结构如图 2.18 所示，1 表示常数项，w_0 为其系数，$u(k)$、$y(k)$ 和 $e(k)$ 分别为 k 时刻系统的输入、输出和噪声序列，$\varphi_i(\cdot)$ 隐层是预定的非线性标量函数，称为激活函数。采用单隐层网络的 NARX 模型被称为循环 NARX 网络(recurrent NARX network, R-NARX-N)。

在数学上，图 2.18 中给出的循环 NARX 网络可以表述为

$$y(k) = F\big[\boldsymbol{x}(k)\big] = w_0 + \sum_{i=1}^{m} w_i \varphi_i\big(\boldsymbol{x}(k)\big) + e(k) \qquad (2.21)$$

式中，$y(k)$ 为系统输出；$\boldsymbol{x}(k) = \big[x_1(k), x_2(k), \cdots, x_n(k)\big]^{\mathrm{T}}$，$x_i(k)$ 的定义同式(2.16)；

$e(k)$ 为建模误差；w_i 为对应项系数；激活函数 $\varphi_i(\cdot)$ 通常是预定义的。

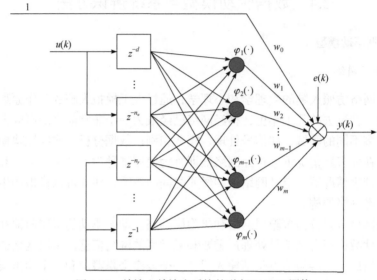

图 2.18　单输入单输出系统的递归 NARX 网络

值得注意的是，神经网络本身只是一个非线性激活函数 $\varphi_i(\cdot)$ 的集合，是简单的静态函数，网络内没有任何动态变化。这对模式识别等应用来说很好，但因为在系统辨识中使用输入和输出网络的滞后项是十分必要的，必须明确地给这些滞后项提供一个循环程序以产生后续滞后项。

2. 小波模型

理论研究表明，小波模型对于真实系统的近似结果优于许多其他数据驱动模型，包括神经网络。小波模型被证明是渐进地逼近最优解，其收敛率是使用一般的非线性近似方案中所能达到的最优收敛。小波模型对广泛的非线性函数都是有效的，包括具有稀疏奇异点的函数或不均匀规则的函数。与正弦和余弦的傅里叶基函数不同的是基于全局的变化性质，小波模型在时间和频率上都是局部化的，这意味着它可以在输入域的子区间上进行调整或改进，而不会干扰模型的其余部分。由于小波模型算法以不同的时间或频率处理数据，即使是在短时间或长时间上具有强非线性的信号，也可以通过不同小波模型的局部选择进行轻松建模，从而捕捉这些强非线性影响。这就允许用有限的基函数来拟合高度复杂的函数解析模型，前提是在模型中选择适当的小波。

利用小波所具有的特性，将小波模型引入非线性动力系统辨识中。使用小波模型表示动态系统的基本思想是在 NARX 模型中使用多频率小波基函数的组合

来描述未知函数 $F[\cdot]$，从而实现小波分解。在大多数情况下，只需要从冗余函数库中选择少量的重要基函数来表示非线性动力系统。

将式(2.14)的 NARX 模型改写为

$$y(k) = F\big[\boldsymbol{x}(k)\big] + e(k) \tag{2.22}$$

式中，$\boldsymbol{x}(k)$ 为式(2.16)的向量表示形式。

非线性函数 $F[\cdot]$ 可以采用小波基函数的组合进行描述：

$$F\big[\boldsymbol{x}(k)\big] = c_0 + F_1\big[\boldsymbol{x}(k)\big] + F_2\big[\boldsymbol{x}(k)\big] + \cdots + F_n\big[\boldsymbol{x}(k)\big] \tag{2.23}$$

式中，c_0 是一个常数；$F_i[\cdot] (i=1,2,\cdots,n)$ 为单个小波基函数。经验表明，采用二元小波基函数前的截短分量就可以有效地描述非线性函数 $F[\cdot]$，$F_i[\cdot] (i=1,2)$ 可以表现为

$$F_1\big[\boldsymbol{x}(k)\big] = \sum_{i=1}^{n} f_i\big(x_i(k)\big) \tag{2.24}$$

$$F_2\big[\boldsymbol{x}(k)\big] = \sum_{i=1}^{n} \sum_{j=i+1}^{n} f_{ij}\big(x_i(k), x_j(k)\big) \tag{2.25}$$

式中，f_i 可以选定为任意小波函数。

进而，NARX 模型可以表示为

$$y(k) = c_0 + \sum_{p=1}^{n} f_p\big(x_p(k)\big) + \sum_{p=1}^{n} \sum_{q=p+1}^{n} f_{pq}\big(x_p(k), x_q(k)\big) + e(k) \tag{2.26}$$

2.4.2 系统辨识方法

1. LS 算法及筛选准则

数值计算中，当实际输出与理想输出的差值最小时，实际输出值相对准确。为保证误差项都是非负数，取误差项的平方和作为判定准则，其推导过程如下。

NARX 模型除了写成式(2.17)的形式，也可以写成下面的矩阵形式：

$$\boldsymbol{y} = \boldsymbol{P}\boldsymbol{\theta} + \boldsymbol{e} \tag{2.27}$$

式中，$\boldsymbol{y} = \big[y(1), y(2), \cdots, y(N)\big]^{\mathrm{T}}$ 为系统输出向量，N 为采样点个数；$\boldsymbol{\theta}$ 为模型系数矩阵，$\boldsymbol{\theta} = [\theta_1, \theta_2, \cdots, \theta_M]^{\mathrm{T}}$；$\boldsymbol{P}$ 为由候选模型项构成的回归矩阵，即

$$\boldsymbol{P} = \big[\boldsymbol{p}_1(t), \boldsymbol{p}_2(t), \cdots, \boldsymbol{p}_M(t)\big] = \begin{bmatrix} p_1(1) & p_2(1) & \cdots & p_M(1) \\ p_1(2) & p_2(2) & \cdots & p_M(2) \\ \vdots & \vdots & & \vdots \\ p_1(N) & p_2(N) & \cdots & p_M(N) \end{bmatrix} \tag{2.28}$$

因为 ARX 模型为 NARX 模型的线性模型，所以同样也可以写为式(2.27)的形式，将式(2.27)两边取转置，可以得到

$$y^{\mathrm{T}} = \left(P\theta + e\right)^{\mathrm{T}} = \theta^{\mathrm{T}}P^{\mathrm{T}} + e^{\mathrm{T}} \tag{2.29}$$

由式(2.29)可得

$$e^{\mathrm{T}} = y^{\mathrm{T}} - \theta^{\mathrm{T}}P^{\mathrm{T}} \tag{2.30}$$

由式(2.27)可得

$$e = y - P\theta \tag{2.31}$$

将式(2.30)和式(2.31)相乘，即可得到最小二乘法的判定准则：

$$\begin{aligned} e^{\mathrm{T}}e &= \left(y^{\mathrm{T}} - \theta^{\mathrm{T}}P^{\mathrm{T}}\right)\left(y - P\theta\right) \\ &= y^{\mathrm{T}}y - y^{\mathrm{T}}P\theta - \theta^{\mathrm{T}}P^{\mathrm{T}}y + \theta^{\mathrm{T}}P^{\mathrm{T}}P\theta \end{aligned} \tag{2.32}$$

所求参数为 θ ，因此式(2.32)是以 θ 为自变量的函数，令等式左端为 $J(\theta) = e^{\mathrm{T}}e$ ，将式(2.32)对 θ^{T} 进行偏微分，可得

$$\frac{\partial J}{\partial \theta^{\mathrm{T}}} = -P^{\mathrm{T}}y + P^{\mathrm{T}}P\theta \tag{2.33}$$

当偏微分取零时，函数取得最小值，即式(2.33)为零时，误差的平方和最小，因而有

$$P^{\mathrm{T}}y = P^{\mathrm{T}}P\theta \tag{2.34}$$

若 $P^{\mathrm{T}}P$ 可逆，将式(2.34)两边同乘 $\left(P^{\mathrm{T}}P\right)^{-1}$ ，即可得到 θ 的值：

$$\theta = (P^{\mathrm{T}}P)^{-1}P^{\mathrm{T}}y \tag{2.35}$$

2. OLS 算法及筛选准则

OLS 算法是在 20 世纪 80 年代末开始发展起来的。作为对 NARX 模型系数识别的一种算法，OLS 算法的精髓是定义和引入一个辅助模型，此辅助模型中的任意项均是两两正交的，在知道其中任意项的前提下，其他项都可通过正交公式得到。通过该算法能够得到每个系数的无偏估计，结合误差减小率(error reduction ratio, ERR)准则，还能给出模型的每一项对于描述系统结构的重要程度。

式(2.27)中各模型项之间并非正交，通过正交化，可得其正交模型项为

$$y = \sum_{m=1}^{M} g_m w_m + e \tag{2.36}$$

式中，$g_m(m=1,2,\cdots,M)$ 为正交化后模型项系数；$w_m(m=1,2,\cdots,M)$ 为正交模型项，且有

$$\sum_{k=1}^{N} w_i(k)w_j(k) = \begin{cases} d_i, & i=j \\ 0, & i \neq j \end{cases} \tag{2.37}$$

这里，$d_i = \sum_{k=1}^{N} w_i^2(k) \neq 0$。

从第一个模型项开始，正交化过程可以总结如下：

$$\begin{cases} \boldsymbol{w}_1 = \boldsymbol{p}_1 \\ \boldsymbol{w}_2 = \boldsymbol{p}_2 - \dfrac{\langle \boldsymbol{p}_2, \boldsymbol{w}_1 \rangle}{\langle \boldsymbol{w}_1, \boldsymbol{w}_1 \rangle} \boldsymbol{w}_1 \\ \boldsymbol{w}_3 = \boldsymbol{p}_3 - \dfrac{\langle \boldsymbol{p}_3, \boldsymbol{w}_1 \rangle}{\langle \boldsymbol{w}_1, \boldsymbol{w}_1 \rangle} \boldsymbol{w}_1 - \dfrac{\langle \boldsymbol{p}_3, \boldsymbol{w}_2 \rangle}{\langle \boldsymbol{w}_2, \boldsymbol{w}_2 \rangle} \boldsymbol{w}_2 \\ \quad\vdots \\ \boldsymbol{w}_M = \boldsymbol{p}_M - \dfrac{\langle \boldsymbol{p}_M, \boldsymbol{w}_1 \rangle}{\langle \boldsymbol{w}_1, \boldsymbol{w}_1 \rangle} \boldsymbol{w}_1 \\ \qquad - \dfrac{\langle \boldsymbol{p}_M, \boldsymbol{w}_2 \rangle}{\langle \boldsymbol{w}_2, \boldsymbol{w}_2 \rangle} \boldsymbol{w}_2 - \cdots - \dfrac{\langle \boldsymbol{p}_M, \boldsymbol{w}_{M-1} \rangle}{\langle \boldsymbol{w}_{M-1}, \boldsymbol{w}_{M-1} \rangle} \boldsymbol{w}_{M-1} \end{cases} \tag{2.38}$$

式中，$\langle \cdot, \cdot \rangle$ 表示内积。

所以，在不考虑噪声的情况下，可得如下矩阵形式：

$$\left[\boldsymbol{y}(1), \boldsymbol{y}(2), \cdots, \boldsymbol{y}(N) \right]^{\mathrm{T}} = \begin{bmatrix} w_1(1) & w_2(1) & \cdots & w_M(1) \\ w_1(2) & w_2(2) & \cdots & w_M(2) \\ \vdots & \vdots & & \vdots \\ w_1(N) & w_2(N) & \cdots & w_M(N) \end{bmatrix} \begin{bmatrix} g_1 \\ g_2 \\ \vdots \\ g_M \end{bmatrix} \tag{2.39}$$

即

$$\boldsymbol{y} = \boldsymbol{W}\boldsymbol{g} \tag{2.40}$$

将式(2.40)两边同时左乘以 $\boldsymbol{W}^{\mathrm{T}}$，可得

$$\boldsymbol{W}^{\mathrm{T}}\boldsymbol{y} = \boldsymbol{W}^{\mathrm{T}}\boldsymbol{W}\boldsymbol{g} \tag{2.41}$$

由矩阵 $\boldsymbol{W}$ 的正交性质可得

$$W^{\mathrm{T}}W = \begin{bmatrix} \sum\limits_{k=1}^{N} w_1^2(k) & & & \\ & \sum\limits_{k=1}^{N} w_2^2(k) & & \\ & & \ddots & \\ & & & \sum\limits_{k=1}^{N} w_M^2(k) \end{bmatrix} \tag{2.42}$$

又因为

$$W^{\mathrm{T}}y = \begin{bmatrix} \sum\limits_{k=1}^{N} w_1(k)y(k) \\ \sum\limits_{k=1}^{N} w_2(k)y(k) \\ \vdots \\ \sum\limits_{k=1}^{N} w_M(k)y(k) \end{bmatrix} \tag{2.43}$$

联立式(2.41)~式(2.43)可得

$$g_m = \frac{\sum\limits_{k=1}^{N} y(k)w_m(k)}{\sum\limits_{k=1}^{N} w_m^2(k)}, \quad m = 1, 2, \cdots, M \tag{2.44}$$

式(2.40)中，考虑噪声信号 e 的影响，有

$$y = Wg + e \tag{2.45}$$

由式(2.45)可得

$$y^{\mathrm{T}} = g^{\mathrm{T}}W^{\mathrm{T}} + e^{\mathrm{T}} \tag{2.46}$$

即

$$y^{\mathrm{T}} = \begin{bmatrix} g_1 \\ g_2 \\ \vdots \\ g_M \end{bmatrix}^{\mathrm{T}} \begin{bmatrix} w_1(1) & w_1(2) & \cdots & w_1(N) \\ w_2(1) & w_2(2) & \cdots & w_2(N) \\ \vdots & \vdots & & \vdots \\ w_M(1) & w_M(2) & \cdots & w_M(N) \end{bmatrix} + \begin{bmatrix} e(1) & e(2) & \cdots & e(N) \end{bmatrix} \tag{2.47}$$

由式(2.45)和式(2.46)可得

$$
\boldsymbol{y}^{\mathrm{T}}\boldsymbol{y} = \begin{bmatrix} \sum_{m=1}^{M} g_m^2 \sum_{k=1}^{N} w_1^2(k) \\ \sum_{m=1}^{M} g_m^2 \sum_{k=1}^{N} w_2^2(k) \\ \ddots \\ \sum_{m=1}^{M} g_m^2 \sum_{k=1}^{N} w_M^2(k) \end{bmatrix} + \sum_{k=1}^{N} e^2(k) \qquad (2.48)
$$

求方差时将式(2.48)两边同乘以 $1/N$，可得

$$
\frac{1}{N}\boldsymbol{y}^{\mathrm{T}}\boldsymbol{y} = \frac{1}{N}\sum_{m=1}^{M} g_m^2 \boldsymbol{w}_m^{\mathrm{T}}\boldsymbol{w}_m + \frac{1}{N}\boldsymbol{e}^{\mathrm{T}}\boldsymbol{e} \qquad (2.49)
$$

式(2.49)右端代表实际输出的数学期望，由两部分组成，一部分是理论输出的数学期望，另一部分是噪声项的数学期望。噪声项是由于系统受到各种扰动产生的，包括测量误差、噪声干扰等不可控因素，它表示理想输出与实际输出之间的误差。引入 ERR 准则，用第 m 个正交变量 $\boldsymbol{w}_m$ 定义第 m 个误差减小率 ERR_m，即

$$
\mathrm{ERR}_m = \frac{g_m^2 \langle \boldsymbol{w}_m, \boldsymbol{w}_m \rangle}{\langle \boldsymbol{y}, \boldsymbol{y} \rangle} \times 100\% = \frac{\langle \boldsymbol{y}, \boldsymbol{w}_m \rangle^2}{\langle \boldsymbol{y}, \boldsymbol{y} \rangle \langle \boldsymbol{w}_m, \boldsymbol{w}_m \rangle} \times 100\% \qquad (2.50)
$$

由此可知，ERR 可以看成理论输出与实际输出的符合程度。同时，式(2.49)可以转化为

$$
1 = \sum_{m=1}^{M} \frac{g_m^2 \boldsymbol{w}_m^{\mathrm{T}} \boldsymbol{w}_m}{\boldsymbol{y}^{\mathrm{T}} \boldsymbol{y}} + \frac{\boldsymbol{e}^{\mathrm{T}} \boldsymbol{e}}{\boldsymbol{y}^{\mathrm{T}} \boldsymbol{y}} \qquad (2.51)
$$

定义 $\boldsymbol{e}^{\mathrm{T}}\boldsymbol{e} / (\boldsymbol{y}^{\mathrm{T}}\boldsymbol{y})$ 为信号误差率(error to signal ratio, ESR)，则有

$$
\sum_{m=1}^{M} \mathrm{ERR}_m + \mathrm{ESR} = 1 \qquad (2.52)
$$

OLS 算法相对于 LS 算法有两大优点：

(1) 式(2.27)中，若矩阵 $\boldsymbol{P}$ 接近奇异，即 $\boldsymbol{P}^{\mathrm{T}}\boldsymbol{P}$ 行列式值接近于 0，此时，一点微弱噪声所引起的输出扰动 $\delta \boldsymbol{y}$ 都会引起很大的系数估计误差 $\delta \boldsymbol{\theta}$，而 OLS 算法通过将矩阵正交化，有效地避免了这一问题。

(2) 由式(2.44)可知，系数 g_m 与正交型矩阵 $\boldsymbol{W}$ 中列向量 $\boldsymbol{w}_m$ 建立了一一对应关系，所以当模型加入新的模型项后，无须对之前系数进行重新识别。由式(2.35)

的结构可知，每增加一个模型项，LS 算法都需对包括之前的系数重新进行识别，计算量非常大。

OLS 算法中，通过计算每个模型项的 ERR 值，并由其大小可知模型项在系统中的重要程度。然而，在具有多个模型项的 NARX 模型中，排在前面的模型项比排在后面的模型项对 ERR 有更显著的影响。这是因为对候选项进行正交化的过程中，初始模型项的向量内积值没有改变(见式(2.50))，而模型项越靠后，其向量内积值改变越大，从而对 ERR 值产生较大影响。

因此，在 OLS 算法中，仅仅对模型项的输入数据进行施密特正交化，最后通过 ERR 来表示每个模型项在系统中的重要程度是不够准确的。

3. FROLS 算法

为克服 OLS 算法的缺陷，引入了 FROLS 算法。FROLS 算法已经成为比较流行的对非线性系统结构进行判别的标准算法[19,20]。它基于 OLS 算法的具体步骤，每一步运算都对模型剩余项进行全面筛选，避免了使用 OLS 算法带来的误差。其具体步骤如下。

不考虑噪声的影响，将式(2.27)以矩阵形式写出，有

$$y = P\theta \tag{2.53}$$

步骤 1　由式(2.53)中初始矩阵 P ，令 $w_m^{(1)} = p_m$ ，计算

$$g_m^{(1)} = \frac{\langle y, w_m^{(1)} \rangle}{\langle w_m^{(1)}, w_m^{(1)} \rangle} \tag{2.54}$$

$$\mathrm{ERR}^{(1)}[m] = \frac{\left(g_m^{(1)}\right)^2 \langle w_m^{(1)}, w_m^{(1)} \rangle}{\langle y, y \rangle} \times 100\% \tag{2.55}$$

式中，上标(1)表示搜索步的序号。

令

$$l_1 = \arg\max\left\{\mathrm{ERR}^{(1)}[m]\right\}, \quad m = 1, 2, \cdots, M \tag{2.56}$$

式中， $\arg\max\{\cdot\}$ 表示使函数最大时自变量的取值，即 $\mathrm{ERR}_m^{(1)}$ 取最大值时模型(2.53)的项为第 l_1 项，并令该项为正交模型项(2.39)的第 1 个正交向量 w_1 ，即 $w_1 = w_{l_1}^{(1)}$ ；设有向量 $\alpha_i (i = 1, 2, \cdots, M)$ ，计 $\alpha_1 = p_{l_1}$ 。

步骤 2　令 $m = 1, 2, \cdots, M$ 且 $m \neq l_1$ ，即从所有模型项中排除步骤 1 中选定的模型项，进行如下计算：

$$w_m^{(2)} = p_m - \frac{\langle p_m, w_1 \rangle}{\langle w_1, w_1 \rangle} \tag{2.57}$$

$$g_m^{(2)} = \frac{\langle y, w_m^{(2)} \rangle}{\langle w_m^{(2)}, w_m^{(2)} \rangle} \tag{2.58}$$

$$\mathrm{ERR}^{(2)}[m] = \frac{\left(g_m^{(2)} \right)^2 \langle w_m^{(2)}, w_m^{(2)} \rangle}{\langle y, y \rangle} \times 100\% \tag{2.59}$$

令

$$l_2 = \arg\max\left\{ \mathrm{ERR}^{(2)}[m] \right\}, \quad m = 1, 2, \cdots, M \text{ 且 } m \neq l_1 \tag{2.60}$$

需要注意的是，式(2.57)表示模型项之间的正交过程，得到正交模型项 $w_m^{(2)}$，再一一计算 $g_m^{(2)}$，最终求得剩余模型项的最大 ERR 值，这也印证了 FROLS 的原理，即每一步运算都对剩余模型项进行全面筛选。

由此令该项为正交模型项(2.39)的第 2 个正交向量 w_2，即 $w_2 = w_{l_2}^{(2)}$，并计 $\alpha_2 = p_{l_2}$。

对于第 $s(s \geqslant 2)$ 个模型项搜索步，令 $m \neq l_1 \bigcap \cdots \bigcap m \neq l_{s-1}$，根据已筛选出的 $s-1$ 个正交向量 $w_1, w_2, \cdots, w_{s-1}$ 计算：

$$w_m^{(s)} = p_m - \sum_{r=1}^{s-1} \frac{\langle p_m, w_r \rangle}{\langle w_r, w_r \rangle} w_r \tag{2.61}$$

$$g_m^{(s)} = \frac{\langle y, w_m^{(s)} \rangle}{\langle w_m^{(s)}, w_m^{(s)} \rangle} \tag{2.62}$$

$$\mathrm{ERR}^{(s)}[m] = \frac{\left(g_m^{(s)} \right)^2 \langle w_m^{(s)}, w_m^{(s)} \rangle}{\langle y, y \rangle} \tag{2.63}$$

令

$$l_s = \arg\max\left\{ \mathrm{ERR}^{(s)}[m] \right\}, \quad m = 1, 2, \cdots, M \text{ 且 } m \neq l_1 \bigcap \cdots \bigcap m \neq l_{s-1} \tag{2.64}$$

$w_s = w_{l_s}^{(s)}$，由此可得第 s 个正交项 w_s，并计 $\alpha_s = p_{l_s}$。

当算法运行至第 M_0 步时，若 ESR 满足如下条件，则算法停止：

$$\text{ESR} = 1 - \sum_{s=1}^{M_0} \text{ERR}(s) \leqslant \rho \tag{2.65}$$

通常，$\rho \leqslant 0.01$。

经过 FRLOS 算法最终得到的正交模型项可用下式进行描述：

$$y = \sum_{m=1}^{M_0} g_m w_m \tag{2.66}$$

然而，式(2.66)并不是最终所要的模型表达式。为此需对式(2.66)中的系数 g_m 进行逆变换，即施密特正交化的逆变换[21]：

$$\begin{cases} \theta_{M_0} = g_{M_0} \\ \theta_{M_0-1} = g_{M_0-1} - a_{M_0-1,M_0}\theta_{M_0} \\ \vdots \\ \theta_m = g_m - \sum_{i=m+1}^{M_0} a_{m,i}\theta_i, \quad m = M_0-1, M_0-2, \cdots, 1 \end{cases} \tag{2.67}$$

$$a_{m,i} = \frac{\langle \boldsymbol{\alpha}_i, \boldsymbol{w}_m \rangle}{\langle \boldsymbol{w}_m, \boldsymbol{w}_m \rangle}, \quad m = 1, 2, \cdots, i; \ i = 2, 3, \cdots, M_0 \tag{2.68}$$

g_m 转化为 θ_m 后，其对应的模型项即 $\boldsymbol{p}_m = \boldsymbol{\alpha}_m$。至此，经过 FROLS 算法的辨识，NARX 模型的最终表达式为

$$y = \sum_{m=1}^{M_0} \theta_m \boldsymbol{p}_m \tag{2.69}$$

与 OLS 算法推导过程进行对比，可以看出，FROLS 算法的基本原理与 OLS 算法大致相同，区别在于 FROLS 算法的每一步运算都会根据 ERR 指标对模型剩余项进行全面筛选，因此每一步运算都会筛选出当前对于实际输出贡献最大的模型项，所以大大精简了最终辨识出的模型项。同时模型项按对系统结构的重要程度进行排列，更具直观性，不仅对应了 NARX 模型简便性的精髓，又保留了重要项数，这是 OLS 算法无法比拟的。建立 NARX 模型的流程如图 2.19 所示。具体 FROLS 算法的筛选过程如图 2.20 所示。

2.4.3 模型验证

模型验证是系统辨识研究的基础部分之一，用以检验数学模型是否为实际系统的无偏估计。一步向前预测(OSA)和模型预测输出(MPO)是两种常用的 NARX 模型验证方法，它们分别适用于不同的建模场景，难以给出确定适用性的结论[22,23]。

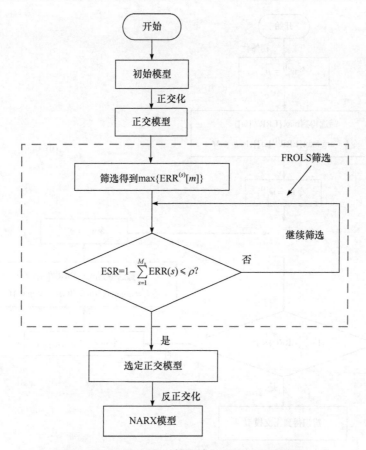

图 2.19　基于 FROLS 算法建立系统 NARX 模型

OSA 方法可用如下例子进行说明。令二阶 NARX 模型为

$$y(k) = ay(k-1) + by(k-2) + cu(k-1)y(k-1) \tag{2.70}$$

给定系统合理的输入输出值，从第 3 步开始，系统的 OSA 模型验证输出为

$$\begin{cases} \hat{y}(3) = ay(2) + by(1) + cu(2)y(2) \\ \quad\vdots \\ \hat{y}(k) = ay(k-1) + by(k-2) + cu(k-1)y(k-1) \end{cases} \tag{2.71}$$

式中，$y(k)$ 为 NARX 模型的实际输出值；$\hat{y}(k)$ 为 NARX 模型的预测输出值。

由式(2.71)可知，OSA 模型验证是将系统实际输入和输出序列代入辨识得到的 NARX 模型，从而得到预测的输出序列，通过对比系统实际输出序列和模型验证输出序列，来判断模型的鲁棒性。

将式(2.70)的 NARX 模型用 MPO 方法进行模型验证，系统的 MPO 模型验证

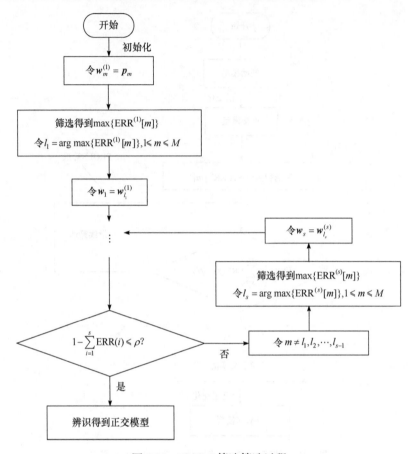

图 2.20　FROLS 算法筛选过程

输出为

$$
\begin{cases}
\hat{y}(1) = y(1) \\
\hat{y}(2) = y(2) \\
\quad \vdots \\
\hat{y}(k) = a\hat{y}(k-1) + b\hat{y}(k-2) + cu(k-1)\hat{y}(k-1)
\end{cases}
\tag{2.72}
$$

由此可知，MPO 模型验证与 OSA 模型验证不同的是，在 MPO 模型验证中，下一步的输出序列是由上一步的模型验证输出得到，每步的误差会逐渐累积；而在 OSA 模型验证中，没有每步误差的积累过程。

2.4.4　算例

本节以图 2.8 所示带有非线性刚度的单自由度弹簧-质量块动力学系统为例，

定义系统参数 $m = 15\text{kg}$、$k_1 = 3.56 \times 10^5 \text{N/m}$、$k_3 = 6.85 \times 10^7 \text{N/m}^3$、$c = 600 \text{N·s/m}$，根据式(2.20)可得描述该动力学系统的离散形式模型为

$$y(k) = 2.54 \times 10^{-7} u(k-1) + 1.83 y(k-1) - 0.92 y(k-2) - 17.42 y^3(k-1) \quad (2.73)$$

为了验证采用 FROLS 算法得到的系统数值模型与微分方程之间的关系，定义输入 $u(k)$ 为服从[0,3]上均匀分布的随机信号，采用 Runge-Kutta 法求解式(2.12)所示的微分方程，采样频率为 $f_s = 512\,\text{Hz}$，根据随机输入信号和得到的输出信号，设置如下系统辨识参数：输入最大时滞 $n_u = 2$，输出最大时滞 $n_y = 2$，最高阶数 $l = 3$，采用 FROLS 算法得到描述图 2.8 所示弹簧-质量块动力学系统的数值模型如下：

$$
\begin{aligned}
y(k) = &\, 1.8382 y(k-1) - 0.9249 y(k-2) + 1.2291 \times 10^{-7} u(k-1) \\
&+ 1.1974 \times 10^{-7} u(k-2) - 16.0951 y^3(k-1)
\end{aligned} \quad (2.74)
$$

由式(2.73)和式(2.74)可以看出，基于 FROLS 算法辨识得到的 NARX 模型与式(2.15)得到的离散形式相近，但模型项略有不同。为进一步说明两者之间的区别，将辨识结果与式(2.73)所示模型结构列于表 2.1(按照 ERR 值由大到小排列)。可以看出，辨识得到的模型项包含所有真实结果，且对应模型项的系数也基本一致，但辨识结果中多出一个模型项 $u(k-2)$，进一步可以看出 $u(k-1)$ 和 $u(k-2)$ 的系数之和与离散表达式中 $u(k-1)$ 的系数相近，这是由于模型项 $u(k-1)$ 和 $u(k-2)$ 系数之和与真实结果中的 $u(k-1)$ 相近，FROLS 算法得到的数值模型可以近似表征真实模型，该现象也是基于 FROLS 算法的 NARX 模型辨识中的常见情况。为说明数值模型的准确性，采用 MPO 方法，得到 NARX 模型的预测输出序列，并与 Runge-Kutta 法求解式(2.12)所得结果进行对比，如图 2.21 所示。可以看出，基于数值模型得到的系统响应和求解微分方程得到的结果吻合良好，以上分析可以说明数值模型代替微分方程表征动力学系统的可行性。

表 2.1 NARX 模型辨识结果与离散结果对比

搜索步	辨识结果			离散结果	
	模型项	系数	ERR/%	模型项	系数
1	$y(k-1)$	1.8382	90.65	$y(k-1)$	1.83
2	$y(k-2)$	−0.9249	8.64	$y(k-2)$	−0.92
3	$u(k-1)$	1.2291×10^{-7}	0.36	$u(k-1)$	2.54×10^{-7}
4	$u(k-2)$	1.1974×10^{-7}	0.34	$y^3(k-1)$	−17.42
5	$y^3(k-1)$	−16.0951	0.0029		
总和			99.99		

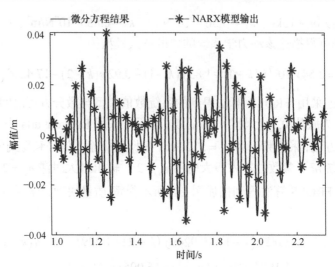

图 2.21　NARX 模型输出与微分方程求解结果对比

2.5　本章小结

本章从线性系统入手，以单自由度的线性质量-弹簧系统为例，分析了线性参数对线性系统输出变量的影响，并介绍了一种离散化模型——ARX 模型，采用差分方法将连续时间系统与离散模型联系起来。在线性系统的基础上引入非线性系统，结合达芬方程验证了非线性系统不同于线性系统的输出特性——跳跃现象、倍频现象等；给出 NARX 模型表达形式，NARX 模型具有适用系统范围广、对输入条件要求宽松等优点，在实际工程中得到了广泛的使用。

对比分析了 LS 算法、OLS 算法和 FROLS 算法的特性，其中 LS 算法简单易懂，对于能事先确定系统模型结构的情况，可以很快确定模型项系数，但抗噪能力弱。OLS 算法相较于 LS 算法更复杂，根据 ERR 值确定模型项，但建模结果有时会与候选模型项的排列顺序有关，当顺序不合理时，会引起 ERR 值失真，往往会得到错误的模型，因此这两种算法不常用于模型的结构筛选，更多用于模型参数辨识。FROLS 算法在思路上与 OLS 算法一致，都是依据 ERR 值进行模型项选择，确定模型项结构，针对 OLS 算法的 ERR 值失真问题，FROLS 算法通过在同一正交层次上选择模型项的方法，即施密特正交，使建模结果不再依赖候选模型项的排列顺序，能可靠地筛选模型结构域，并在得到确定模型结构后进行模型参数的辨识。

在分析算法特性后，采用经典达芬方程作为算例，建立表征其动力学特性的微分方程，并基于离散方法获得该动力学系统的离散形式表征模型，采用

Runge-Kutta 法求解微分方程，得到系统输入、输出信号，并基于 FROLS 算法辨识得到表征该弹簧-质量块动力学系统的 NARX 模型。经对比可以发现辨识所得数值模型与该系统的离散形式表征模型具有近似的模型结构和系数，此外数值模型预测的系统响应与采用 Runge-Kutta 法求解微分方程得到的响应具有良好的一致性，由此可以说明 NARX 模型可有效表征非线性动力学系统，从而具有解决传统物理模型建模方法面临的复杂模型建模难度大以及需要大量假设等问题的潜力。

参 考 文 献

[1] Liu H P, Zhu Y P, Luo Z. Identification of the dynamic parametrical model with an iterative orthogonal forward regression algorithm[J]. Applied Mathematical Modelling, 2018, 64: 643-653.

[2] Zhu X R, Zhang Y Y, Zhang G L, et al. Fault diagnosis for speed-up and speed-down process of rotor-bearing system based on Volterra series model and neighborhood rough sets[J]. Advanced Materials Research, 2012, 411: 567-571.

[3] Luenberger D G. Observing the state of a linear system[J]. IEEE Transactions on Military Electronics, 1964, 8(2): 74-80.

[4] Baraldi P, Manginelli A A, Maieron M, et al. An ARX model-based approach to trial by trial identification of fMRI-BOLD responses[J]. Neuroimage, 2007, 37(1): 189-201.

[5] 舒新玲, 周岱. 风速时程 AR 模型及其快速实现[J]. 空间结构, 2003, 9(4): 27-32.

[6] Cheng C M, Peng Z K, Zhang W M, et al. Volterra-series-based nonlinear system modeling and its engineering applications: A state-of-the-art review[J]. Mechanical Systems and Signal Processing, 2017, 87: 340-364.

[7] Hong M, Razaviyayn M, Luo Z Q, et al. A unified algorithmic framework for block-structured optimization involving big data: With applications in machine learning and signal processing[J]. IEEE Signal Processing Magazine, 2015, 33(1): 57-77.

[8] Mahata K, Schoukens J, de Cock A. Information matrix and D-optimal design with Gaussian inputs for Wiener model identification[J]. Automatica, 2016, 69: 65-77.

[9] Li G Q, Wen C Y, Zheng W X, et al. Identification of a class of nonlinear autoregressive models with exogenous inputs based on kernel machines[J]. IEEE Transactions on Signal Processing, 2011, 59(5): 2146-2159.

[10] 高杨. 航空发动机非线性与优化控制设计方法研究[D]. 南京: 南京航空航天大学, 2016.

[11] 罗忠, 刘昊鹏, 朱云鹏, 等. 基于 REFOR 算法的多输出非线性系统动态参数化建模方法研究[J]. 机械工程学报, 2018, 54(23): 73-81.

[12] 赵谨. SI 发动机 AFR 的非线性模型预测控制[D]. 吉林: 吉林大学, 2016.

[13] Wei H L, Billings S A. Improved parameter estimates for non-linear dynamical models using a bootstrap method[J]. International Journal of Control, 2009, 82(11): 1991-2001.

[14] Billings S A, Chen S. The determination of multivariable nonlinear models for dynamic systems using neural networks[R]. Sheffield: The University of Sheffield, 1996.

[15] Billings S A, Chen S, Korenberg M J. Identification of MIMO non-linear systems using a

forward-regression orthogonal estimator[J]. International Journal of Control, 1989, 49(6): 2157-2189.

[16] de Hoff R L, Rock S M. Development of simplified nonlinear models from multiple lineari-zations[C]. IEEE Conference on Decision and Control Including the 17th Symposium on Adaptive Processes, San Diego, 1979: 316-318.

[17] Ge X B, Luo Z, Ma Y, et al. A novel data-driven model based parameter estimation of nonlinear systems[J]. Journal of Sound and Vibration, 2019, 453: 188-200.

[18] Guo Y Z, Guo L Z, Billings S A, et al. An iterative orthogonal forward regression algorithm[J]. International Journal of Systems Science, 2015, 46(5): 776-789.

[19] Aguirre L A, Correa M V, Cassini C C S. Nonlinearities in NARX polynomial models: Representation and estimation[J]. IEE Proceedings—Control Theory and Applications, 2002, 149(4): 343-348.

[20] Jones J C P, Billings S A. Recursive algorithm for computing the frequency response of a class of non-linear difference equation models[J]. International Journal of Control, 1989, 50(5): 1925-1940.

[21] Billings S A. Nonlinear System Identification: NARMAX Methods in the Time, Frequency, and Spatio-temporal Domains[M]. Hoboken: John Wiley & Sons, 2013.

[22] Ma Y, Liu H P, Zhu Y P, et al. The NARX model-based system identification on nonlinear, rotor-bearing systems[J]. Applied Sciences, 2017, 7(9): 911.

[23] Ramirez C, Acuna G. Forecasting cash demand in ATM using neural networks and least square support vector machine[C]. Ibero-American Congress on Pattern Recognition, Pucoon, 2011: 515-522.

第 3 章　基于谐波信号的 NARX 模型辨识

3.1　引　　言

一般来说，在传统的 NARX 建模过程中，需要选择一个随机信号作为系统输入[1-3]。这是因为随机信号包含不同的频率和振幅信息，在缺乏系统参数和模型结构信息的情况下，可以对系统的不同特性进行测试与检验。然而在工程实践中，随着旋转机械在航空、发电、舰船等领域的广泛使用，这些系统只能用谐波信号作为激励信号[4]。与随机信号相比，谐波信号包含相对单一的频率和振幅信息，将此类信号用于系统建模时，得到的模型通常只能应用在对应单一谐波信号的情况下，对于不同的谐波信号并不能很好地做出系统响应。为解决此问题，提出基于多谐波输入的系统识别方法，将不同谐波信号进行滤噪、截取与拼接，得到多谐波信号进行系统建模[5]。

本章在时域多谐波拼接的方法上结合系统对谐波信号的响应特点提出一种频域系统辨识方法，根据第 2 章所述传统的 NARX 模型结构推导了适用于频域系统辨识方法的频域 NARX 模型结构，给出频域数据构建候选模型项矩阵的方法，并通过理论推导证明了数据顺序对建模结果的影响。

然而由于辨识得到的数值模型中不包含任何物理参数，不便于开展物理参数值对转子系统振动特性的影响分析。为解决此问题，推导出时域物理参数的 NARX 模型结构，并与频域系统辨识方法进行结合，推导带物理参数的频域 NARX 模型结构，即频域动态参数化模型结构。本章主要内容结构如图 3.1 所示。

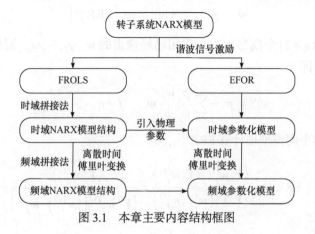

图 3.1　本章主要内容结构框图

3.2　基于谐波拼接的时域辨识方法

考虑到改善谐波输入系统的识别结果，本章采用多谐波输入法，将时域上的输入信号和输出信号进行组合，使拼接后的信号能够包含更多的频率和振幅信息，重点研究了不同信号的选择与拼接方式、周期个数对辨识结果的影响。

3.2.1　信号的选择与拼接

对于一个确定的系统，设输入信号为 $u(t)$，输出信号为 $y(t)$，取 N 个数据点来建立 NARX 模型，则辨识的目标向量为

$$\boldsymbol{Y} = \left[y(1), y(2), \cdots, y(N) \right]^{\mathrm{T}} \tag{3.1}$$

候选模型项矩阵为

$$
\begin{aligned}
\boldsymbol{P} &= [\boldsymbol{p}_1, \boldsymbol{p}_2, \cdots, \boldsymbol{p}_n] \\
&= \begin{bmatrix}
p_1(1) & p_2(1) & \cdots & p_n(1) \\
p_1(2) & p_2(2) & \cdots & p_n(2) \\
\vdots & \vdots & & \vdots \\
p_1(N) & p_2(N) & \cdots & p_n(N)
\end{bmatrix}_{N \times n}
\end{aligned}
\tag{3.2}
$$

用 2.4.2 节的 FROLS 算法确定 NARX 模型第 1 个模型项，可得

$$\mathrm{ERR}_j^{(1)} = \frac{\langle \boldsymbol{Y}, \boldsymbol{p}_j \rangle \langle \boldsymbol{Y}, \boldsymbol{p}_j \rangle}{\langle \boldsymbol{Y}, \boldsymbol{Y} \rangle \langle \boldsymbol{p}_j, \boldsymbol{p}_j \rangle} = \frac{\left(\boldsymbol{Y}^{\mathrm{T}} \boldsymbol{p}_j \right)^2}{\left(\boldsymbol{Y}^{\mathrm{T}} \boldsymbol{Y} \right) \left(\boldsymbol{p}_j^{\mathrm{T}} \boldsymbol{p}_j \right)} \tag{3.3}$$

取 $\mathrm{ERR}_j^{(1)}$ 中最大项作为第 1 个模型项，即

$$\boldsymbol{w}_1 = \boldsymbol{p}_r, \quad r = \arg \max_{1 \leqslant j \leqslant N} \left\{ \mathrm{ERR}_j^{(1)} \right\} \tag{3.4}$$

确定第 $s(s \geqslant 2)$ 个模型项时，先用已经选出的 $\boldsymbol{w}_1, \boldsymbol{w}_2, \cdots, \boldsymbol{w}_{s-1}$ 对剩余的模型项进行正交化，即

$$\boldsymbol{w}_j^{(s)} = \boldsymbol{p}_j - \sum_{r=1}^{s-1} \frac{\boldsymbol{p}_j^{\mathrm{T}} \boldsymbol{w}_r}{\boldsymbol{w}_r^{\mathrm{T}} \boldsymbol{w}_r} \boldsymbol{w}_r, \quad j \neq r_1, r_2, \cdots, r_{s-1} \tag{3.5}$$

用正交之后的中间模型项计算 $\mathrm{ERR}_j^{(s)}$，即

$$\mathrm{ERR}_j^{(s)} = \frac{\langle \boldsymbol{Y}, \boldsymbol{w}_j^{(s)} \rangle \langle \boldsymbol{Y}, \boldsymbol{w}_j^{(s)} \rangle}{\langle \boldsymbol{Y}, \boldsymbol{Y} \rangle \langle \boldsymbol{w}_j^{(s)}, \boldsymbol{w}_j^{(s)} \rangle} = \frac{\left(\boldsymbol{Y}^{\mathrm{T}} \boldsymbol{w}_j^{(s)} \right)^2}{\left(\boldsymbol{Y}^{\mathrm{T}} \boldsymbol{w}_j^{(s)} \right) \left[\left(\boldsymbol{w}_j^{(s)} \right)^{\mathrm{T}} \boldsymbol{w}_j^{(s)} \right]} \tag{3.6}$$

取 $\mathrm{ERR}_j^{(s)}$ 中最大项作为第 s 个模型项，即

$$w_s = w_{r_s}^{(s)}, \quad r_s = \arg \max_{1 \leqslant j \leqslant N} \left\{ \mathrm{ERR}_j^{(s)}, \, j \neq r_1, r_2, \cdots, r_{s-1} \right\} \tag{3.7}$$

当改变数据的排列顺序时，相当于对目标向量和候选模型项矩阵都进行了初等行变换，初等行变换的程度决定了原数据的乱序程度。为不失一般性，给定任意一个简单初等行变换矩阵 K_L 使原数据的顺序发生改变。

$$K_L = \begin{bmatrix} I_{(i-1) \times (i-1)} & & & & & \\ & 0 & 0 & \cdots & 0 & 1 & & \\ & 0 & 1 & 0 & 0 & 0 & & \\ & \vdots & 0 & & 0 & \vdots & & \\ & 0 & 0 & 0 & 1 & 0 & & \\ & 1 & 0 & \cdots & 0 & 0 & & \\ & & & & & & I_{(N-j) \times (N-j)} \end{bmatrix} \begin{array}{l} \leftarrow \text{第}i\text{行} \\ \\ \\ \\ \leftarrow \text{第}j\text{行} \end{array} \tag{3.8}$$

式中，I 是单位矩阵。

改变数据排列顺序后的目标向量和候选模型项矩阵分别为

$$\begin{cases} Y_L = K_L Y \\ P_L = K_L P = \left[K_L p_1, K_L p_2, \cdots, K_L p_n \right] \end{cases} \tag{3.9}$$

设 $p_{L,j} = K_L p_j$。再用改变数据排列顺序的目标向量和候选模型项矩阵来确定第 1 个模型项，计算得到各个候选模型项的误差减小率为

$$\begin{aligned} \mathrm{ERR}_{L,j}^{(1)} &= \frac{\langle Y_L, p_{L,j} \rangle \langle Y_L, p_{L,j} \rangle}{\langle Y_L, Y_L \rangle \langle p_{L,j}, p_{L,j} \rangle} \\ &= \frac{\left[(K_L Y)^{\mathrm{T}} (K_L p_j) \right]^2}{\left[(K_L Y)^{\mathrm{T}} (K_L Y) \right] \left[(K_L p_j)^{\mathrm{T}} (K_L p_j) \right]} \\ &= \mathrm{ERR}_j^{(1)} \end{aligned} \tag{3.10}$$

由此可见，改变数据排列顺序并不会影响第 1 项模型项的辨识结果。

按照归纳-演绎法的思路，假设第 $s(s \geqslant 2)$ 步之前的中间模型项都满足

$$w_{L,r} = K_L w_r, \quad r = 1, 2, \cdots, s-1 \tag{3.11}$$

则在确定第 s 步模型项时，先用已经选出的 $w_{L,1}, w_{L,2}, \cdots, w_{L,s-1}$ 对剩余的模型项进行正交化，即

$$w_{L,j}^{(s)} = p_{L,j} - \sum_{r=1}^{s-1} \frac{p_{L,j}^{\mathrm{T}} w_{L,r}}{w_{L,r}^{\mathrm{T}} w_{L,r}} w_{L,r}$$

$$= K_L p_j - \sum_{r=1}^{s-1} \frac{\left(K_L p_j\right)^{\mathrm{T}} \left(K_L w_r\right)}{\left(K_L w_r\right)^{\mathrm{T}} \left(K_L w_r\right)} \left(K_L w_r\right) \tag{3.12}$$

$$= K_L \left(p_j - \sum_{r=1}^{s-1} \frac{p_j^{\mathrm{T}} w_r}{w_r^{\mathrm{T}} w_r} w_r \right) = K_L w_j^{(s)}$$

由式(3.12)的结果可以得出，当 $s=2$ 时，式(3.11)的假设明显是成立的，所有的中间模型项都满足 $w_{L,j}^{(s)} = K_L w_j^{(s)}$。

用正交之后的中间模型项计算 $\mathrm{ERR}_{L,j}^{(s)}$，即

$$\mathrm{ERR}_{L,j}^{(s)} = \frac{\left\langle Y_L, w_{L,j}^{(s)} \right\rangle \left\langle Y_L, w_{L,j}^{(s)} \right\rangle}{\left\langle Y_L, Y_L \right\rangle \left\langle w_{L,j}^{(s)}, w_{L,j}^{(s)} \right\rangle}$$

$$= \frac{\left(Y_L^{\mathrm{T}} w_{L,j}^{(s)}\right)^2}{\left(Y_L^{\mathrm{T}} w_{L,j}^{(s)}\right)\left[\left(w_{L,j}^{(s)}\right)^{\mathrm{T}} w_{L,j}^{(s)}\right]} = \frac{\left[\left(K_L Y\right)^{\mathrm{T}} K_L w_j^{(s)}\right]^2}{\left[\left(K_L Y\right)^{\mathrm{T}} K_L Y\right]\left[\left(K_L w_j^{(s)}\right)^{\mathrm{T}} K_L w_j^{(s)}\right]} \tag{3.13}$$

$$= \mathrm{ERR}_j^{(s)}$$

由式(3.13)可知，改变数据排列顺序并不会影响第 1 项模型项的辨识结果。在用 FROLS 算法建立 NARX 模型时，如果将数据进行重新排列，并不会影响辨识结果。因此，在进行多谐波拼接建模时，只需要考虑一种排列顺序，即改变不同周期信号的排列顺序并不会影响 FROLS 算法的辨识结果。

另外，考虑周期信号的周期个数对辨识结果的影响，对于典型的达芬方程

$$m\ddot{y}(t) + c\dot{y}(t) + k_1 y(t) + k_3 y^3(t) = u(t) \tag{3.14}$$

当输入信号 $u(t)$ 是一个谐波信号，系统的输出信号 $y(t)$ 也是一个周期信号。设 $u(t)$ 和 $y(t)$ 的最小公共周期为 T，则有

$$\begin{cases} y(t) = y(t+nT) \\ u(t) = u(t+nT) \end{cases}, \quad n\text{为整数} \tag{3.15}$$

设采样频率为 f_s，取一个最小公共周期的数据建立 NARX 模型，则建模的目标向量为

$$Y_1 = \left[y(1), y(2), \cdots, y(f_s T) \right]^{\mathrm{T}} \tag{3.16}$$

候选模型项组成的初始矩阵为

$$P_1 = \left[p_{1,1}, p_{1,2}, \cdots, p_{1,n} \right] \tag{3.17}$$

式中，$p_{1,i}(i=1,2,\cdots,n)$ 由输入信号 $u(t)$ 或输出信号 $y(t)$ 的时间延后项构成。

由式(3.17)可知，用 FROLS 算法确定 NARX 模型第 1 个模型项时：

$$\text{ERR}_{1,j}^{(1)} = \frac{\langle Y_1, p_{1,j} \rangle \langle Y_1, p_{1,j} \rangle}{\langle Y_1, Y_1 \rangle \langle p_{1,j}, p_{1,j} \rangle} = \frac{\left(Y_1^{\text{T}} p_{1,j} \right)^2}{\left(Y_1^{\text{T}} Y_1 \right) \left(p_{1,j}^{\text{T}} p_{1,j} \right)} \tag{3.18}$$

取 $\text{ERR}_{1,j}^{(1)}$ 中最大项作为第 1 个模型项，即

$$w_{1,1} = p_{1,r_1}, \quad r_1 = \arg \max_{1 \leqslant j \leqslant n} \left\{ \text{ERR}_{1,j}^{(1)} \right\} \tag{3.19}$$

在确定第 s $(s \geqslant 2)$ 个模型项时，用已经选出的 $w_{1,1}, w_{1,2}, \cdots, w_{1,s-1}$ 对剩余的模型项进行正交化，即

$$w_{1,j}^{(s)} = p_{1,j} - \sum_{r=1}^{s-1} \frac{p_{1,j}^{\text{T}} w_{1,r}}{w_{1,r}^{\text{T}} w_{1,r}} w_{1,r}, \quad j \neq r_1, r_2, \cdots, r_{s-1} \tag{3.20}$$

用正交之后的中间模型项计算 $\text{ERR}_{1,j}^{(s)}$，即

$$\text{ERR}_{1,j}^{(s)} = \frac{\langle Y_1, w_{1,j}^{(s)} \rangle \langle Y_1, w_{1,j}^{(s)} \rangle}{\langle Y_1, Y_1 \rangle \langle w_{1,j}^{(s)}, w_{1,j}^{(s)} \rangle} = \frac{\left(Y_1^{\text{T}} w_{1,j}^{(s)} \right)^2}{\left(Y_1^{\text{T}} w_{1,j}^{(s)} \right) \left[\left(w_{1,j}^{(s)} \right)^{\text{T}} w_{1,j}^{(s)} \right]} \tag{3.21}$$

取 $\text{ERR}_{1,j}^{(s)}$ 中最大项作为第 s 个模型项，即

$$w_{1,s} = w_{1,r_s}^{(s)}, \quad r_s = \arg \max_{1 \leqslant j \leqslant n} \left\{ \text{ERR}_{1,j}^{(s)}, j \neq r_1, r_2, \cdots, r_{s-1} \right\} \tag{3.22}$$

对于周期信号，在取 m $(m \geqslant 2)$ 个周期建立 NARX 模型，构建目标向量和候选模型项时，第 m 个周期的数据同第 1 个周期的数据是相等的，即

$$\begin{aligned} Y_m &= \left[y(1), \cdots, y(f_s T), \cdots, y(2 f_s T), \cdots, y(m f_s T) \right]^{\text{T}} \\ &= \underbrace{\left[Y_1^{\text{T}}, Y_1^{\text{T}}, \cdots, Y_1^{\text{T}} \right]}_{m \uparrow} \end{aligned} \tag{3.23}$$

$$P_m = \left[p_{m,1}, p_{m,2}, \cdots, p_{m,n} \right] = \left. \begin{bmatrix} p_{1,1} & p_{1,2} & \cdots & p_{1,n} \\ p_{1,1} & p_{1,2} & \cdots & p_{1,n} \\ \vdots & \vdots & & \vdots \\ p_{1,1} & p_{1,2} & \cdots & p_{1,n} \end{bmatrix} \right\} m \uparrow \tag{3.24}$$

相当于将 Y_1 和 P_1 进行了扩展，即

$$
\begin{cases}
Y_m = KY_1 \\
P_m = KP_1 = \left[Kp_{1,1}, Kp_{1,2}, \cdots, Kp_{1,n} \right]
\end{cases}
\tag{3.25}
$$

式中，矩阵 K 为扩展矩阵，具体表达为

$$
K = \underbrace{\left[I_{N\times N}, \cdots, I_{N\times N} \right]}_{m\text{个}}^{\mathrm{T}}
\tag{3.26}
$$

这里，$I_{N\times N}$ 表示 N 行 N 列的单位矩阵，且有

$$
K^{\mathrm{T}}K = \underbrace{\left[I_{N\times N}^{\mathrm{T}}, \cdots, I_{N\times N}^{\mathrm{T}} \right]}_{m\text{个}} \underbrace{\left[I_{N\times N}, \cdots, I_{N\times N} \right]}_{m\text{个}}^{\mathrm{T}} = mI_{N\times N}
\tag{3.27}
$$

因此，在用 m 个周期数据建立原系统的 NARX 模型，利用 FROLS 算法来确定第 1 个模型项时，有

$$
\mathrm{ERR}_{m,j}^{(1)} = \frac{\langle Y_m, p_{m,j} \rangle \langle Y_m, p_{m,j} \rangle}{\langle Y_m, Y_m \rangle \langle p_{m,j}, p_{m,j} \rangle} = \frac{\left(Y_m^{\mathrm{T}} p_{m,j} \right)^2}{\left(Y_m^{\mathrm{T}} Y_m \right) \left(p_{m,j}^{\mathrm{T}} p_{m,j} \right)}
\tag{3.28}
$$

结合式(3.27)和式(3.28)，可得

$$
\begin{aligned}
\mathrm{ERR}_{m,j}^{(1)} &= \frac{\left(Y_m^{\mathrm{T}} p_{m,j} \right)^2}{\left(Y_m^{\mathrm{T}} Y_m \right) \left(p_{m,j}^{\mathrm{T}} p_{m,j} \right)} = \frac{\left[(KY_1)^{\mathrm{T}} Kp_{1,j} \right]^2}{\left[(KY_1)^{\mathrm{T}} KY_1 \right] \left[(Kp_{1,j})^{\mathrm{T}} Kp_{1,j} \right]} \\
&= \frac{\left[Y_1^{\mathrm{T}} (K^{\mathrm{T}}K) p_{1,j} \right]^2}{\left[Y_1^{\mathrm{T}} (K^{\mathrm{T}}K) Y_1 \right] \left[p_{1,j}^{\mathrm{T}} (K^{\mathrm{T}}K) p_{1,j} \right]} = \frac{\left(mY_1^{\mathrm{T}} Ep_{1,j} \right)^2}{\left(mY_1^{\mathrm{T}} EY_1 \right) \left(mp_{1,j}^{\mathrm{T}} Ep_{1,j} \right)} \\
&= \frac{\left(Y_1^{\mathrm{T}} p_{1,j} \right)^2}{\left(Y_1^{\mathrm{T}} Y_1 \right) \left(p_{1,j}^{\mathrm{T}} p_{1,j} \right)} = \mathrm{ERR}_{1,j}^{(1)}
\end{aligned}
\tag{3.29}
$$

由式(3.29)可知，用 m 个周期的数据辨识得到第 1 个模型项，与用 1 个周期的数据辨识得到第一个模型项是一致的。

按照归纳-演绎法的思路，假设第 $s(s \geqslant 2)$ 步之前的中间模型项都满足

$$
w_{m,r} = Kw_{1,r}, \quad r = 1, 2, \cdots, s-1
\tag{3.30}
$$

则在确定第 s 个模型项时，先用已经选出的 $w_{m,1}, w_{m,2}, \cdots, w_{m,s-1}$ 对剩余的模型项进行正交化，即

$$w_{m,j}^{(s)} = p_{m,j} - \sum_{r=1}^{s-1} \frac{p_{m,j}^{\mathrm{T}} w_{m,r}}{w_{m,r}^{\mathrm{T}} w_{m,r}} w_{m,r}$$

$$= K p_{1,j} - \sum_{r=1}^{s-1} \frac{\left(K p_{1,r}\right)^{\mathrm{T}} \left(K w_{1,r}\right)}{\left(K w_{1,r}\right)^{\mathrm{T}} \left(K w_{1,r}\right)} \left(K w_{1,r}\right) \qquad (3.31)$$

$$= K \left(p_{1,j} - \sum_{r=1}^{s-1} \frac{p_{1,j}^{\mathrm{T}} w_{1,r}}{w_{1,r}^{\mathrm{T}} w_{1,r}} w_{1,r} \right) = K w_{m,j}^{(s)}$$

很明显，由式(3.29)的结果可以得出，当 $s=2$ 时，式(3.30)的假设是成立的，所以所有的中间模型项都满足 $w_{m,j}^{(s)} = K w_{1,j}^{(s)}$。

用正交变换之后的中间模型项计算 $\mathrm{ERR}_{m,j}^{(s)}$，即

$$\mathrm{ERR}_{m,j}^{(s)} = \frac{\left\langle Y_m, w_{m,j}^{(s)} \right\rangle \left\langle Y_m, w_{m,j}^{(s)} \right\rangle}{\left\langle Y_m, Y_m \right\rangle \left\langle w_{m,j}^{(s)}, w_{m,j}^{(s)} \right\rangle}$$

$$= \frac{\left(Y_m^{\mathrm{T}} w_{m,j}^{(s)} \right)^2}{\left(Y_m^{\mathrm{T}} w_{m,j}^{(s)} \right) \left[\left(w_{m,j}^{(s)} \right)^{\mathrm{T}} w_{m,j}^{(s)} \right]} = \frac{\left[\left(K Y_1 \right)^{\mathrm{T}} K w_{m,j}^{(s)} \right]^2}{\left[\left(K Y_1 \right)^{\mathrm{T}} K Y_1 \right] \left[\left(K w_{m,j}^{(s)} \right)^{\mathrm{T}} K w_{m,j}^{(s)} \right]} \qquad (3.32)$$

$$= \mathrm{ERR}_{1,j}^{(s)}$$

由式(3.32)可知，当用 m 个周期的数据辨识得到第 s 个模型项与用 1 个周期的数据辨识得到第 s 个模型项是一致的。因此，在用 FROLS 算法建立 NARX 模型时，如果激励信号和响应信号都是周期信号，则信号的周期个数不影响辨识结果。

为了形象地展示谐波拼接方法，以达芬方程(2.12)为例进行说明。取参数 $m=1\mathrm{kg}$，$c=15\mathrm{N\cdot s/m}$，$k_1=1\times10^5\mathrm{N/m}$，$k_3=1\times10^7\mathrm{N/m}^3$，$u(t)=A\sin(2\pi ft)$，输入幅值 A 分别取 100N、250N、400N、550N、700N、850N、1000N，频率 f 分别取 12Hz、13Hz、14Hz、15Hz、16Hz、17Hz、18Hz。在 $f=12\mathrm{Hz}$、$A=100\mathrm{N}$ 和 $f=18\mathrm{Hz}$、$A=1000\mathrm{N}$ 条件下的达芬方程输出信号分别如图 3.2(a)和图 3.2(b) 所示。

采用 7 组谐波输入信号，依次激励系统，待系统稳定后，从单一信号组取连续的三个周期数据点进行拼接，得到用于辨识的拼接信号即谐波拼接，输入信号拼接图像如图 3.3(a)所示，输出信号拼接图像如图 3.3(b)所示。

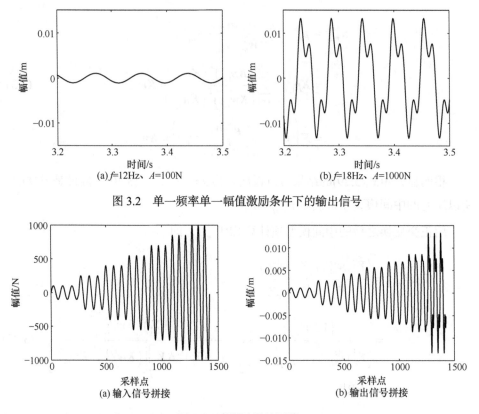

图 3.2　单一频率单一幅值激励条件下的输出信号

图 3.3　多谐波拼接图像

3.2.2　算例

　　为了展现多谐波辨识方法相较于单谐波辨识方法的优点，选取单谐波输入信号及对应的输出信号建立转子系统 NARX 模型，再选取通过谐波拼接法得到的多谐波输入信号及对应的输出信号建立转子系统 NARX 模型。在图 3.4 所示转子系统中，选取转子质心为坐标原点 O，以转轴切向水平方向为 x 轴方向，以转轴切向竖直方向为 y 轴方向，O_1 为盘的圆心。其中，单谐波输入的情况是以一个转速下的偏心力作为系统输入信号，多谐波输入的情况是将多个转速下的偏心力时域信号拼接在一起，形成一组谐波拼接信号。将该转子系统的轴承简化为具有线性刚度和含有立方项的非线性刚度的弹簧，系统总质量 $m = 15\text{kg}$，弹簧的线性刚度 $k_1 = 3.56 \times 10^5 \text{N/m}$，非线性刚度为 $k_3 = 6.85 \times 10^7 \text{N/m}^3$，轴承阻尼为 $c = 600\text{N} \cdot \text{s/m}$，盘的偏心距为 $e = 0.01\text{m}$。

　　那么，描述系统沿 y 轴方向振动的运动微分方程可以写为

$$m\ddot{y}(t) + c\dot{y}(t) + k_1 y(t) + k_3 y^3(t) = u(t) \tag{3.33}$$

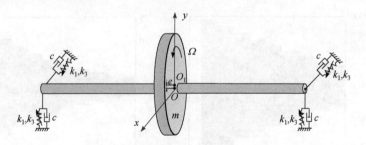

图 3.4　非线性弹簧支承简单转子系统

式中，$u(t)$ 为系统输入，$u(t) = me\omega^2 \sin(\omega t)$；$\omega$ 为角速度。

需要说明的是，本节数值算例中系统运动微分方程表达式与 2.3.1 节中的相同，这是由于达芬方程可用于表征一大类非线性动力学系统[6,7]。此外，离散公式、参数取值均与 2.3.2 节中的一致，本节达芬方程算例与 2.3.3 节达芬方程算例的区别仅在于本节算例中的系统输入信号为盘的偏心力，即盘旋转产生的谐波信号，而 2.3.3 节数值算例中采用高斯噪声作为系统输入信号。上述设置的目的是验证采用单谐波输入信号及对应的输出信号和多谐波输入信号及对应的输出信号进行系统辨识得到的模型结构是否正确，此外通过对比也能说明采用随机信号与谐波形式信号辨识结果的差别。

根据 2.2.2 节所述，式(3.33)所示微分方程可通过式(2.9)和式(2.10)所示速度和加速度的近似表达式进行离散，从而得到模型结构和系数，即可用于验证辨识结果的准确性。

定义系统转速 $\Omega = 1080\text{r/min}$，则偏心力 $u(t)$ 可通过式(3.33)计算，其中 $\omega = 2\pi\Omega/60$。采用四阶 Runge-Kutta 法[8]求解式(3.33)所示微分方程，采集 24000 个时域稳态响应数据点，采样频率为 1024Hz。基于生成的输入和输出数据，设置如下系统辨识参数：输入最大时滞 $n_u = 3$，输出最大时滞 $n_y = 3$，最高阶数 $l = 3$，采用 FROLS 算法[9,10]得到以单谐波激励信号和响应信号作为辨识信号的三阶 NARX 模型：

$$
\begin{aligned}
y_{\text{DAN}}(k) &= 2.014 \times 10^{-6} u(k-3) - 0.8584 y(k-1) - 0.235 y(k-3) \\
&\quad + 4.86 \times 10^{-10} u^2(k-1) y(k-1)
\end{aligned}
\tag{3.34}
$$

式中，下标 DAN 表示单谐波输入信号系统辨识所得模型。

此外，定义一组系统转速 $\Omega = [600:60:1080]\text{r/min}$，通过式(3.33)计算出偏心力 $u(t)$，采样频率定义为 1024Hz，每个转速采集 24000 个稳态响应数据。采用文献[11]中介绍的方法将一组转速对应的输入和输出信号分别拼接成一组多谐波输入信号和一组多谐波输出信号，分别如图 3.5(a)和图 3.5(b)所示。

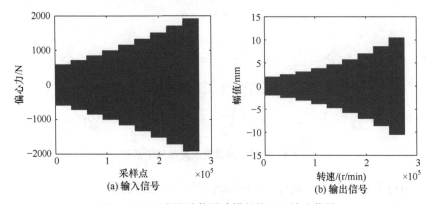

图 3.5　用于多谐波信号建模的输入、输出信号

设置如下系统辨识参数：输入最大时滞 $n_u = 3$，输出最大时滞 $n_y = 3$，最高阶数 $l = 3$，采用 FROLS 算法辨识得到系统表征模型为

$$y_{\text{DUO}}(k) = 1.4399y(k-1) - 0.0026y(k-2) + 9.6968 \times 10^{-8}u(k-1) - 0.4713y(k-3)$$

$$(3.35)$$

式中，下标 DUO 表示多谐波系统辨识所得模型。

需要强调的是，单谐波系统辨识是采用具有一种频率成分(一个转速)的偏心力作为系统输入，相应的响应作为系统输出信号进行系统辨识。多谐波系统辨识是采用具有多个频率成分(对应一组转速)的偏心力拼接在一起作为系统输入，相应的响应同样进行拼接作为系统输出信号进行系统辨识。此外，以上的系统辨识过程采用与 2.3.2 节中数值算例相同的辨识算法，并完成模型项的选取和相应系数的计算。上述两种方法辨识得到的模型项和相应的系数按其 ERR 由大到小的顺序排列如表 3.1 所示。结果表明，谐波拼接系统辨识方法能够选择出近似的模型项来表征系统，因此可以预测转子系统响应。算例的结果和以往的经验表明，单谐波系统辨识方法很难识别出准确的模型结构，也无法得到近似模型来表征动力学系统，这是由于单谐波信号包含的幅值或频率等信息太少。

表 3.1　简单转子系统辨识结果

搜索步	单谐波系统辨识		多谐波系统辨识		离散结果	
	模型项	系数	模型项	系数	模型项	系数
1	$u(k-3)$	2.014×10^{-6}	$y(k-1)$	1.4399	$u(k-1)$	2.54×10^{-7}
2	$y(k-1)$	0.8584	$y(k-2)$	-0.0026	$y(k-1)$	1.83
3	$y(k-3)$	-0.235	$u(k-1)$	9.6968×10^{-8}	$y(k-2)$	-0.92
4	$u^2(k-1)y(k-1)$	4.86×10^{-10}	$y(k-3)$	-0.4713	$y^3(k-1)$	-17.42

为了进一步说明上述两种信号辨识得到的模型在输出预测方面的准确程度，定义转速 $\Omega = 1080\mathrm{r/min}$ 的偏心力 $u(t)$ 为系统输入，根据式(3.34)和式(3.35)并基于 MPO 方法得到预测输出，与 Runge-Kutta 法求解式(3.33)得到的数值积分结果进行对比，如图 3.6 所示。由图 3.6 可以看出，采用多谐波信号进行系统辨识得到的模型输出预测精度更好，因为用于建模的数据中包含更丰富的信息。本节的算例中，利用多谐波信号辨识得到的模型结构虽然与差分所得近似模型结果不同，但检测到的模型项的组合结果与实际模型得到的响应相似，可以近似表征动力学系统，从而提供了较好的预测结果。从以上分析和 2.3.2 节结果可以看出，在模型项选择方面，采用高斯(白)噪声进行系统辨识可以得到真实的离散化模型，采用谐波拼接方法得到的信号进行系统辨识得到的模型与真实离散化模型存在差异，但该模型仍能近似地表征系统响应。

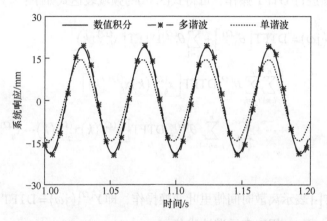

图 3.6 单谐波、多谐波系统辨识结果和数值积分结果对比

3.3 基于谱分析的频域辨识方法

多谐波系统辨识方法虽然能够得到描述转子系统动力学特性的数值模型，但需要以多模型形式表征系统在不同转速区间内的动力学特性，即需要以多个模型表征系统在低转速、临界转速和高转速区间内的动力学行为。为解决此问题，本节提出基于频域数据的频域系统辨识方法。主要内容包括推导频域 NARX 模型结构、构建频域候选模型项矩阵、确定模型结构、推导拼接顺序对辨识结果的影响理论以及计算模型系数等。

3.3.1 NARX 模型的频域表达

根据式(2.16)所示传统时域 NARX 模型结构，可以得到表征转子系统在转速 Ω 下的动力学表征模型：

$$
\begin{aligned}
y^{(\Omega)}(k) &= f\left[y^{(\Omega)}(k-1),\cdots,y^{(\Omega)}(k-n_y),u^{(\Omega)}(k-1),\cdots,u^{(\Omega)}(k-n_u)\right] \\
&= \theta_0^{(\Omega)} + \sum_{i_1=1}^{n}\theta_{i_1}^{(\Omega)}x_{i_1}^{(\Omega)}(k) + \sum_{i_1=1}^{n}\sum_{i_2=i_1}^{n}\theta_{i_1i_2}x_{i_1}^{(\Omega)}(k)x_{i_2}^{(\Omega)}(k) + \cdots \\
&\quad + \sum_{i_1=1}^{n}\cdots\sum_{i_l=i_{l-1}}^{n}\theta_{i_1i_2\cdots i_l}^{(\Omega)}x_{i_1}^{(\Omega)}(k)x_{i_2}^{(\Omega)}(k)\cdots x_{i_l}^{(\Omega)}(k)
\end{aligned}
\tag{3.36}
$$

根据离散时间傅里叶变换(discrete-time Fourier transform, DTFT)的线性特性，对每个模型项进行 DTFT 操作，可得式(3.36)的频域表达式如下：

$$
\begin{aligned}
Y^{(\Omega)}(\mathrm{j}\omega) &= \mathrm{DTFT}\left[\theta_0^{(\Omega)}\right] + \sum_{i_1=1}^{n}\theta_{i_1}^{(\Omega)}\mathrm{DTFT}\left[x_{i_1}^{(\Omega)}(k)\right] \\
&\quad + \sum_{i_1=1}^{n}\sum_{i_2=i_1}^{n}\theta_{i_1i_2}^{(\Omega)}\mathrm{DTFT}\left[x_{i_1}^{(\Omega)}(k)x_{i_2}^{(\Omega)}(k)\right] \\
&\quad + \cdots + \sum_{i_1=1}^{n}\cdots\sum_{i_l=i_{l-1}}^{n}\theta_{i_1i_2\cdots i_l}^{(\Omega)}\mathrm{DTFT}\left[x_{i_1}^{(\Omega)}(k)x_{i_2}^{(\Omega)}(k)\cdots x_{i_l}^{(\Omega)}(k)\right]
\end{aligned}
\tag{3.37}
$$

式中，$\mathrm{DTFT}[\cdot]$ 表示离散时间傅里叶变换操作，即 $Y^{(\Omega)}(\mathrm{j}\omega) = \mathrm{DTFT}\left[y^{(\Omega)}(k)\right]$；$\Omega$ 表示转速，而 $\mathrm{j}\omega$ 用于表示谐波成分。

为了便于推导频域 NARX 模型结构，将式(3.37)重写为

$$
\begin{aligned}
Y^{(\Omega)}(0) &= P_0^{(\Omega,0)}(0) + \sum_{j_1=1}^{N_1}\theta_{j_1}^{(\Omega,1)}P_{j_1}^{(\Omega,1)}(\mathrm{j}_0\omega) + \sum_{j_2=1}^{N_2}\theta_{j_2}^{(\Omega,2)}P_{j_2}^{(\Omega,2)}(\mathrm{j}_0\omega) \\
&\quad + \cdots + \sum_{j_l=1}^{N_l}\theta_{j_l}^{(\Omega,l)}P_{j_l}^{(\Omega,l)}(\mathrm{j}_0\omega) \\
Y^{(\Omega)}(\mathrm{j}\omega) &= \sum_{j_1=1}^{N_1}\theta_{j_1}^{(\Omega,1)}P_{j_1}^{(\Omega,1)}(\mathrm{j}\omega) + \sum_{j_2=1}^{N_2}\theta_{j_2}^{(\Omega,2)}P_{j_2}^{(\Omega,2)}(\mathrm{j}\omega) + \cdots \\
&\quad + \sum_{j_l=1}^{N_l}\theta_{j_l}^{(\Omega,l)}P_{j_l}^{(\Omega,l)}(\mathrm{j}\omega)
\end{aligned}
$$

$$
\tag{3.38}
$$

式中，$P_\alpha^{(\Omega,\beta)}(j\omega)(\alpha=0,1,\cdots,j_l;\beta=0,1,\cdots,l)$ 表示对应转速 Ω 的 β 阶模型项；l 表示最高非线性阶数；$N_\tau(\tau=1,2,\cdots,l)$ 为第 τ 阶模型项的个数，可通过式(3.39)进行计算：

$$N_\tau = \frac{\prod\limits_{i=0}^{\tau-1}(n+i)}{\tau!} \tag{3.39}$$

这里，$n=n_u+n_y$。需要说明的是式(3.38)中模型项 $P_\alpha^{(\Omega,\beta)}(j\omega)$ 的数据是复数形式，这是通过对式(2.27)所示传统时域模型项矩阵 $\boldsymbol{P}$ 中的数据进行 DTFT 操作产生的。

那么，描述转子系统扫频过程(转速从 Ω_1 到 Ω_y)的数学表征模型可以表示为

$$
\begin{cases}
Y^{(\Omega_1)}(0)=P_0^{(\Omega_1,0)}(j_0\omega_1)+\sum\limits_{j_1=1}^{N_1}\theta_{j_1}^{(\Omega_1,1)}P_{j_1}^{(\Omega_1,1)}(j_0\omega_1)+\sum\limits_{j_2=1}^{N_2}\theta_{j_2}^{(\Omega_1,2)}P_{j_2}^{(\Omega_1,2)}(j_0\omega_1)+\cdots \\
\qquad +\sum\limits_{j_l=1}^{N_l}\theta_{j_l}^{(\Omega_1,l)}P_{j_l}^{(\Omega_1,l)}(j_0\omega_1) \\
Y^{(\Omega_1)}(j\omega_1)=\sum\limits_{j_1=1}^{N_1}\theta_{j_1}^{(\Omega_1,1)}P_{j_1}^{(\Omega_1,1)}(j\omega_1)+\sum\limits_{j_2=1}^{N_2}\theta_{j_2}^{(\Omega_1,2)}P_{j_2}^{(\Omega_1,2)}(j\omega_1)+\cdots \\
\qquad +\sum\limits_{j_l=1}^{N_l}\theta_{j_l}^{(\Omega_1,l)}P_{j_l}^{(\Omega_1,l)}(j\omega_1) \\
\quad\vdots \\
Y^{(\Omega_y)}(0)=P_0^{(\Omega_y,0)}(j_0\omega_\gamma)+\sum\limits_{j_1=1}^{N_1}\theta_{j_1}^{(\Omega_y,1)}P_{j_1}^{(\Omega_y,1)}(j_0\omega_\gamma)+\sum\limits_{j_2=1}^{N_2}\theta_{j_2}^{(\Omega_y,2)}P_{j_2}^{(\Omega_y,2)}(j_0\omega_\gamma)+\cdots \\
\qquad +\sum\limits_{j_l=1}^{N_l}\theta_{j_l}^{(\Omega_y,l)}P_{j_l}^{(\Omega_y,l)}(j_0\omega_\gamma) \\
Y^{(\Omega_y)}(j\omega_\gamma)=\sum\limits_{j_1=1}^{N_1}\theta_{j_1}^{(\Omega_y,1)}P_{j_1}^{(\Omega_y,1)}(j\omega_\gamma)+\sum\limits_{j_2=1}^{N_2}\theta_{j_2}^{(\Omega_y,2)}P_{j_2}^{(\Omega_y,2)}(j\omega_\gamma)+\cdots \\
\qquad +\sum\limits_{j_l=1}^{N_l}\theta_{j_l}^{(\Omega_y,l)}P_{j_l}^{(\Omega_y,l)}(j\omega_\gamma)
\end{cases} \tag{3.40}
$$

式中，$j\omega_s$ 表示在转速 Ω_s 对应的频率成分，$s=1,2,\cdots,\gamma$。

对于任意非线性系统，给定一个具有特定频率成分的输入，会产生新的频

率成分响应。因此，建模过程应该包含尽可能多的关键频率成分[12,13]。根据产生频率分量的原理，用于频域系统辨识方法的频域 NARX 模型结构的一般形式可写为

$$
\begin{cases}
Y^{(\Omega_1)}\left(\mathrm{j}_0\omega_1\right) = P_0^{(\Omega_1,0)}\left(\mathrm{j}_0\omega_1\right) + \sum_{j_1=1}^{N_1}\theta_{j_1}^{(\Omega_1,1)}P_{j_1}^{(\Omega_1,1)}\left(\mathrm{j}_0\omega_1\right) + \sum_{j_2=1}^{N_2}\theta_{j_2}^{(\Omega_1,2)}P_{j_2}^{(\Omega_1,2)}\left(\mathrm{j}_0\omega_1\right) + \cdots \\
\qquad\qquad + \sum_{j_l=1}^{N_l}\theta_{j_l}^{(\Omega_1,l)}P_{j_l}^{(\Omega_1,l)}\left(\mathrm{j}_0\omega_1\right) \\
Y^{(\Omega_1)}\left(\mathrm{j}_1\omega_1\right) = \sum_{j_1=1}^{N_1}\theta_{j_1}^{(\Omega_1,1)}P_{j_1}^{(\Omega_1,1)}\left(\mathrm{j}_1\omega_1\right) + \sum_{j_2=1}^{N_2}\theta_{j_2}^{(\Omega_1,2)}P_{j_2}^{(\Omega_1,2)}\left(\mathrm{j}_1\omega_1\right) + \cdots \\
\qquad\qquad + \sum_{j_l=1}^{N_l}\theta_{j_l}^{(\Omega_1,l)}P_{j_l}^{(\Omega_1,l)}\left(\mathrm{j}_1\omega_1\right) \\
\quad\vdots \\
Y^{(\Omega_\gamma)}\left(\mathrm{j}_0\omega_\gamma\right) = P_0^{(\Omega_\gamma,0)}\left(\mathrm{j}_0\omega_\gamma\right) + \sum_{j_1=1}^{N_1}\theta_{j_1}^{(\Omega_\gamma,1)}P_{j_1}^{(\Omega_\gamma,1)}\left(\mathrm{j}_0\omega_\gamma\right) + \sum_{j_2=1}^{N_2}\theta_{j_2}^{(\Omega_\gamma,2)}P_{j_2}^{(\Omega_\gamma,2)}\left(\mathrm{j}_0\omega_\gamma\right) + \cdots \\
\qquad\qquad + \sum_{j_l=1}^{N_l}\theta_{j_l}^{(\Omega_\gamma,l)}P_{j_l}^{(\Omega_\gamma,l)}\left(\mathrm{j}_0\omega_\gamma\right) \\
Y^{(\Omega_\gamma)}\left(\mathrm{j}_1\omega_\gamma\right) = \sum_{j_1=1}^{N_1}\theta_{j_1}^{(\Omega_\gamma,1)}P_{j_1}^{(\Omega_\gamma,1)}\left(\mathrm{j}_1\omega_\gamma\right) + \sum_{j_2=1}^{N_2}\theta_{j_2}^{(\Omega_\gamma,2)}P_{j_2}^{(\Omega_\gamma,2)}\left(\mathrm{j}_1\omega_\gamma\right) + \cdots \\
\qquad\qquad + \sum_{j_l=1}^{N_l}\theta_{j_l}^{(\Omega_\gamma,l)}P_{j_l}^{(\Omega_\gamma,l)}\left(\mathrm{j}_1\omega_\gamma\right)
\end{cases}
$$

$$\tag{3.41}$$

式中，$\mathrm{j}_0\omega_s$ 表示 0 频分量，$\mathrm{j}_1\omega_s$ 表示一阶谐波分量，$s=1,2,\cdots,\gamma$。需要说明的是，关于零点位置平衡稳定的系统不需要考虑 0 频分量。

将式(3.41)改写为如下矩阵形式：

$$
\tilde{Y} = \tilde{P}\theta \tag{3.42}
$$

式中，$\tilde{Y}$ 为包含扫频过程所有转速下与关键频率成分对应的频域响应，为复数形式，记为 $\tilde{Y} = \left[Y^{(\omega_1)}\left(\mathrm{j}_0\omega_1\right), Y^{(\omega_1)}\left(\mathrm{j}_1\omega_1\right), Y^{(\omega_2)}\left(\mathrm{j}_0\omega_2\right),\cdots,Y^{(\omega_\gamma)}\left(\mathrm{j}_0\omega_\gamma\right), Y^{(\omega_\gamma)}\left(\mathrm{j}_1\omega_\gamma\right)\right]^{\mathrm{T}}$；$\theta$ 为系数矩阵；$\tilde{P}$ 为频域候选模型项矩阵，表示为

$$\tilde{P}=\begin{bmatrix} P_0^{(\Omega_1,0)}\left(\mathrm{j}_0\omega_1\right) & P_1^{(\Omega_1,1)}\left(\mathrm{j}_0\omega_1\right) & \cdots & P_{N_1}^{(\Omega_1,1)}\left(\mathrm{j}_0\omega_1\right) \\ 0 & P_1^{(\Omega_1,1)}\left(\mathrm{j}_1\omega_1\right) & \cdots & P_{N_1}^{(\Omega_1,1)}\left(\mathrm{j}_1\omega_1\right) \\ P_0^{(\Omega_2,0)}\left(\mathrm{j}_0\omega_2\right) & P_1^{(\Omega_2,1)}\left(\mathrm{j}_0\omega_2\right) & \cdots & P_{N_1}^{(\Omega_2,1)}\left(\mathrm{j}_0\omega_2\right) \\ 0 & P_1^{(\Omega_2,1)}\left(\mathrm{j}_1\omega_2\right) & \cdots & P_{N_1}^{(\Omega_2,1)}\left(\mathrm{j}_1\omega_2\right) \\ \vdots & \vdots & & \vdots \\ P_0^{(\Omega_\gamma,0)}\left(\mathrm{j}_0\omega_\gamma\right) & P_1^{(\Omega_\gamma,1)}\left(\mathrm{j}_0\omega_\gamma\right) & \cdots & P_{N_1}^{(\Omega_\gamma,1)}\left(\mathrm{j}_0\omega_\gamma\right) \\ 0 & P_1^{(\Omega_\gamma,1)}\left(\mathrm{j}_1\omega_\gamma\right) & \cdots & P_{N_1}^{(\Omega_\gamma,1)}\left(\mathrm{j}_1\omega_\gamma\right) \end{bmatrix}$$

$$\begin{matrix} \cdots & P_{N_2}^{(\Omega_1,2)}\left(\mathrm{j}_0\omega_1\right) & \cdots & P_{N_l}^{(\Omega_1,l)}\left(\mathrm{j}_0\omega_1\right) \\ \cdots & P_{N_2}^{(\Omega_1,2)}\left(\mathrm{j}_1\omega_1\right) & \cdots & P_{N_l}^{(\Omega_1,l)}\left(\mathrm{j}_1\omega_1\right) \\ \cdots & P_{N_2}^{(\Omega_2,2)}\left(\mathrm{j}_0\omega_2\right) & \cdots & P_{N_l}^{(\Omega_2,l)}\left(\mathrm{j}_0\omega_2\right) \\ \cdots & P_{N_2}^{(\Omega_2,2)}\left(\mathrm{j}_1\omega_2\right) & \cdots & P_{N_l}^{(\Omega_2,l)}\left(\mathrm{j}_1\omega_2\right) \\ & \vdots & & \vdots \\ \cdots & P_{N_2}^{(\Omega_\gamma,2)}\left(\mathrm{j}_0\omega_\gamma\right) & \cdots & P_{N_l}^{(\Omega_\gamma,l)}\left(\mathrm{j}_0\omega_\gamma\right) \\ \cdots & P_{N_2}^{(\Omega_\gamma,2)}\left(\mathrm{j}_1\omega_\gamma\right) & \cdots & P_{N_l}^{(\Omega_\gamma,l)}\left(\mathrm{j}_1\omega_\gamma\right) \end{matrix}$$

(3.43)

这里，$N_\tau(\tau=1,2,\cdots,l)$ 为第 τ 阶模型项的个数；γ 为扫频过程中对应的转速的数量；l 为最高非线性阶数。

由式(3.43)可以看出，$\tilde{P}$ 中的矩阵元素均为复数形式，则通过分离实部和虚部，可将式(3.43)改写为

$$\hat{Y}=\begin{bmatrix} \mathrm{Re}\,\tilde{Y} \\ \mathrm{Im}\,\tilde{Y} \end{bmatrix}=\begin{bmatrix} \mathrm{Re}\,\tilde{P} \\ \mathrm{Im}\,\tilde{P} \end{bmatrix}\theta=\hat{P}\theta \tag{3.44}$$

式中，Re 和 Im 分别表示复数的实部和虚部；$\hat{P}$ 为用于频域系统辨识方法中确定模型结构的候选模型项矩阵。

$\hat{P}$ 类似于式(2.27)中的回归矩阵 P，区别在于组成回归矩阵 P 的输入和输出数据集是时域信号。对于 NARX 模型(3.44)，仅能体现转子系统在一个转速下的动力学特性；而在频域候选模型项矩阵 $\hat{P}$ 中，数据集是通过将对应于一个扫频过程的输入和输出信号进行 DTFT 操作，再将频谱中关键频率分量对应的幅值提取并拼接组成的，这些频域的信息包含了整个扫频转速区间内系统的响应特征。由式(3.44)可以看出，得到频域候选模型项矩阵 $\hat{P}$ 后即可使用传统 FROLS 算法辨识得到转子系统的 NARX 模型。

3.3.2　谱分析与频域辨识方法

模型结构的确定是系统辨识过程中的关键步骤，具体任务为根据频域候选模型项矩阵 $\hat{P}$ 中的频域数据选取合适的模型项表征动力学系统，具体过程如下。

对于给定的转速区间 Ω，其中包括 K 个转速，有与之对应的 K 组时域输入、输出信号，根据式(3.40)~式(3.44)可得频域候选模型项矩阵如下：

$$\hat{P}=[\hat{p}_1,\hat{p}_2,\cdots,\hat{p}_M]=\begin{bmatrix} \hat{p}_1(1) & \hat{p}_2(1) & \cdots & \hat{p}_M(1) \\ \hat{p}_1(2) & \hat{p}_2(2) & \cdots & \hat{p}_M(2) \\ \vdots & \vdots & & \vdots \\ \hat{p}_1(4K) & \hat{p}_2(4K) & \cdots & \hat{p}_M(4K) \end{bmatrix}_{4K \times M} \tag{3.45}$$

式中，M 为候选模型项的总数，确定方法与式(2.18)一致。

为了减小误差，频域候选模型项矩阵 $\hat{P}$ 需要先使用 Gram-Schmidt(格拉姆-施密特)算法进行正交化[10,14]。经正交化后的模型记为

$$\hat{Y}=W\eta \tag{3.46}$$

式中，W 为由正交向量组成的正交矩阵，$W=[w_1,w_2,\cdots,w_m,\cdots,w_M]$；$\eta$ 为与正交模型项对应的系数矩阵，$\eta=[\eta_1,\eta_2,\cdots,\eta_m,\cdots,\eta_M]^{\mathrm{T}}$。这里的 w_m 和 η_m 可通过式(3.47)和式(3.48)计算：

$$w_m=\hat{p}_m-\sum_{i=1}^{m-1}\frac{\langle \hat{p}_m,w_i\rangle}{\langle w_i,w_i\rangle}w_i, \quad m=1,2,\cdots,M \tag{3.47}$$

$$\eta_m=\frac{\langle \hat{Y},w_m\rangle}{\langle w_m,w_m\rangle}, \quad m=1,2,\cdots,M \tag{3.48}$$

与 2.4.2 节类似，模型(3.46)的模型结构可以在每一个模型项搜索步中根据 ERR 的值选择，其计算公式如下：

$$\mathrm{ERR}_m=\frac{\langle \hat{Y},w_m\rangle^2}{\langle \hat{Y},\hat{Y}\rangle\langle w_m,w_m\rangle}\times 100\% \tag{3.49}$$

式中，下标 m 表示候选模型项的序号。

在每个搜索过程中，根据最大 ERR 准则选择模型项，该过程可描述为

$$s_r=\arg\max_{1\leqslant m\leqslant M}\{\mathrm{ERR}_m\} \tag{3.50}$$

式中，下标 r 为模型项的搜索步的序号，第 r 个模型项可选为 $\beta_r=\hat{p}_{s_r}$、$\overline{w}_{m_0}=w_{s_r}$。

预先给定一个阈值 ρ，定义模型项搜索过程在满足如下条件时停止：

$$100\% - \sum_{m=1}^{M_0} \text{ERR}_m \leqslant \rho \tag{3.51}$$

式中，M_0 为最终确定的模型项总数。

最后得到的正交化模型如下：

$$\hat{Y} = \sum_{m_0=1}^{M_0} \eta_{m_0} \bar{w}_{m_0} \tag{3.52}$$

式中，$\bar{w}_{m_0}$ 为选择的正交模型项；η_{m_0} 为相应的系数。

频域候选模型项矩阵 $\hat{P}$ 中，数据集是通过将对应于一个扫频过程的输入和输出信号进行 DTFT 操作，再将频谱中关键频率分量对应的幅值提取并拼接组成的；此外，由于频域数据是复数形式，无法直接用于辨识，所以将实部和虚部分开并拼接在一起，如式(3.44)所示。然而不同的实部和虚部数据拼接方式会使数据顺序改变，为此本节将从理论推导的角度来讨论频域候选模型项矩阵 $\hat{P}$ 中的数据顺序对辨识结果的影响。

设给定的频域候选模型项矩阵 $\hat{P}$ 如下：

$$\hat{P} = [\ \hat{p}_1, \hat{p}_2, \cdots, \hat{p}_S\ ] = \begin{bmatrix} \hat{p}_1(1) & \hat{p}_2(1) & \cdots & \hat{p}_S(1) \\ \hat{p}_1(2) & \hat{p}_2(2) & \cdots & \hat{p}_S(2) \\ \vdots & \vdots & & \vdots \\ \hat{p}_1(2P) & \hat{p}_2(2P) & \cdots & \hat{p}_S(2P) \end{bmatrix}_{2P \times S} \tag{3.53}$$

选取第 1 个模型项时，先计算所有模型项的 ERR 值为

$$\text{ERR}_m^{(1)} = \frac{\langle \hat{Y}, \hat{p}_m \rangle^2}{\langle \hat{Y}, \hat{Y} \rangle \langle \hat{p}_m, \tilde{g}_m \rangle} \times 100\% = \frac{\left(\hat{Y}^{\text{T}} \hat{p}_m\right)^2}{\left(\hat{Y}^{\text{T}} \hat{Y}\right)\left(\hat{p}_m^{\text{T}} \hat{p}_m\right)} \times 100\% \tag{3.54}$$

则第 1 个搜索步选择到的模型项为 $\tilde{\beta}_1 = \hat{p}_{r_1}$，其中 $r_1 = \arg \max_{1 \leqslant m \leqslant S} \left\{\text{ERR}_m^{(1)}\right\}$。

对于第 $s(s \geqslant 2)$ 个搜索步，根据选定的模型项 $\tilde{\beta}_1, \tilde{\beta}_2, \cdots, \tilde{\beta}_{s-1}$，将其余的模型项采用 Gram-Schmidt 算法进行正交化，表示为

$$\tilde{\beta}_j^{(s)} = \hat{p}_j - \sum_{r=1}^{s-1} \frac{\hat{p}_j^{\text{T}} \tilde{\beta}_r}{\tilde{\beta}_r^{\text{T}} \tilde{\beta}_r} \tilde{\beta}_r, \quad j \neq r_1, r_2, \cdots, r_{s-1} \tag{3.55}$$

则剩余模型项的 ERR 值可通过下式表示：

$$\text{ERR}_j^{(s)} = \frac{\left\langle \hat{Y}, \tilde{\beta}_j^{(s)} \right\rangle^2}{\left\langle \hat{Y}, \hat{Y} \right\rangle \left\langle \tilde{\beta}_j^{(s)}, \tilde{\beta}_j^{(s)} \right\rangle} \times 100\% = \frac{\left(\hat{Y}^{\text{T}} \tilde{\beta}_j^{(s)}\right)^2}{\left(\hat{Y}^{\text{T}} \hat{Y}\right)\left(\tilde{\beta}_j^{(s)\text{T}} \tilde{\beta}_j^{(s)}\right)} \times 100\% \tag{3.56}$$

第 s 个搜索步选择的模型项为 $\tilde{\boldsymbol{\beta}}_s = \hat{\boldsymbol{p}}_{r_s}$，其中，$r_s = \arg\max\limits_{1 \leqslant m \leqslant S-s+1}\left\{\mathrm{ERR}_m^{(1)}\right\}$，$j \neq r_1$, $r_2, \cdots, r_{s-1}$。

为了确定数据顺序对识别结果的影响，定义如式(3.56)所示的矩阵 $\hat{\boldsymbol{K}}$，用于改变频域候选模型项矩阵 $\hat{\boldsymbol{P}}$ 中的数据顺序：

$$
\hat{\boldsymbol{K}} = \begin{bmatrix}
\boldsymbol{I}_{(i-1)\times(i-1)} & & & & & \\
& 0 & 0 & \cdots & 0 & 1 \\
& 0 & 1 & 0 & 0 & 0 \\
& \vdots & 0 & & 0 & \vdots \\
& 0 & 0 & 0 & 1 & 0 \\
& 1 & 0 & \cdots & 0 & 0 \\
& & & & & & \boldsymbol{I}_{(2P-j)\times(2P-j)}
\end{bmatrix}
\begin{matrix}
\\ \leftarrow \text{第}i\text{行} \\ \\ \\ \\ \leftarrow \text{第}j\text{行} \\
\end{matrix}
\tag{3.57}
$$

需要强调的是，引入矩阵 $\hat{\boldsymbol{K}}$ 是为了通过下面的数学推导过程直观地展示数据序列对识别结果的影响。可得改变数据顺序后的响应向量和候选模型项矩阵：

$$
\hat{\boldsymbol{Y}} = \hat{\boldsymbol{K}}\hat{\boldsymbol{Y}} \tag{3.58}
$$

$$
\hat{\boldsymbol{P}} = \hat{\boldsymbol{K}}\hat{\boldsymbol{P}} = \left[\hat{\boldsymbol{K}}\hat{\boldsymbol{p}}_1, \hat{\boldsymbol{K}}\hat{\boldsymbol{p}}_2, \cdots, \hat{\boldsymbol{K}}\hat{\boldsymbol{p}}_S\right] = \left[\hat{\boldsymbol{p}}_1, \hat{\boldsymbol{p}}_2, \cdots, \hat{\boldsymbol{p}}_S\right] \tag{3.59}
$$

更改数据序列后，第 1 个搜索步的所有模型项 ERR 值为

$$
\mathrm{ERR}_{\hat{K},m}^{(1)} = \frac{\left\langle \hat{\boldsymbol{Y}}, \hat{\boldsymbol{p}}_m \right\rangle^2}{\left\langle \hat{\boldsymbol{Y}}, \hat{\boldsymbol{Y}} \right\rangle \left\langle \hat{\boldsymbol{p}}_m, \hat{\boldsymbol{p}}_m \right\rangle} \times 100\% = \frac{\left[\left(\hat{\boldsymbol{K}}\hat{\boldsymbol{Y}}\right)^{\mathrm{T}}\left(\hat{\boldsymbol{K}}\hat{\boldsymbol{p}}_m\right)\right]^2}{\left[\left(\hat{\boldsymbol{K}}\hat{\boldsymbol{Y}}\right)^{\mathrm{T}}\left(\hat{\boldsymbol{K}}\hat{\boldsymbol{Y}}\right)\right]\left(\hat{\boldsymbol{K}}\hat{\boldsymbol{p}}_m^{\mathrm{T}}\hat{\boldsymbol{K}}\hat{\boldsymbol{p}}_m\right)} \times 100\% = \mathrm{ERR}_m^{(1)}
$$

$$
\tag{3.60}
$$

式中，下标 $\hat{K}$ 表示 ERR 值是根据式(3.58)和式(3.59)的数据集计算的。那么，第 1 个搜索步选择到的模型项为 $\hat{\boldsymbol{\beta}}_1 = \hat{\boldsymbol{K}}\hat{\boldsymbol{p}}_{r_1}$，其中 $r_1 = \arg\max\limits_{1 \leqslant m \leqslant S}\left\{\mathrm{ERR}_{\hat{K},m}^{(1)}\right\}$。

为了说明矩阵 $\hat{\boldsymbol{K}}$ 对 Gram-Schmidt 算法的影响，假设在第 $s(s \geqslant 2)$ 步选择的模型项满足以下关系：

$$
\hat{\boldsymbol{\beta}}_r = \hat{\boldsymbol{K}}\hat{\boldsymbol{p}}_r, \quad 1 \leqslant r \leqslant s-1 \tag{3.61}
$$

则第 s 步剩余模型项的正交化过程可表示为

$$
\hat{\boldsymbol{\beta}}_j^{(s)} = \hat{\boldsymbol{p}}_j - \sum_{r=1}^{s-1}\frac{\hat{\boldsymbol{p}}_j^{\mathrm{T}}\hat{\boldsymbol{\beta}}_r}{\hat{\boldsymbol{\beta}}_r^{\mathrm{T}}\hat{\boldsymbol{\beta}}_r}\hat{\boldsymbol{\beta}}_r = \hat{\boldsymbol{K}}\hat{\boldsymbol{p}}_j - \sum_{r=1}^{s-1}\frac{\left(\hat{\boldsymbol{K}}\hat{\boldsymbol{p}}_j\right)^{\mathrm{T}}\left(\hat{\boldsymbol{K}}\hat{\boldsymbol{p}}_r\right)}{\left(\hat{\boldsymbol{K}}\hat{\boldsymbol{p}}_r\right)^{\mathrm{T}}\left(\hat{\boldsymbol{K}}\hat{\boldsymbol{p}}_r\right)}\left(\hat{\boldsymbol{K}}\hat{\boldsymbol{p}}_r\right) = \hat{\boldsymbol{K}}\left(\hat{\boldsymbol{p}}_j - \sum_{r=1}^{s-1}\frac{\hat{\boldsymbol{p}}_j^{\mathrm{T}}\hat{\boldsymbol{p}}_r}{\hat{\boldsymbol{p}}_r^{\mathrm{T}}\hat{\boldsymbol{p}}_r}\hat{\boldsymbol{p}}_r\right)
$$

$$
= \hat{\boldsymbol{K}}\hat{\boldsymbol{p}}_j^{(s)}, \quad j \neq r_1, r_2, \cdots, r_{s-1}
$$

$$
\tag{3.62}
$$

由式(3.62)可看出，矩阵 $\hat{K}$ 对正交过程的影响满足式(3.61)给出的假设，则在第 $s(s \geqslant 2)$ 个搜索步中，所有模型项的 ERR 值可以计算如下：

$$\mathrm{ERR}_{\hat{K},m}^{(s)} = \frac{\left[\left(\hat{K}\hat{Y}\right)^{\mathrm{T}}\left(\hat{K}\hat{p}_m^{(s)}\right)\right]^2}{\left[\left(\hat{K}\hat{Y}\right)^{\mathrm{T}}\left(\hat{K}\hat{p}_m^{(s)}\right)\right]\left[\left(\hat{K}\hat{p}_m^{(s)}\right)^{\mathrm{T}}\left(\hat{K}\hat{p}_m^{(s)}\right)\right]} \times 100\% = \mathrm{ERR}_m^{(s)} \tag{3.63}$$

从本节的推导过程可以看出，在基于 FROLS 算法和 ERR 准则的模型项选取过程中，模型项的选取结果不会受到频域候选模型项矩阵 $\hat{P}$ 中数据顺序的影响。

得到正交化模型(3.52)后，需根据逆正交化算法得到最终的系统 NARX 模型，其中模型系数 $\theta_{m_0}(m_0 = 1, 2, \cdots, M_0 - 1)$ 可通过下式计算[10]：

$$\begin{cases} \theta_{M_0} = \eta_{M_0} \\ \theta_{M_0-1} = \eta_{M_0-1} - a_{M_0-1,M_0}\theta_{M_0} \\ \theta_{M_0-2} = \eta_{M_0-2} - a_{M_0-2,M_0-1}\theta_{M_0-1} - a_{M_0-2,M_0}\theta_{M_0} \\ \qquad \vdots \\ \theta_{m_0} = \eta_{m_0} - \sum_{i=m_0+1}^{M_0} a_{m_0,i}\theta_i \end{cases} \tag{3.64}$$

式中，有

$$a_{m_0,i} = \frac{\langle \boldsymbol{\beta}_i, \bar{\boldsymbol{w}}_{m_0} \rangle}{\langle \bar{\boldsymbol{w}}_{m_0}, \bar{\boldsymbol{w}}_{m_0} \rangle}, \quad 1 \leqslant m_0 \leqslant i-1 \tag{3.65}$$

最终采用频域系统辨识方法得到的 NARX 模型为

$$\hat{Y} = \sum_{m_0=1}^{M_0} \theta_{m_0}\boldsymbol{\beta}_{m_0} \tag{3.66}$$

式中，$\boldsymbol{\beta}_{m_0}$ 为根据频域候选模型项矩阵 $\hat{P}$ 选出的模型项；θ_{m_0} 为相应的系数。

从本节模型系数的计算过程可以看出，频域系统辨识方法中系数计算是基于频域数据完成的，而第 2 章介绍的传统建模方法是根据时域数据完成系数计算以及模型项选取的。此外，式(3.66)识别到的模型虽然是基于频域数据得到的，但由于 DTFT 的线性特性，该模型可用于预测系统的时域响应。

3.3.3　算例

以 3.2 节所述的转子系统作为算例，且相关参数与前文保持一致。需要注意的是，本章所提建模方法的目的是得到一个数值模型以描述转子系统在不同转速(低转速、临界转速和高转速)区间内的动力学行为。在开展建模方法验证之前，需首先掌握图 3.2 所示转子系统的临界转速和主要频率成分，为此采用四阶 Runge-Kutta 法求解微分方程(2.12)，得到在初始转速 600r/min，最终转速 2400r/min，并逐步以 60r/min 变化的转速区间的系统响应，转速区间可以简化表示为 $\Omega = [600:60:2400]$ r/min，据此绘制系统的幅频特性曲线和瀑布图如图 3.7 所示。

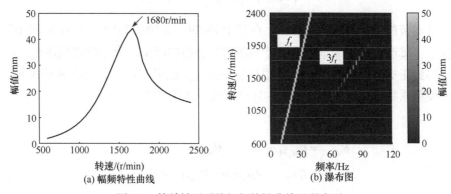

(a) 幅频特性曲线　　　　　　　　　(b) 瀑布图

图 3.7　简单转子系统幅频特性曲线及瀑布图

由图 3.7 可以看出，系统的临界转速为 1680r/min，转频 f_r 及其倍频 $3f_r$ 为主要频率成分，基于系统辨识方法得到的数值模型也应体现上述系统特性。基于多谐波系统辨识方法得到的转子系统 NARX 模型(3.35)，为验证本章提出的频域系统辨识方法的适用性，并与多谐波系统辨识所得结果进行对比，定义系统在转速 $\Omega = [600:60:2400]$ r/min 下的偏心力为输入，以相应的系统响应为输出，设置如下系统辨识参数：输入最大时滞 $n_u = 2$、输出最大时滞 $n_y = 2$ 和最高阶数 $l = 3$，基于 3.3 节所述频域系统识别方法得到转子系统三阶 NARX 模型：

$$y_{\text{FSSI}}(k) = 1.83y(k-1) - 0.92y(k-2) + 2.39 \times 10^{-7} u(k-1) - 16.68y^3(k-1) \tag{3.67}$$

式中，下标 FSSI 表示由频域系统辨识方法得到的 NARX 模型。

为便于说明频域系统辨识方法在转子系统建模中的适用性，将差分得到的结果和辨识得到的 4 个模型项及相应的系数按照 ERR 值由大到小的顺序列于表 3.2。由表可以看出，频域系统辨识方法可以准确选择出正确的模型项，同时基于频域数据计算出的模型项系数也与数值积分结果基本一致，说明频域系统辨识方法可以有效应用于转子系统这类输入、输出信号为谐波信号的动力学系统。与表 3.1 中给出的多谐波系统辨识方法所得结果对比可以看出，多谐波系统辨识方法能够得到一个近似的转子系统表征模型，而频域系统辨识方法所得结果更接近于数值积分结果。此外，由于图 3.4 所示转子系统与图 2.8 所示的达芬方程所描述的系统相同，且系统参数取值一致，将表 3.2 所示频域辨识结果与表 2.1 中给出的采用高斯(白)噪声进行系统辨识得到的结果对比可以看出，传统辨识方法容易选取到多个相近的模型项来表征动力学系统，而频域系统辨识方法在模型项选取方面更具优势，说明所提出的方法具有良好的应用前景。

表 3.2　简单转子系统频域系统辨识结果

搜索步	频域系统辨识结果			离散结果	
	模型项	系数	ERR/%	模型项	系数
1	$y(k-1)$	1.83	99.6	$y(k-1)$	1.83
2	$y(k-2)$	−0.92	0.39	$y(k-2)$	−0.92
3	$u(k-1)$	2.39×10^{-7}	2.67×10^{-5}	$u(k-1)$	2.54×10^{-7}
4	$y^3(k-1)$	−16.68	8.27×10^{-7}	$y^3(k-1)$	−17.42
合计			99.99		

为进一步呈现频域系统辨识方法和多谐波系统辨识方法所得模型的振动响应预测能力，选取转速 Ω 分别为 750r/min、1660r/min 和 2250r/min 三个工况验证辨识得到的数值模型的响应预测精度，为有效验证系统辨识所得模型作为转子系统动力学表征模型的有效性，上述三个验证工况转速均为非训练工况。频域系统辨识方法得到的模型(3.67)和多谐波系统辨识方法得到的模型(3.35)的预测结果与数值积分结果比较如图 3.8 所示，显然基于以上两种辨识方法都可以得到可靠的模型来预测低转速下的系统响应，然而在靠近临界转速附近的工况下($\Omega=$1660r/min)，频域系统辨识方法获得的模型明显优于多谐波信号建模得到的模型，这说明多谐波系统辨识方法在较窄的速度区间内更有效。从图 3.8(c)可以看出，在高转速工况下，频域系统辨识方法获得模型的预测能力也优于多谐波信号辨识方法得到的模型。此外，由于高转速工况下的响应特性与低速情况下的响应特性相似，多谐波系统辨识得到模型的预测能力相比于临界转速具有更好的预测精度。为了进一步呈现两种辨识方法得到的模型在低转速、临界转速和高转速工况下的预测精度，提出将归一化均方误差(normalized mean square error, NMSE)用于量化预测误差，本书后续章节中将使用 NMSE 量化预测结果的准确程度，其计算公式为[15,16]

$$\text{NMSE} = \frac{\sum_{t=1}^{N}\left[y(k)-y_{\text{real}}(k)\right]^2}{\sum_{t=1}^{N}y^2(k)} \tag{3.68}$$

式中，$y(k)$ 为预测得到的与采样点 k 对应的系统输出；$y_{\text{real}}(k)$ 表示与采样点 k 对应的真实系统输出；N 是数据点的总数。计算以上所述几种工况下的 NMSE 值列于表 3.3。

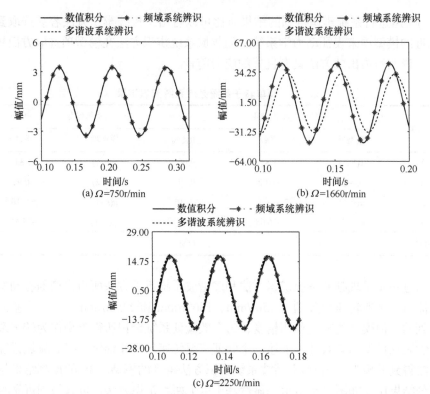

图 3.8　频域系统辨识、多谐波系统辨识模型预测结果和数值积分结果在多转速工况下的对比

表 3.3　两种建模方法预测结果 NMSE 值

转速/(r/min)	NMSE 值	
	频域系统辨识	多谐波系统辨识
750	5.3983×10^{-6}	4.8309×10^{-6}
1660	1.4883×10^{-6}	0.5389
2250	1.0491×10^{-6}	0.0141

　　由表 3.3 和图 3.8 所示结果可以看出,频域系统辨识方法不但能够有效选择正确的模型项,得到的转子系统动力学表征模型对不同转速下的响应预测精度都很高,而且多谐波系统辨识方法得到的模型仅在较窄的转速区间内具有良好的预测精度,这是频域系统辨识方法与之相比最突出的优势。

　　在本节算例频域系统辨识过程中使用的 $\Omega=[600:60:2400]\mathrm{r/min}$ 下的输入、输出信号的转速区间比多谐波系统辨识过程($\Omega=[600:60:1080]\mathrm{r/min}$)更大,一方面是由于多谐波系统辨识方法仅适用于频率区间较窄的情况[11],得到的 NARX 模型也不足以在整个工作转速区间内表征转子系统,而频域系统辨识方法可解决此问题；另一方面，增加用于建模数据的转速区间将导致多谐波系统辨识方法建模失败，特别是转速区间包含临界转速及低转速或高转速的情况。此外，通过本节的算例可以看出，采用多谐波信号进行建模时，即使无法得到准确的模型结构，也能选择到近似的模型项，从而实现在部分转速区间内预测系统时域响应。

　　为验证系统辨识方法所得模型在临界转速计算、频率成分分析等振动特性研究中的适用性，定义盘的偏心距为 $e = 0.03\mathrm{m}$，其他参数值与 3.2.2 节中一致，通过式(3.33)计算系统输入 $u(t)$，通过式(3.67)和式(3.35)得到两种系统辨识方法所得模型在 $\Omega = [600:60:4800]\mathrm{r/min}$ 转速区间的预测响应，得到系统幅频特性曲线和瀑布图与数值积分结果的对比如图 3.9 和图 3.10 所示。

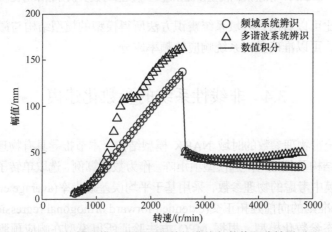

图 3.9　系统辨识模型预测幅频特性曲线与数值积分结果对比

　　由图 3.9 可以看出，当改变系统偏心，即输入的幅值发生变化后，频域系统辨识方法所得模型仍能准确预测系统的临界转速和每个转速下的最大幅值，而多谐波系统辨识方法所得模型虽然预测出系统的临界转速，但对于幅值的预测能力，相比于频域系统辨识方法所得模型存在明显差距，这也进一步说明多谐波系统辨识方法仅能准确预测转子系统在部分转速区间内的响应。此外由图 3.10 所示系统

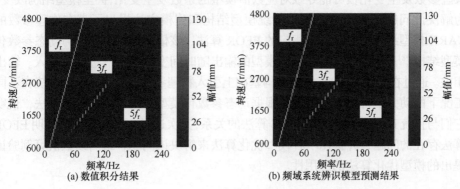

(a) 数值积分结果　　　　　　　　(b) 频域系统辨识模型预测结果

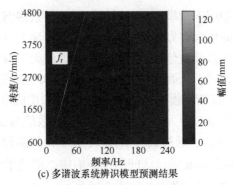

(c) 多谐波系统辨识模型预测结果

图 3.10　系统辨识模型预测系统响应频谱与数值积分结果对比

频谱图的对比可以看出，频域系统辨识方法所得模型的模型结构与微分方程的离散结果一致，可以准确呈现系统响应的频率成分。

3.4　非线性系统的参数化建模

基于传统带物理参数的时域 NARX 模型结构，本节推导具有物理参数的频域 NARX 模型结构及相应的候选模型项矩阵。作为数值算例，选取单转子系统螺栓预紧力作为建模中考虑的物理参数，采用基于平均误差减小率(average error reduction ratio, AERR)准则的向前延拓正交(extended forward orthogonal regression, EFOR)算法建立其动态参数化模型，根据 MPO 方法验证所得模型在响应预测和振动特性分析方面的适用性。数值结果表明该建模方法可为转子系统的参数化分析提供一种快速可靠的建模方法。

3.4.1　时域参数化 NARX 模型辨识

由 2.3.2 节可知，基于 NARX 模型的非线性系统数值模型仅对应一种工况，某些参数发生变化很可能导致对应数值模型的系数发生变化,甚至模型结构改变。为解决此问题，Wei 等[17]根据传统模型结构和建模方法提出了带有物理参数的 NARX 模型结构，并提出了相应的 EFOR 算法，该模型结构也被称为动态参数化模型结构[18]。所谓"动态"指该模型的输出随时间变化且与其过去的输入、输出相关。通过在传统 NARX 模型结构基础上引入物理参数，可用于表征系统在不同工况下的动力学特性。本节首先根据动态参数化模型结构与传统建模算法，说明它们与传统 NARX 模型和 FROLS 算法的关系;其次通过一个简单算例说明 EFOR 算法存在的问题，并提出一种模型优化算法来解决该问题;最后以数值算例验证提出的模型优化算法的适用性。

非线性系统动态参数化模型结构可以表示为[19]

$$y(k) = F\Big[y(k-1),\cdots,y(k-n_y),u(k-1),\cdots,u(k-n_u),\boldsymbol{\theta}(\boldsymbol{\xi})\Big]$$
$$= \theta_0(\boldsymbol{\xi}) + \sum_{i_1=1}^{n}\theta_{i_1}(\boldsymbol{\xi})x_{i_1}(k) + \cdots + \sum_{i_1=1}^{n}\cdots\sum_{i_l=i_{l-1}}^{n}\theta_{i_1\cdots i_l}(\boldsymbol{\xi})\prod_{j=1}^{l}x_{i_j}(k)$$

(3.69)

式中，$F[\cdot]$ 为非线性函数；n_u 和 n_y 为系统输入 $u(\cdot)$ 和输出 $y(\cdot)$ 的最大时滞；$\boldsymbol{\theta}(\boldsymbol{\xi})$ 为带有物理参数的系数向量；$\boldsymbol{\xi}$ 为物理参数向量，$\boldsymbol{\xi}=[\xi_1,\xi_2,\cdots,\xi_S]$，下标 S 为物理参数值的数量；$n=n_u+n_y$；l 为模型的最高非线性阶数；此外有

$$x_i(k) = \begin{cases} u(k-i), & 1 \leqslant i \leqslant n_u \\ y(k-i+n_u), & n_u+1 \leqslant i \leqslant n_u+n_y \end{cases}$$

(3.70)

对于 K 个不同设计参数值下的单输入-单输出系统，可通过如下矩阵形式动态参数化模型表示：

$$\boldsymbol{y}_r = \boldsymbol{P}_r\boldsymbol{\theta}_r, \quad r=1,2,\cdots,K$$

(3.71)

式中，$\boldsymbol{y}_r$ 表示第 r 个物理参数值对应的输出向量，$\boldsymbol{y}_r=[y_r(1),y_r(2),\cdots,y_r(N)]^{\mathrm{T}}$；$\boldsymbol{P}_r=[\boldsymbol{p}_{r,1}(t),\boldsymbol{p}_{r,2}(t),\cdots,\boldsymbol{p}_{r,M}(t)]$ 为带有时滞的时域输入、输出回归向量构成的候选模型项矩阵，有

$$\boldsymbol{P}_r = \Big[\boldsymbol{p}_{r,1}(t),\boldsymbol{p}_{r,2}(t),\cdots,\boldsymbol{p}_{r,M}(t)\Big] = \begin{bmatrix} p_{r,1}(1) & p_{r,2}(1) & \cdots & p_{r,M}(1) \\ p_{r,1}(2) & p_{r,2}(2) & \cdots & p_{r,M}(2) \\ \vdots & \vdots & & \vdots \\ p_{r,1}(N) & p_{r,2}(N) & \cdots & p_{r,M}(N) \end{bmatrix}$$

(3.72)

这里，$\boldsymbol{\theta}_r=[\theta_{r,1},\theta_{r,2},\cdots,\theta_{r,M}]^{\mathrm{T}}$ 表示对应第 r 个物理参数值的系数向量；M 为候选模型项的总数，$M=(n+l)!/(n!l!)$。

当 $K=1$ 时，式(3.69)所示模型即式(2.15)的传统 NARX 模型[18]，本节描述的模型结构可用于预测与第 r 个物理参数值关联的系统响应。

由式(3.69)可以看出，非线性系统动态参数化模型是通过将物理参数引入传统 NARX 模型系数中得到的，而模型结构是统一的，也就是说该模型是通过系数的变化表征系统不同物理参数值下的动力学特性，而表征动力学系统的模型项是相同的，该模型的提出促进了基于 NARX 模型的非线性系统设计与分析。建立动态参数化模型结构的关键问题是如何得到一个统一的模型结构，以表征同一动力学

系统在 K 个不同物理参数取值下的动力学行为。Wei 等[17]提出一种 EFOR 算法及相应的 AERR 准则实现模型辨识过程，具体步骤如下[14]。

步骤 1　模型正交化。

已知第 r 个物理参数值的 NARX 模型矩阵形式为式(3.71)，假设由于 P_r 为满秩矩阵，其可被分解为如下形式：

$$P_r = W_r A_r \tag{3.73}$$

式中，A_r 为单位上三角矩阵；W_r 为正交矩阵，$W_r = \left[w_{r,1}(k), w_{r,2}(k), \cdots, w_{r,M}(k) \right]$，正交向量可通过下式进行计算：

$$w_{r,m} = p_{r,m} - \sum_{i=1}^{m-1} \frac{\langle p_{r,m}, w_{r,i} \rangle}{\langle w_{r,i}, w_{r,i} \rangle} w_{r,i}, \quad m = 1, 2, \cdots, M \tag{3.74}$$

将式(3.73)代入式(3.71)，可得[14]

$$y_r = W_r A_r \theta_r = W_r G_r \tag{3.75}$$

式中，G_r 为与正交模型项矩阵 W_r 对应的系数向量，$G_r = \left[g_{r,1}, g_{r,2}, \cdots, g_{r,M} \right]^{\mathrm{T}}$，每一个正交模型项对应的系数可由下式计算：

$$g_{r,m} = \frac{\langle y_r, w_{r,m} \rangle}{\langle w_{r,m}, w_{r,m} \rangle} \tag{3.76}$$

至此，完成 K 个物理参数值对应 NARX 模型的正交化，正交化的目的是减小预测误差。下一步需要辨识表征动力学系统 K 个物理参数值的通用模型结构，此过程由基于 AERR 准则的 EFOR 算法实现。

步骤 2　通用模型结构辨识。

对于第 1 个通用模型项搜索步，计算每一个候选模型项的 ERR 值：

$$\mathrm{ERR}_{r,m}^{(1)} = \frac{\left(g_{r,m}^{(1)} \right)^2 \left\langle w_{r,m}^{(1)}, w_{r,m}^{(1)} \right\rangle}{\langle y_r, y_r \rangle} \times 100\% \tag{3.77}$$

式中，上标(1)表示模型项搜索步的序号。通过式(3.77)计算 r 个物理参数值对应的每个模型项的 ERR 值，再计算平均 ERR：

$$\mathrm{AERR}_{r,m}^{(1)} = \frac{1}{K} \sum_{r=1}^{K} \mathrm{ERR}_{r,m}^{(1)} \tag{3.78}$$

第 1 个通用模型项可通过下式得到：

$$l_1 = \arg \max_{1 \leqslant m \leqslant M} \left\{ \frac{1}{K} \sum_{r=1}^{K} \mathrm{ERR}_{r,m}^{(1)} \right\} \tag{3.79}$$

则第 1 个通用模型项的正交向量可确定为 $\boldsymbol{w}_{r,1} = \boldsymbol{w}_{r,l_1}^{(1)} = \boldsymbol{W}_r(l_1)$，即选定 $\boldsymbol{w}_{r,1}$ 为 $\boldsymbol{W}_r$ 中的第 l_1 列，同时定义 $\boldsymbol{\alpha}_{r,1} = \boldsymbol{p}_{r,l_1}$。

对于第 $s(s \geqslant 2)$ 个模型项搜索步，令 $m \neq l_1, m \neq l_2, \cdots, m \neq l_{s-1}$，计算剩余每一个候选模型项的 ERR 值：

$$\text{ERR}_{r,m}^{(s)} = \frac{\left(g_{r,m}^{(s)}\right)^2 \left\langle \boldsymbol{w}_{r,m}^{(s)}, \boldsymbol{w}_{r,m}^{(s)} \right\rangle}{\left\langle \boldsymbol{y}_r, \boldsymbol{y}_r \right\rangle} \times 100\% \qquad (3.80)$$

式中，上标 (s) 表示当前模型项的搜索步的序号。

计算平均误差减小率 AERR 的值：

$$\text{AERR}^{(s)} = \frac{1}{K} \sum_{r=1}^{K} \text{ERR}_{r,m}^{(s)} \qquad (3.81)$$

则第 s 个通用模型项可通过下式得到：

$$l_s = \arg\max \left\{ \frac{1}{K} \sum_{r=1}^{K} \text{ERR}_{r,m}^{(s)} \right\} \qquad (3.82)$$

第 s 个通用模型项的正交向量可确定为 $\boldsymbol{w}_{r,s} = \boldsymbol{w}_{r,l_s}^{(s)} = \boldsymbol{W}_r^{(M-s+1)}(l_s)$，其中上标 $(M-s+1)$ 表示与搜索步对应的正交候选模型项矩阵序号，即将前 $(s-1)$ 步已选定向量排除，对剩余向量进行施密特正交化；同时定义 $\boldsymbol{\alpha}_{r,s} = \boldsymbol{p}_{r,l_s}$。

整个模型项搜索过程在满足以下条件时结束：

$$\text{ESR} = 1 - \sum_{i=1}^{M_0} \text{AERR}^{(i)} \leqslant \rho \qquad (3.83)$$

式中，M_0 表示第 M_0 个搜索步；ρ 为模型项搜索结束条件。

从 M 个候选模型项中选择到的 M_0 个通用模型项构成的动态参数化模型可以表示成如下形式：

$$\boldsymbol{y}_r = \sum_{m=1}^{M_0} g_{r,m} \boldsymbol{w}_{r,m} \qquad (3.84)$$

式 (3.84) 的另一种等效表达式为

$$\boldsymbol{y}_r = \sum_{m=1}^{M_0} \theta_{r,m} \boldsymbol{p}_{r,m} \qquad (3.85)$$

式中，系数向量 $\boldsymbol{\theta}_{r,m} = \left[\theta_{r,l_1}, \theta_{r,l_2}, \cdots, \theta_{r,l_{M_0}} \right]^{\text{T}}$ 可通过下式计算：

$$\begin{cases} \theta_{r,M_0} = g_{r,M_0} \\ \theta_{r,M_0-1} = g_{r,M_0-1} - a_{M_0-1,M_0}\theta_{r,M_0} \\ \quad\vdots \\ \theta_{r,m} = g_{r,m} - \sum_{i=m+1}^{M_0} a_{m,i}\theta_{r,i} \end{cases} \tag{3.86}$$

这里，

$$a_{m,i} = \frac{\langle \boldsymbol{\alpha}_{r,i}, \boldsymbol{w}_{r,m} \rangle}{\langle \boldsymbol{w}_{r,m}, \boldsymbol{w}_{r,m} \rangle}, \quad m = 1, 2, \cdots, M_0 - 1 \tag{3.87}$$

至此，可得描述非线性动力学系统的通用模型结构和对应 K 个物理参数值的系数向量。需要注意的是，虽然对应 K 个物理参数值的模型结构，即模型项是相同的，但共有 K 组系数描述动力学系统，且此时也无法预测 K 个物理参数值以外的参数值对应的系统响应。因此，建立动态参数化模型的最后一步是确定一个与物理参数值相关的系数函数，以此实现预测一个物理参数范围内的系统响应。

步骤 3　建立动态参数化模型系数函数。

物理参数 ξ ($\xi = [\xi_1, \xi_2, \cdots, \xi_S]$)和动态参数化模型系数(3.86)之间的关系可以通过如下多项式函数形式表示[18]：

$$\theta_{r,m_0}(\xi) = \sum_{j_1=0}^{J} \cdots \sum_{j_S=0}^{J} \beta_{j_1,\cdots,j_S} \xi_1^{j_1} \cdots \xi_S^{j_S} \tag{3.88}$$

式中，J 为多项式最高阶数；$\beta_{j_1,\cdots,j_S}$ 为多项式函数的系数，其值可通过最小二乘法计算。

步骤 4　模型验证。

模型验证是通过对比辨识所得动态参数化模型的预测结果与真实结果之间的误差，说明辨识所得模型的可靠性，采用前面提及的 NMSE 指标。

对于非线性系统数值模型(3.85)，通过给定式(3.87)中所示物理参数的值，即可通过最小二乘法得到动态参数化模型系数函数 $\theta_{r,m_0}(\xi)$，由此可以预测其他物理参数值下的系统响应。

采用 EFOR 算法建立动态参数化模型的流程如图 3.11 所示。

对比 NARX 模型建模方法和动态参数化模型建模方法可以看出，前者是基于 ERR 值选择最能表征系统响应特性的模型项，而后者是通过 AERR 值选取能表征系统在不同参数值下动力学行为的模型项，可视为一个选取通用模型项的过程。因此，NARX 模型可以预测系统在单一工况下的响应，而动态参数化模型可以预测系统在不同工况下的动力学响应。

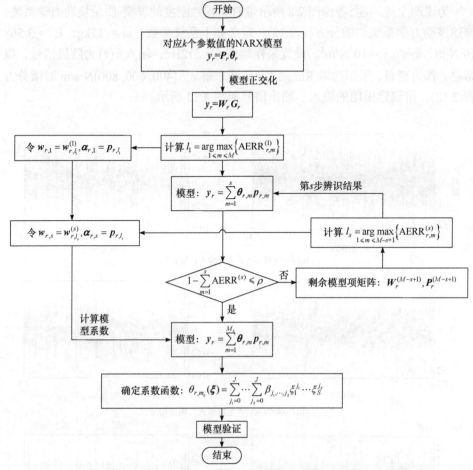

图 3.11　采用 EFOR 算法建立动态参数化模型的流程

3.4.2　算例

由动态参数化模型建模方法可以看出，EFOR 算法建模流程的最后一步通过预先给定一个多项式函数，再由物理参数值和辨识得到的 NARX 模型系数确定动态参数化模型的系数函数。预测系统响应时，首先给定物理参数值，通过动态参数化模型的系数函数(3.88)确定系数的具体值，再由式(3.85)即可预测系统在当前物理参数值下的响应。但对于实际的非线性系统，物理参数和系统响应之间的关系可能是不确定的，且可能呈现较强的非线性。因此，预先给定一个函数可能无法准确表征动态参数化模型的系数变化。此外，由于最小二乘法是一种有偏估计方法，在计算动态参数化模型系数函数(3.88)的系数时，往往只能得到近似结果，从而导致预测结果相比于真实结果存在较大偏差。

为说明上述问题,考虑图 2.8 所示带有非线性刚度的弹簧-质量块动力学系统,描述该动力学系统的微分方程(2.12)。定义如下系统参数: $m = 15$kg, $k_1 = 3.56 \times 10^5$N/m, $k_3 = 6.85 \times 10^7$N/m³。设置采样频率 $f_s = 512$Hz,输入 $u(t)$ 为随机信号,以阻尼 c 作为变量,采用四阶 Runge-Kutta 法求解 $c = [400, 600, 800]$N·s/m 时微分方程(2.12),得到建模用的输入、输出信号如图 3.12 所示。

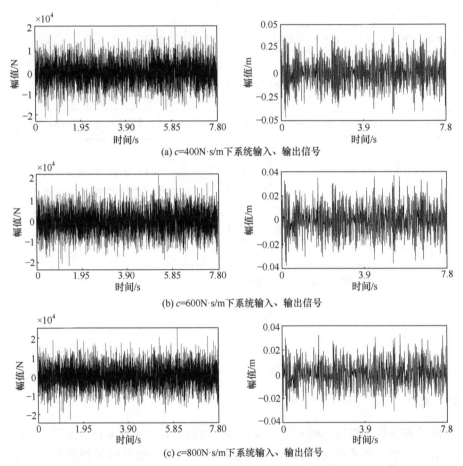

(a) c=400N·s/m下系统输入、输出信号

(b) c=600N·s/m下系统输入、输出信号

(c) c=800N·s/m下系统输入、输出信号

图 3.12　与物理参数值 $c = [400, 600, 800]$N·s/m 对应的输入、输出信号

设置如下系统辨识参数:输入最大时滞 $n_u = 3$,输出最大时滞 $n_y = 3$,最高阶数 $l = 3$,采用 3.4.1 节所述 EFOR 算法得到辨识结果如表 3.4 所示,弹簧-质量块系统的动态参数化模型可写为

$$
\begin{aligned}
y(k) = {} & \theta_1(c)y(k-1) + \theta_2(c)y(k-2) + \theta_3(c)u(k-1) \\
& + \theta_4(c)u(k-2) + \theta_5(c)y^3(k-1)
\end{aligned}
\tag{3.89}
$$

式中，$y(k)$ 为系统响应；$\theta_i(c)(i=1,2,\cdots,5)$ 为动态参数化模型的系数。

此处定义为如下三阶多项式函数：

$$\theta_i(c) = \beta_{i,0} + \beta_{i,1}c + \beta_{i,2}c^2 + \beta_{i,3}c^3 \tag{3.90}$$

式中，$\beta_{p,q}(p=1,2,\cdots,5; q=0,1,2,3)$ 为多项式函数的系数。

根据式(3.88)，系数的取值可通过最小二乘法确定[14]。本数值算例的计算结果为

$$\begin{cases} \theta_1(c) = 5.536 \times 10^{-5} + 0.0102c - 1.789 \times 10^{-5}c^2 + 9.946 \times 10^{-9}c^3 \\ \theta_2(c) = -2.863 \times 10^{-5} - 0.0053c + 9.3664 \times 10^{-6}c^2 - 5.2079 \times 10^{-9}c^3 \\ \theta_3(c) = 3.6682 \times 10^{-12} + 6.7721 \times 10^{-10}c - 1.1809 \times 10^{-12}c^2 + 6.5605 \times 10^{-16}c^3 \\ \theta_4(c) = 3.6385 \times 10^{-12} + 6.7173 \times 10^{-10}c - 1.1806 \times 10^{-12}c^2 + 6.5605 \times 10^{-16}c^3 \\ \theta_5(c) = -4.8543 \times 10^{-4} - 0.0896c + 1.5688 \times 10^{-4}c^2 - 8.7232 \times 10^{-8}c^3 \end{cases}$$

$$\tag{3.91}$$

表 3.4　基于 EFOR 算法的弹簧-质量块系统动态参数化模型辨识结果

搜索步	模型项	不同阻尼参数对应模型系数/(N·s/m)			AERR/%
		$c=400$	$c=600$	$c=800$	
1	$y(k-1)$	1.8615	1.8382	1.8156	90.74
2	$y(k-2)$	−0.9493	−0.9249	−0.9011	8.54
3	$u(k-1)$	1.2393×10^{-7}	1.2291×10^{-7}	1.2188×10^{-7}	0.36
4	$u(k-2)$	1.2179×10^{-7}	1.1974×10^{-7}	1.1771×10^{-7}	0.36
5	$y^3(k-1)$	−16.3301	−16.0951	−15.9556	2.54×10^{-3}
合计					99.99

为验证弹簧-质量系统的动态参数化模型(3.89)的可靠性，重新生成一组随机信号作为系统输入，并采用四阶 Runge-Kutta 法求解 $c=[400, 600, 800]$N·s/m 时的微分方程(2.12)，通过模型(3.88)在相同的随机信号激励下计算动态参数化模型对应物理参数 $c=[400, 600, 800]$N·s/m 时的预测响应数据，两种结果对比如图 3.13 所示。

由对比结果可以看出，对于训练数据集，$c=[400, 600, 800]$N·s/m 时数值积分结果和动态参数化模型预测结果具有良好的一致性，说明基于 EFOR 算法得到的动态参数化模型可有效表征训练数据集对应工况下的系统动力学特性。

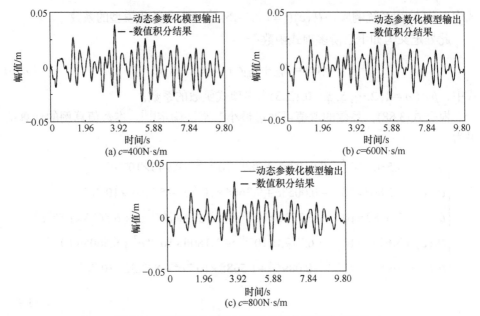

图 3.13　数值积分结果与动态参数化模型输出对比

3.4.3　频域参数化 NARX 模型辨识

本书所述动态参数化模型是指用于描述系统动力学特性的 NARX 模型,其中物理参数作为系数函数变量出现在数学模型中,以开展参数化分析与设计[18,20]。3.3 节提出一种适用于转子系统的 NARX 模型辨识方法,本节基于该方法并结合式(2.15)给出的传统非线性系统动态参数化模型结构,推导出适用于转子系统动态参数化建模的模型结构,具体流程如下。

根据式(2.15)得到描述转子系统在转速 Ω_1 下的动态参数化模型:

$$y^{(\Omega_1)}(k) = F\left(y^{(\Omega_1)}(k-1),\cdots,y^{(\Omega_1)}(k-n_y),u^{(\Omega_1)}(k-1),\cdots,u^{(\Omega_1)}(k-n_u),\theta^{(\Omega_1)}(\xi)\right)$$

$$= \theta_0^{(\Omega_1)}(\xi) + \sum_{i_1=1}^{n}\theta_{i_1}^{(\Omega_1)}(\xi) + \cdots + \sum_{i_1=1}^{n}\cdots\sum_{i_l=i_{l-1}}^{n}\theta_{i_1\cdots i_l}^{(\Omega_1)}(\xi)\prod_{j=1}^{l}x_{i_j}^{(\Omega_1)}(k)$$

$$(3.92)$$

进一步由 DTFT 计算的线性性质,得到式(3.92)的频域表达式为

$$Y^{(\Omega_1)}(\mathrm{j}\omega) = \sum_{i_1=1}^{n}\theta_{i_1}(\xi)\times\mathrm{DTFT}\left[x_{i_1}(k)\right] + \cdots + \sum_{i_1=1}^{n}\cdots\sum_{i_l=i_{l-1}}^{n}\theta_{i_1\cdots i_l}(\xi)\times\mathrm{DTFT}\left[\prod_{j=1}^{l}x_{i_j}(k)\right]$$

$$= \sum_{i_1=1}^{N_1}\theta_{i_1}^{(\Omega_1)}(\xi)P_{i_1}^{(\Omega_1)}(\mathrm{j}\omega) + \sum_{i_2=1}^{N_2}\theta_{i_2}^{(\Omega_1)}(\xi)P_{i_2}^{(\Omega_1)}(\mathrm{j}\omega) + \cdots + \sum_{i_l=1}^{N_l}\theta_{i_l}^{(\Omega_1)}(\xi)P_{i_l}^{(\Omega_1)}(\mathrm{j}\omega)$$

$$(3.93)$$

式中，DTFT[·] 为进行离散傅里叶时间变换计算，有 $Y^{(\varOmega_1)}(\mathrm{j}\omega)=\mathrm{DTFT}\Big[y^{(\varOmega_1)}(t)\Big]$；

N_l 表示 l 阶模型项的数量，$N_l=\dfrac{1}{l!}\displaystyle\prod_{i=0}^{l-1}(n+i)$，这里，$n=n_u+n_y$。

　　根据式(3.40)和式(3.41)给出的频域 NARX 模型结构推导过程，可得对应一个扫频过程(转速从 $\varOmega_1$ 到 $\varOmega_p$)的频域动态参数化模型表达式：

$$
\begin{cases}
Y^{(\varOmega_1)}(\mathrm{j}\omega)=\displaystyle\sum_{i_1=1}^{N_1}\theta_{i_1}^{(\varOmega_1)}(\boldsymbol{\xi})P_{i_1}^{(\varOmega_1)}(\mathrm{j}\omega)+\sum_{i_2=0}^{N_2}\theta_{i_2}^{(\varOmega_1)}(\boldsymbol{\xi})P_{i_2}^{(\varOmega_1)}(\mathrm{j}\omega)+\cdots\\
\qquad\qquad+\displaystyle\sum_{i_l=1}^{N_l}\theta_{i_l}^{(\varOmega_1)}(\boldsymbol{\xi})P_{i_l}^{(\varOmega_1)}(\mathrm{j}\omega)\\
Y^{(\varOmega_2)}(\mathrm{j}\omega)=\displaystyle\sum_{i_1=1}^{N_1}\theta_{i_1}^{(\varOmega_2)}(\boldsymbol{\xi})P_{i_1}^{(\varOmega_2)}(\mathrm{j}\omega)+\sum_{i_2=1}^{N_2}\theta_{i_2}^{(\varOmega_2)}(\boldsymbol{\xi})P_{i_2}^{(\varOmega_2)}(\mathrm{j}\omega)+\cdots\\
\qquad\qquad+\displaystyle\sum_{i_l=1}^{N_l}\theta_{i_l}^{(\varOmega_2)}(\boldsymbol{\xi})P_{i_l}^{(\varOmega_2)}(\mathrm{j}\omega)\\
\quad\vdots\\
Y^{(\varOmega_p)}(\mathrm{j}\omega)=\displaystyle\sum_{i_1=1}^{N_1}\theta_{i_1}^{(\varOmega_p)}(\boldsymbol{\xi})P_{i_1}^{(\varOmega_p)}(\mathrm{j}\omega)+\sum_{i_2=1}^{N_2}\theta_{i_2}^{(\varOmega_p)}(\boldsymbol{\xi})P_{i_2}^{(\varOmega_p)}(\mathrm{j}\omega)+\cdots\\
\qquad\qquad+\displaystyle\sum_{i_l=1}^{N_l}\theta_{i_l}^{(\varOmega_p)}(\boldsymbol{\xi})P_{i_l}^{(\varOmega_p)}(\mathrm{j}\omega)
\end{cases}
\tag{3.94}
$$

式中，$\mathrm{j}\omega$ 表示进行 DTFT 操作得到的频谱中的谐波成分。写成矩阵形式，有

$$
\tilde{\boldsymbol{Y}}_r=\tilde{\boldsymbol{P}}_r\boldsymbol{\theta}_r,\quad r=1,2,\cdots,K
\tag{3.95}
$$

式中，$\tilde{\boldsymbol{Y}}_r$ 表示第 r 个物理参数值下，由谐波成分对应的频域数据拼接而成的响应矩阵，$\tilde{\boldsymbol{Y}}_r=\Big[Y_r^{(\varOmega_1)}(\mathrm{j}\omega_1),Y_r^{(\varOmega_2)}(\mathrm{j}\omega_2),\cdots,Y_r^{(\varOmega_l)}(\mathrm{j}\omega_l)\Big]^{\mathrm{T}}$；$\tilde{\boldsymbol{P}}_r$ 为与第 r 个物理参数值对应的频域候选模型项矩阵，记为

$$
\begin{aligned}
\tilde{\boldsymbol{P}}_r&=[\tilde{\boldsymbol{P}}_{r,i_1=1}(\mathrm{j}\omega)\quad\cdots\quad\tilde{\boldsymbol{P}}_{r,i_1=N_1}(\mathrm{j}\omega)\quad\cdots\quad\tilde{\boldsymbol{P}}_{r,i_2=N_2}(\mathrm{j}\omega)\quad\cdots\quad\tilde{\boldsymbol{P}}_{r,i_l=N_l}(\mathrm{j}\omega)]\\[4pt]
&=\begin{bmatrix}
P_{r,i_1=1}^{(\varOmega_1)}(\mathrm{j}\omega_1) & \cdots & P_{r,i_1=N_1}^{(\varOmega_1)}(\mathrm{j}\omega_1) & \cdots & P_{r,i_2=N_2}^{(\varOmega_1)}(\mathrm{j}\omega_1) & \cdots & P_{r,i_l=N_l}^{(\varOmega_1)}(\mathrm{j}\omega_1)\\
P_{r,i_1=1}^{(\varOmega_2)}(\mathrm{j}\omega_2) & \cdots & P_{r,i_1=N_1}^{(\varOmega_2)}(\mathrm{j}\omega_2) & \cdots & P_{r,i_2=N_2}^{(\varOmega_2)}(\mathrm{j}\omega_2) & \cdots & P_{r,i_l=N_l}^{(\varOmega_2)}(\mathrm{j}\omega_2)\\
\vdots & & \vdots & & \vdots & & \vdots\\
P_{r,i_1=1}^{(\varOmega_p)}(\mathrm{j}\omega_p) & \cdots & P_{r,i_1=N_1}^{(\varOmega_p)}(\mathrm{j}\omega_p) & \cdots & P_{r,i_2=N_2}^{(\varOmega_p)}(\mathrm{j}\omega_p) & \cdots & P_{r,i_l=N_l}^{(\varOmega_p)}(\mathrm{j}\omega_p)
\end{bmatrix}
\end{aligned}
\tag{3.96}
$$

与频域 NARX 模型(3.44)的候选模型项矩阵中实部与虚部分离、拼接形式相同，将式(3.96)改写成以下形式：

$$\hat{\boldsymbol{Y}}_r = \begin{bmatrix} \text{Re } \tilde{\boldsymbol{Y}}_r \\ \text{Im } \tilde{\boldsymbol{Y}}_r \end{bmatrix} = \begin{bmatrix} \text{Re } \tilde{\boldsymbol{P}}_r \\ \text{Im } \tilde{\boldsymbol{P}}_r \end{bmatrix} \boldsymbol{\theta}_r = \hat{\boldsymbol{P}}_r \boldsymbol{\theta}_r, \quad r = 1, 2, \cdots, K \tag{3.97}$$

式中，Re 和 Im 分别表示实部和虚部；$\hat{\boldsymbol{P}}_r$ 为用于频域动态参数化模型辨识的候选模型项矩阵，$\hat{\boldsymbol{P}}_r = \begin{bmatrix} \hat{\boldsymbol{p}}_{r,1}, \hat{\boldsymbol{p}}_{r,2}, \cdots, \hat{\boldsymbol{p}}_{r,M} \end{bmatrix}$。

至此，根据式(3.97)给出的由频域数据构成的输出数据和候选模型项矩阵，由3.4.1 节给出的基于 AERR 的 EFOR 算法，即可得到转子系统的频域参数化模型。

3.5　本 章 小 结

针对只能用谐波信号作为激励信号建立 NARX 模型的系统，为弥补单谐波信号频率幅值信息单一的缺陷，本章提出了谐波拼接法，将不同的谐波激励信号和其对应的稳态响应信号按照相同的方法对应拼接起来，得到对应的拼接激励信号和拼接响应信号，以这样的激励响应信号来建立系统 NARX 模型。

首先，通过理论推导，当数据呈明显的周期性时，拼接的数据顺序和周期个数并不会影响 FROLS 算法挑选模型项的结果，从而确定了谐波拼接法的一般过程。利用达芬方程进行仿真研究，发现谐波拼接法并不是对所有的非线性系统都能得到预测能力较好的 NARX 模型。对于弱非线性系统，利用谐波拼接法得到的NARX 模型，虽然结构可能不正确，但能在较大区间内预测系统的响应；而对于强非线性系统，利用谐波拼接法得到的模型，一般只能预测建模时所用到谐波信号的激励响应，而且在某些频率和幅值的谐波信号激励下，即使增加建模时拼接信号的信息量，也无法预测系统的响应。

其次，为解决谐波拼接的缺点提出频域系统辨识方法。根据传统 NARX 模型结构及 DTFT 的线性性质，推导出频域 NARX 模型结构。将每个转速下系统输入频谱和响应频谱中的关键频率成分幅值拼接起来，组成由频域数据构成的候选模型项矩阵，据此可采用传统系统辨识算法完成转子系统建模，本章以 FROLS 算法为例给出了具体辨识过程，并根据该算法的辨识流程及辨识过程中的相关计算方法，从理论上证明了频域数据的拼接方法对系统辨识结果没有影响。根据 DTFT计算的线性性质，由频域数据得到的 NARX 模型可用于预测转子系统在不同转速下的时域响应，数值算例验证了所提出的频域系统辨识方法的适用性和优势，说明基于频域系统辨识方法得到的 NARX 模型在转子系统振动特性分析方面的适用性。

　　最后，给出了基于时域系统辨识方法的参数化 NARX 模型辨识方法，以转子系统作为数值算例，选取阻尼 c 作为建模中考虑的物理参数，通过 MPO 方法说明辨识得到的转子系统动态参数化模型可有效表征系统动力学特性，说明了所提出的方法在转子系统参数化分析和设计中的适用性。在时域参数化 NARX 模型辨识方法的基础上，与谱分析的频域辨识方法结合，推导带物理参数的频域 NARX 模型结构，完成了频域参数化 NARX 模型辨识。

　　NARX 模型结构简单，且经系统辨识后可以得到具体的数值表征模型计算式，据此预测系统时域响应具有速度快、精度高并能充分呈现系统响应频率成分和临界转速的优点，具有良好的应用前景。本章提出的建模方法是基于 NARX 模型的建模方法的补充，也可拓展到其他谐波激励工况下的动力学系统建模中，可为旋转机械的设计和分析提供可靠的模型，从而丰富了转子系统建模与分析的内容。

参 考 文 献

[1] Liu H W, Song X D. Nonlinear system identification based on NARX network[C]. 10th Asian Control Conference, Kota Kinabalu, 2015.

[2] Shariff H M, Marzaki M H, Tajjudin M, et al. System identification for steam distillation pilot plant: Comparison between linear and nonlinear models[C]. IEEE International Conference on System Engineering & Technology, Shah Alam, 2013.

[3] Wei H L, Billings S A. A comparative study on global wavelet and polynomial models for non-linear regime-switching systems[J]. International Journal of Modelling Identification and Control, 2007, 2(4): 273-282.

[4] Ma Y, Luo Z, Liu H P, et al. The NRSF-SVM based method for nonlinear rotor bearing fault diagnosis[C]. Chinese Control and Decision Conference, Shenyang, 2018.

[5] Qiu Y, Luo Z, Ge X B, et al. Impact analysis of the multi-harmonic input splicing way based on the data-driven model[J]. International Journal of Dynamics and Control, 2020, 8(4): 1181-1188.

[6] Ghazavi M R, Najafi A, Jafari A A. Bifurcation and nonlinear analysis of nonconservative interaction between rotor and blade row[J]. Mechanism and Machine Theory, 2013, 65: 29-45.

[7] Kovacic I, Brennan M J, Waters T P. A study of a nonlinear vibration isolator with a quasi-zero stiffness characteristic[J]. Journal of Sound and Vibration, 2008, 315(3): 700-711.

[8] Hu L, Liu Y B, Zhao L, et al. Nonlinear dynamic behaviors of circumferential rod fastening rotor under unbalanced pre-tightening force[J]. Archive of Applied Mechanics, 2016, 86(9): 1621-1631.

[9] Li P, Wei H L, Billings S A, et al. Nonlinear model identification from multiple data sets using an orthogonal forward search algorithm[J]. Journal of Computational and Nonlinear Dynamics, 2013, 8(4): 041001.

[10] Billings S A. Nonlinear System Identification: NARMAX Methods in the Time, Frequency, and Spatio-temporal Domains[M]. Chichester: John Wiley & Sons, 2013.

[11] Ma Y, Liu H, Zhu Y P, et al. The NARX model-based system identification on nonlinear, rotor-bearing systems[J]. Applied Sciences, 2017, 7(9): 911.

[12] Lang Z Q, Billings S A. Output frequency characteristics of nonlinear systems[J]. International Journal of Control, 1996, 64(6): 1049-1067.

[13] Peng Z K, Lang Z Q, Billings S A. Nonlinear output frequency response functions for multi-input nonlinear Volterra systems[J]. International Journal of Control, 2007, 80(6): 843-855.

[14] Liu H P, Zhu Y P, Luo Z, et al. PRESS-based EFOR algorithm for the dynamic parametrical modeling of nonlinear MDOF systems[J]. Frontiers of Mechanical Engineering, 2018, 13(3): 390-400.

[15] Benabdelwahed I, Mbarek A, Bouzrara K, et al. Nonlinear system modelling based on NARX model expansion on Laguerre orthonormal bases[J]. IET Signal Processing, 2018, 12(2): 228-241.

[16] Favier G, Kibangou A Y, Bouilloc T. Nonlinear system modeling and identification using Volterra-PARAFAC models[J]. International Journal of Adaptive Control and Signal Processing, 2012, 26(1): 30-53.

[17] Wei H L, Lang Z Q, Billings S A. Constructing an overall dynamical model for a system with changing design parameter properties[J]. International Journal of Modelling Identification and Control, 2008, 5(2): 93-104.

[18] Liu H P, Zhu Y P, Luo Z, et al. Identification of the dynamic parametrical model with an iterative orthogonal forward regression algorithm[J]. Applied Mathematical Modelling, 2018, 64: 643-653.

[19] Zhu Y P, Lang Z Q. Design of nonlinear systems in the frequency domain: An output frequency response function-based approach[J]. IEEE Transactions on Control Systems Technology, 2017, 26(4): 1358-1371.

[20] Li Y Q, Luo Z, Shi B L, et al. NARX model-based dynamic parametrical model identification of the rotor system with bolted joint[J]. Archive of Applied Mechanics, 2021, 91(6): 2581-2599.

第4章 非线性转子系统动力学基础

4.1 引 言

实际动力学系统中的非线性因素并不能用线性模型近似替代，盲目忽略非线性因素往往会使目标系统的分析和计算过程出现本质错误。转子系统连接部分以及各种故障的存在都会引起非线性效应，需要对其体现出来的分岔、混沌等复杂非线性动力学现象进行系统的分析。

本章为基于 NARX 模型的转子系统辨识方法研究提供前期基础，基于传统转子动力学建模与分析方法，初步分析带有螺栓连接结构的转子系统动力学特性。首先通过有限元仿真研究螺栓-盘连接结构的非线性刚度特性，选取螺孔到盘心距离和预紧力作为控制参数，分析其对连接结构时变弯曲刚度的影响规律，并根据螺栓连接结构的特点，提出一种螺栓连接单元，建立其数值模型并据此建立螺栓连接转子系统动力学模型。根据有限元分析所得时变弯曲刚度的变化规律，开展螺孔到盘心距离和预紧力对转子系统振动特性的影响研究。同时针对转子不对中故障和碰摩故障，以及考虑不平衡与轴承故障的转子系统，分析它们的非线性动力学特征。研究结果有助于了解螺栓连接转子系统的振动特性，为第 5 章的系统辨识方法研究提供数值算例基础。然后介绍了几种典型转子系统故障的非线性特征，推导不同故障转子系统机理模型并求解系统响应，为第 6 章介绍的基于 NARX 模型的转子系统故障诊断方法提供仿真数据与理论依据。本章的主要内容结构如图 4.1 所示。

4.2 螺栓-盘连接转子系统建模

为研究含螺栓-盘连接结构的转子系统(简称为螺栓连接转子系统)动力学特性，首先需建立准确有效的螺栓-盘连接转子系统动力学模型。为此，本节根据图 4.2 所示某型航空发动机转子系统中的螺栓-盘连接结构，构建简化三维有限元模型研究其时变弯曲刚度特性，并开展连接结构参数对弯曲刚度的影响分析。针对所分析螺栓连接结构的特点，结合已有的转子系统动力学建模方法，提出一种螺栓连接单元，建立含有螺栓-盘连接结构的转子-轴承系统动力学模型。

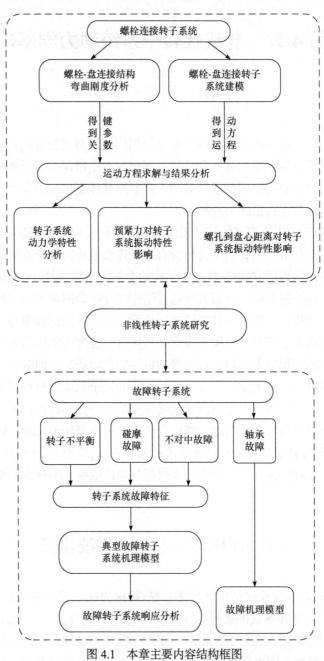

图 4.1　本章主要内容结构框图

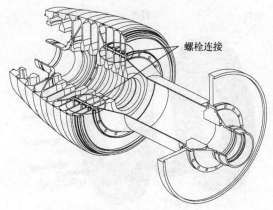

图 4.2　某型航空发动机转子结构示意图

4.2.1　螺栓-盘连接结构简化模型建立及弯曲刚度分析

　　某型航空发动机转子系统剖面图如图 4.3(a)所示,其压气机中的螺栓-盘连接结构是由周向分布的螺栓将相邻的盘连接在一起,形成了多个旋转连接界面。螺栓连接结构在连续加载过程中会呈现分段线性刚度特性[1-3]。尽管工程中针对螺栓连接结构都通过计算从而施加严格而精确的预紧力,以获得适当的刚度从而保持转子系统的完整性,但在较大不平衡载荷作用下,相邻两盘之间仍然会发生相对角位移[4]。相对角位移会引起界面处的局部非线性和刚度值的剧烈变化,从而影响转子系统的动态特性[5]。因此研究螺栓连接转子系统的动力学特性,需首先分析螺栓连接结构的时变弯曲刚度特性。

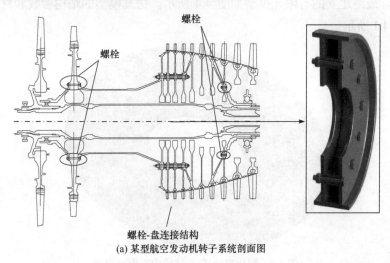

(a) 某型航空发动机转子系统剖面图

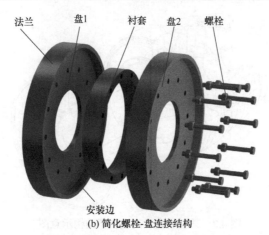

法兰　　盘1　　衬套　　盘2　　螺栓

安装边
(b) 简化螺栓-盘连接结构

图 4.3　某型航空发动机转子系统剖面图及简化螺栓-盘连接结构示意图

本节根据图 4.3(a)所示航空发动机压气机结构的特点，构建简化螺栓-盘连接结构，如图 4.3(b)所示。相邻两盘通过 12 个周向均布的螺栓紧固在一起。由于本节的目的是分析螺栓-盘连接结构在径向弯矩作用下的弯曲特性，所以忽略叶片，将多盘连接结构简化为双盘结构，以简化建模和仿真过程。在 ANSYS 中建立简化螺栓连接结构三维有限元模型，采用 SOLID 95 单元模拟盘、螺栓等实体结构，摩擦接触面使用 CONTA173 和 TARGE170 单元模拟。另外，设置如下边界条件：约束图 4.3(b)所示盘 2 右侧边缘面上所有节点的所有自由度；通过一个辅助节点，利用多点耦合(MPC)单元将盘 1 左侧边缘面上的所有节点耦合在一起形成一个刚性区域。最终建立的有限元模型如图 4.4 所示。仿真模型的结构参数和材料参数等如表 4.1 所示。

图 4.4　简化螺栓-盘连接结构有限元模型

表 4.1 简化螺栓-盘连接结构尺寸参数和材料参数

参数	取值	参数	取值
盘外径 R_D	100mm	内法兰厚度 t_f	2mm
盘内径 R_d	40mm	内法兰长度 l_f	3mm
盘厚度 t_d	2mm	衬套外径 R_B	67.3mm
螺孔到盘心距离 r_h	70mm	衬套内径 R_b	72.7mm
螺栓半径 r_b	1.5mm	预紧力 f_p	750N
外法兰中心面半径 R_F	101mm	材料密度 ρ	7860kg/m³
外法兰厚度 t_F	2mm	杨氏模量 E	1.96×10¹¹Pa
外法兰长度 l_F	6mm	泊松比 v	0.28
内法兰中心面半径 R_f	39mm	摩擦系数 F	0.3

　　仿真基于 ANSYS 静力学分析模块实现，仿真中定义多个载荷步如下：第 1 个载荷步给所有 12 颗螺栓同时施加 750N 的预紧力，在后续的载荷步中将 20N·m 的弯矩平均分成 40 个加载步施加在辅助节点上。根据文献[6]中的刚度计算过程，本节中提取盘 1 左侧边缘面上所有节点的旋转角度并计算平均值得到中心位置在外载荷作用下的旋转角度，得到变形和 Von Mises 应力分布如图 4.5(a)所示，弯矩相对于圆盘间相对转角的变化如图 4.5(b)所示。由图可以看出，圆盘的左侧受到拉伸作用，导致盘间缝隙轻微张开，而右侧处于压缩状态。图 4.5(b)所示相对转角的变化过程经历了两个阶段，即呈现出了分段线性弯曲刚度特性，这些现象与文献[5]和[7]中得到的结果一致，说明本节中的仿真结果是合理的。

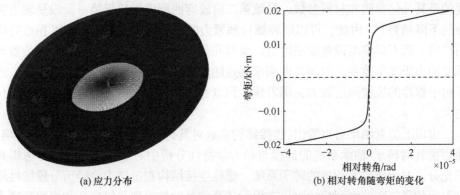

(a) 应力分布　　　　　　　　(b) 相对转角随弯矩的变化

图 4.5 应力分布与相对转角随弯矩变化的仿真结果

　　螺栓-盘连接结构是航空发动机转子系统的重要组成部分，在开展相关设计和分析时应考虑其刚度特性对转子系统动力学特性的影响。为此本节中开展螺栓连接结构参数对螺栓-盘连接结构弯曲特性的影响规律分析。限于篇幅，本节选取螺栓预紧力(f_p)和螺孔到盘心距离(r_h)作为控制参数，通过有限元仿真研究上述参数对螺栓连接结构弯曲行为的影响，仿真中设置的边界条件和加载步骤与上述内容相同，得到的仿真结果如图 4.6 所示。可以看出，螺栓-盘连接结构在径向弯矩作用下的弯曲行为发生变化的位置(弯曲刚度的拐点)与上述两个参数呈正相关变化。此外，第一阶段刚度不随上述两个参数的变化而发生明显改变，第二阶段的弯曲行为变化却呈现不同的趋势。由图 4.6(a)可以看出，预紧力对第二阶段的弯曲行为没有影响；由图 4.6(b)可以看出，第二阶段的弯曲刚度随螺孔到盘心的距离增大而增大。

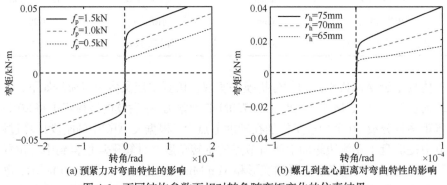

(a) 预紧力对弯曲特性的影响　　　　　　(b) 螺孔到盘心距离对弯曲特性的影响

图 4.6　不同结构参数下相对转角随弯矩变化的仿真结果

螺栓连接结构在受到持续增加的弯矩作用时会呈现出分段线性刚度特性，第一阶段中主要是螺栓的预紧力来抵抗由弯矩作用产生的拉力，以上分析中可以看出这一阶段的刚度较大，当弯矩持续增加至抵消预紧力的作用，决定连接结构刚度的是其几何参数和材料参数，导致第二阶段弯曲刚度相比于第一阶段呈现出明显的下降趋势[1]。由此，可以解释螺栓预紧力的变化仅改变了弯曲刚度拐点对应的转角，而不影响两段弯曲刚度值。而螺孔到盘心的距离变化会导致螺栓位置处承受的力矩发生改变，因而弯曲刚度拐点随着螺孔到盘心的距离变大而增大，此外由于螺栓的抗拉刚度较大，随着螺孔到盘心的距离变大，第二阶段刚度值明显增大。

由以上仿真结果可以看出，连接结构参数对其时变弯曲刚度特性有显著影响，而当前针对转子-轴承系统的建模与动力学特性分析中对螺栓连接结构考虑得并不充分。对于航空发动机的转子系统，螺栓连接结构在工作中会经历分段线性刚度引起的局部刚度剧烈变化[6,8]。有限元仿真的目的是得到几何参数和螺栓预紧力对螺栓-盘连接结构弯曲性能的影响，本节只选择了两个参数进行仿真分析，这是因为所选参数对圆盘质量无影响，可以忽略因质量变化引起转子系统动力学特性的变化，同时也为转子动力学研究中参数值的选取提供依据。

4.2.2　螺栓连接转子系统建模

前面基于有限元仿真研究了螺栓-盘连接结构的弯曲刚度特性及螺栓预紧力和螺孔到盘心距离对其弯曲刚度的影响规律,本节参照转子系统动力学建模方法,建立如图 4.7 所示的含有螺栓-盘连接结构的转子-轴承系统动力学模型。

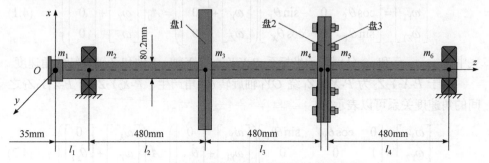

图 4.7　含有螺栓-盘连接结构的转子-轴承系统

图 4.7 中, m_i (i = 1, 2, 3, 4, 5, 6)为集中质量点, l_i (i = 1, 2, 3, 4)为轴段长度,全局坐标定义为 $\boldsymbol{q}$ = $[x_1, \theta_{y1}, x_2, \theta_{y2}, x_3, \theta_{y3}, x_4, \theta_{y4}, x_5, \theta_{y5}, x_6, \theta_{y6}, y_1, \theta_{x1}, y_2, \theta_{x2}, y_3, \theta_{x3}, y_4, \theta_{x4}, y_5, \theta_{x5}, y_6, \theta_{x6}]^{\mathrm{T}}$, x_i、y_i、θ_{xi} 和 θ_{yi} 分别为第 i 个集中质量在点 x 方向位移、y 方向位移、x 方向角位移和 y 方向角位移。本节采用第二类欧拉角描述刚性盘和螺栓-盘连接结构在全局坐标系中的运动[9,10],如图 4.8 所示,其中 P-xyz 为全局坐标系,P-$X_0Y_0Z_0$ 位于盘心并平行于整体坐标系,P-$X_0Y_0Z_0$ 绕 x 轴旋转 θ_X 角产生坐标系 P-$X_1Y_1Z_1$,P-$X_1Y_1Z_1$ 继续绕 OY_1 轴旋转 θ_{Y1} 角产生坐标系 P-$X_2Y_2Z_2$,最后 P-$X_2Y_2Z_2$ 绕 OZ_2 轴旋转 θ_{Z2} 得到 P-$X_3Y_3Z_3$,至此可知,得到 P-$X_0Y_0Z_0$ 与 P-$X_3Y_3Z_3$ 之间的角速度关系,即可描述圆盘在全局坐标系中的运动。

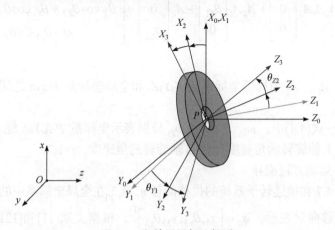

图 4.8　盘单元局部坐标系

　　为得到局部坐标系 $P\text{-}X_3Y_3Z_3$ 在全局坐标系 $P\text{-}xyz$ 中运动的角速度表达式，根据上述局部坐标系之间的角度关系，可知坐标系 $P\text{-}X_1Y_1Z_1$ 与 $P\text{-}X_0Y_0Z_0$ 之间的角速度关系可以表示为

$$\begin{bmatrix} \omega_{X1} \\ \omega_{Y1} \\ \omega_{Z1} \end{bmatrix} = \begin{bmatrix} 0 & 1 & 0 \\ \cos\theta_X & 0 & -\sin\theta_X \\ \sin\theta_X & 0 & \cos\theta_X \end{bmatrix} \left(\begin{bmatrix} \omega_X \\ \omega_Y \\ \omega_Z \end{bmatrix} + \begin{bmatrix} \dot{\theta}_X \\ 0 \\ 0 \end{bmatrix} \right) = \boldsymbol{A}_0 \left(\begin{bmatrix} \omega_X \\ \omega_Y \\ \omega_Z \end{bmatrix} + \begin{bmatrix} \dot{\theta}_X \\ 0 \\ 0 \end{bmatrix} \right) \tag{4.1}$$

式中，ω_X、ω_Y 和 ω_Z 分别表示坐标系 $P\text{-}X_0Y_0Z_0$ 绕 X 轴、Y 轴和 Z 轴旋转的角速度。

　　由于 $P\text{-}X_2Y_2Z_2$ 为 $P\text{-}X_1Y_1Z_1$ 绕 OY_1 轴旋转 θ_{Y1} 角产生，$P\text{-}X_2Y_2Z_2$ 与 $P\text{-}X_1Y_1Z_1$ 之间的角速度关系可以表示为

$$\begin{bmatrix} \omega_{X2} \\ \omega_{Y2} \\ \omega_{Z2} \end{bmatrix} = \begin{bmatrix} 0 & \cos\theta_{Y1} & \sin\theta_{Y1} \\ 1 & 0 & 0 \\ 0 & -\sin\theta_{Y1} & \cos\theta_{Y1} \end{bmatrix} \left(\begin{bmatrix} \omega_{X1} \\ \omega_{Y1} \\ \omega_{Z1} \end{bmatrix} + \begin{bmatrix} 0 \\ \dot{\theta}_{Y1} \\ 0 \end{bmatrix} \right) = \boldsymbol{A}_1 \left(\begin{bmatrix} \omega_{X1} \\ \omega_{Y1} \\ \omega_{Z1} \end{bmatrix} + \begin{bmatrix} 0 \\ \dot{\theta}_{Y1} \\ 0 \end{bmatrix} \right) \tag{4.2}$$

　　最后，$P\text{-}X_2Y_2Z_2$ 绕 OZ_2 轴旋转 θ_{Z2} 得到 $P\text{-}X_3Y_3Z_3$，可得局部坐标系 $P\text{-}X_3Y_3Z_3$ 和 $P\text{-}X_2Y_2Z_2$ 之间的角速度关系可以表示为

$$\begin{bmatrix} \omega_{X3} \\ \omega_{Y3} \\ \omega_{Z3} \end{bmatrix} = \begin{bmatrix} 0 & \cos\theta_{Z,2} & \sin\theta_{Z,2} \\ 0 & -\sin\theta_{Z,2} & \cos\theta_{Z,2} \\ 1 & 0 & 0 \end{bmatrix} \left(\begin{bmatrix} \omega_{X2} \\ \omega_{Y2} \\ \omega_{Z2} \end{bmatrix} + \begin{bmatrix} 0 \\ 0 \\ \dot{\theta}_{Z2} \end{bmatrix} \right) = \boldsymbol{A}_2 \left(\begin{bmatrix} \omega_{X2} \\ \omega_{Y2} \\ \omega_{Z2} \end{bmatrix} + \begin{bmatrix} 0 \\ 0 \\ \dot{\theta}_{Z2} \end{bmatrix} \right) \tag{4.3}$$

则刚性圆盘在全局坐标系 $P\text{-}xyz$ 中的角速度表达式可以表示为

$$\begin{bmatrix} \omega_{X3} \\ \omega_{Y3} \\ \omega_{Z3} \end{bmatrix} = \boldsymbol{A}_2\boldsymbol{A}_1\boldsymbol{A}_0 \begin{bmatrix} \dot{\theta}_X \\ 0 \\ 0 \end{bmatrix} + \boldsymbol{A}_2\boldsymbol{A}_1 \begin{bmatrix} 0 \\ \dot{\theta}_{Y1} \\ 0 \end{bmatrix} + \boldsymbol{A}_2 \begin{bmatrix} 0 \\ 0 \\ \dot{\theta}_{Z2} \end{bmatrix} = \begin{bmatrix} -\dot{\theta}_X \sin\theta_{Z2} + \dot{\theta}_{Y1}\cos\theta_X\sin\theta_{Z2} \\ \dot{\theta}_X \cos\theta_{Z2} + \dot{\theta}_{Y1}\cos\theta_X\sin\theta_{Z2} \\ \omega - \dot{\theta}_{Y1}\sin\theta_X \end{bmatrix}$$

$$\tag{4.4}$$

式中，$\boldsymbol{A}_0$、$\boldsymbol{A}_1$、$\boldsymbol{A}_2$ 为局部坐标系 $P\text{-}X_3Y_3Z_3$ 和全局坐标系 $P\text{-}xyz$ 之间的角速度变换矩阵。

　　式(4.1)～式(4.4)中，ω_{Xi}、ω_{Yi} 和 ω_{Zi} 分别表示坐标系 $P\text{-}X_iY_iZ_i$ 绕 X_i 轴旋转的角速度、绕 Y_i 轴旋转的角速度和绕 Z_i 轴旋转的角速度，$i=1,2$。

　　1) 盘 1 运动方程推导

　　根据图 4.7 和描述转子系统的位移向量 $\boldsymbol{q}$，盘 1 在全局坐标系中的运动可通过以下广义位移向量表示：$\boldsymbol{q}_{\mathrm{d}} = \begin{bmatrix} x_3, \theta_{y3}, y_3, \theta_{x3} \end{bmatrix}^{\mathrm{T}}$，根据文献[11]和[12]，盘的动能 T_{D} 为平动动能和盘绕 x、y、z 轴旋转的转动动能之和，则盘 1 的动能可表示为

$$T_{\mathrm{D}} = \frac{1}{2}\begin{bmatrix}\dot{x}_3\\\dot{y}_3\end{bmatrix}^{\mathrm{T}}\begin{bmatrix}m_3 & 0\\0 & m_3\end{bmatrix}\begin{bmatrix}\dot{x}_3\\\dot{y}_3\end{bmatrix} + \frac{1}{2}\begin{bmatrix}\dot{\theta}_{x3}\\\dot{\theta}_{y3}\\\dot{\theta}_{z3}\end{bmatrix}^{\mathrm{T}}\begin{bmatrix}J_{\mathrm{d}3} & 0 & 0\\0 & J_{\mathrm{d}3} & 0\\0 & 0 & J_{\mathrm{p}3}\end{bmatrix}\begin{bmatrix}\dot{\theta}_{x3}\\\dot{\theta}_{y3}\\\dot{\theta}_{z3}\end{bmatrix} \tag{4.5}$$

式中，m_3、$J_{\mathrm{p}3}$ 和 $J_{\mathrm{d}3}$ 分别表示圆盘的质量、极转动惯量和直径转动惯量。

根据文献[10]和广义位移向量 $\boldsymbol{q}_{\mathrm{d}}$，式(4.4)中存在以下参数关系：$\theta_X \approx \theta_{x3}$，$\theta_{Y1} \approx \theta_{y3}$，$\theta_{Z2} = \varphi$，$\dot{\theta}_{Z2} = \dot{\varphi} = \omega$。将式(4.4)代入式(4.5)，略去高阶项，得到盘 1 的动能表达式为

$$T_{\mathrm{D}} = \frac{1}{2}\begin{bmatrix}\dot{x}_3\\\dot{y}_3\end{bmatrix}^{\mathrm{T}}\begin{bmatrix}m_3 & 0\\0 & m_3\end{bmatrix}\begin{bmatrix}\dot{x}_3\\\dot{y}_3\end{bmatrix} + \frac{1}{2}\begin{bmatrix}\dot{\theta}_{x3}\\\dot{\theta}_{y3}\end{bmatrix}^{\mathrm{T}}\begin{bmatrix}J_{\mathrm{d}3} & 0\\0 & J_{\mathrm{d}3}\end{bmatrix}\begin{bmatrix}\dot{\theta}_{x3}\\\dot{\theta}_{y3}\end{bmatrix} - J_{\mathrm{p}3}\omega\theta_{x3}\dot{\theta}_{y3} + \frac{1}{2}J_{\mathrm{d}3}\omega^2 \tag{4.6}$$

根据盘 1 的动能表达式和拉格朗日方程可得到盘 1 的运动微分方程，拉格朗日方程表示为[13]

$$\frac{\mathrm{d}}{\mathrm{d}t}\left(\frac{\partial T}{\partial \dot{q}_i}\right) - \frac{\partial T}{\partial q_i} + \frac{\partial U}{\partial q_i} = F_{qi} \tag{4.7}$$

式中，q_i 为广义坐标；T 和 U 分别为系统的动能和势能；F_{qi} 是与 q_i 对应的外力；符号 "·" 表示对时间的微分。

本书中将盘视为刚性体，仅考虑了盘的动能，去掉应变能和外力，拉格朗日方程可表示为[11,12]

$$\frac{\mathrm{d}}{\mathrm{d}t}\left(\frac{\partial T}{\partial \dot{q}_i}\right) - \frac{\partial T}{\partial q_i} = 0 \tag{4.8}$$

将式(4.6)代入式(4.8)，可得描述盘 1 的运动方程为

$$\boldsymbol{M}_{\mathrm{d}}\ddot{q}_i^{\mathrm{d}} - \omega\boldsymbol{G}_{\mathrm{d}}\dot{q}_i^{\mathrm{d}} = \boldsymbol{Q}_{\mathrm{d}}^{\mathrm{u}} + \boldsymbol{Q}_{\mathrm{d}}^{\mathrm{g}} \tag{4.9}$$

式中，$\boldsymbol{M}_{\mathrm{d}}$、$\boldsymbol{G}_{\mathrm{d}}$、$\boldsymbol{Q}_{\mathrm{d}}^{\mathrm{u}}$ 和 $\boldsymbol{Q}_{\mathrm{d}}^{\mathrm{g}}$ 分别表示质量矩阵、陀螺矩阵、不平衡力向量和刚性盘的重力向量，具体表达式为

$$\boldsymbol{M}_{\mathrm{d}} = \begin{bmatrix}\boldsymbol{M}_{\mathrm{d}}^x & \\ & \boldsymbol{M}_{\mathrm{d}}^y\end{bmatrix}, \quad \boldsymbol{M}_{\mathrm{d}}^x = \boldsymbol{M}_{\mathrm{d}}^y = \mathrm{diag}\left(m_3, J_{\mathrm{d}3}\right) \tag{4.10}$$

$$\boldsymbol{G}_{\mathrm{d}} = \boldsymbol{J}_{\mathrm{d}} = \begin{bmatrix}0 & -\boldsymbol{J}_{\mathrm{d}}^1\\\boldsymbol{J}_{\mathrm{d}}^{1\mathrm{T}} & 0\end{bmatrix}, \quad \boldsymbol{J}_{\mathrm{d}}^1 = \mathrm{diag}\left(0, J_{\mathrm{p}3}\right) \tag{4.11}$$

$$\boldsymbol{Q}_{\mathrm{d}}^{\mathrm{u}} = m_3\omega^2\left[e_1\cos\left(\omega t + \varphi_1\right), 0, e_1\sin\left(\omega t + \varphi_1\right), 0\right]^{\mathrm{T}} \tag{4.12}$$

$$\boldsymbol{Q}_{\mathrm{d}}^{\mathrm{g}} = m_3 g \begin{bmatrix} 0 \\ 0 \\ -1 \\ 0 \end{bmatrix} \tag{4.13}$$

2) 螺栓-盘连接结构运动方程推导

根据图 4.7 和描述转子系统的广义位移向量，螺栓-盘连接结构可简化为一个共有 8 自由度的两节点单元如图 4.9 所示，图中 $k_{\theta y}$、k_x 和 c_x 分别表示连接结构产生相对角位移时的弯曲角刚度、沿 y 轴方向发生相对横向运动的刚度和由盘的横向相对运动引入的阻尼系数。那么，描述螺栓连接单元的广义位移坐标向量可以表示为

$$\boldsymbol{q}_{\mathrm{J}} = \left[x_4, \theta_{y4}, x_5, \theta_{y5}, y_4, \theta_{x4}, y_5, \theta_{x5} \right]^{\mathrm{T}} \tag{4.14}$$

式中，x_i、y_i、θ_{xi} 和 θ_{yi} 分别为第 i 个集中质量在点 x 方向位移、y 方向位移、x 方向角位移和 y 方向角位移。

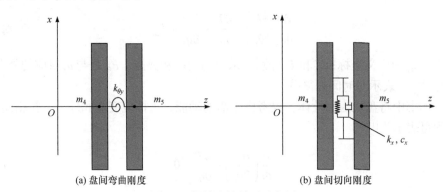

(a) 盘间弯曲刚度　　　　　　　　　　　　(b) 盘间切向刚度

图 4.9　螺栓连接单元示意图

根据刚性盘动能的推导过程，螺栓连接单元的动能表达式可以表示为

$$
\begin{aligned}
T_{\mathrm{J}} = \frac{1}{2} \begin{bmatrix} \dot{x}_4 \\ \dot{y}_4 \\ \dot{x}_5 \\ \dot{y}_5 \end{bmatrix}^{\mathrm{T}} \begin{bmatrix} m_4 & & & \\ & m_4 & & \\ & & m_5 & \\ & & & m_5 \end{bmatrix} \begin{bmatrix} \dot{x}_4 \\ \dot{y}_4 \\ \dot{x}_5 \\ \dot{y}_5 \end{bmatrix} + \frac{1}{2} \begin{bmatrix} \dot{\theta}_{x4} \\ \dot{\theta}_{y4} \\ \dot{\theta}_{x5} \\ \dot{\theta}_{y5} \end{bmatrix}^{\mathrm{T}} \begin{bmatrix} J_{\mathrm{d}4} & & & \\ & J_{\mathrm{d}4} & & \\ & & J_{\mathrm{d}5} & \\ & & & J_{\mathrm{d}5} \end{bmatrix} \begin{bmatrix} \dot{\theta}_{x4} \\ \dot{\theta}_{y4} \\ \dot{\theta}_{x5} \\ \dot{\theta}_{y5} \end{bmatrix} \\
- J_{\mathrm{p}4} \omega \theta_{x4} \dot{\theta}_{y4} + \frac{1}{2} J_{\mathrm{d}4} \omega^2 - J_{\mathrm{p}5} \omega \theta_{x5} \dot{\theta}_{y5} + \frac{1}{2} J_{\mathrm{d}5} \omega^2
\end{aligned}
\tag{4.15}
$$

对于螺栓连接单元的势能，除了考虑产生相对横向位移引起的势能外，还需考虑产生相对角变形引起的势能。故连接单元的势能表达式为

$$U_J = \frac{1}{2}k_x(x_5-x_4)^2 + \frac{1}{2}k_y(y_5-y_4)^2 + \frac{1}{2}k_{\theta x}(\theta_{x5}-\theta_{x4})^2 + \frac{1}{2}k_{\theta y}(\theta_{y5}-\theta_{y4})^2$$
(4.16)

式中，$k_{\theta x}$ 和 $k_{\theta y}$ 分别表示绕 x 轴和 y 轴旋转产生相对角位移时的弯曲刚度；k_x 和 k_y 表示沿 x 轴和 y 轴方向产生相对横向位移时的刚度。

由于螺栓-盘连接结构相对于中心面是对称的，有 $k_{\theta x}=k_{\theta y}=k_\theta$，$k_x=k_y=k_s$。那么，由式(4.15)和式(4.16)所示连接单元的动能和势能的表达式，并通过拉格朗日方程(4.7)可得连接结构的运动微分方程：

$$M_J\ddot{q}_J - \omega G_J\dot{q}_J + K_J q_J = Q_J^u + Q_J^g$$
(4.17)

式中，M_J、G_J 和 K_J 分别表示连接单元的质量、陀螺和刚度矩阵，具体表达式为

$$M_J = \begin{bmatrix} M_J^x & \\ & M_J^y \end{bmatrix}, \quad M_J^x = M_J^y = \text{diag}(m_4, J_{d4}, m_5, J_{d5})$$
(4.18)

$$G_J = J_J = \begin{bmatrix} 0 & -J_J^1 \\ J_J^{1T} & 0 \end{bmatrix}, \quad J_J^1 = \text{diag}(0, J_{p4}, 0, J_{p5})$$
(4.19)

$$K_J = \begin{bmatrix} K_J^x & \\ & K_J^y \end{bmatrix}, \quad K_J^x = K_J^y = \begin{bmatrix} k_s & 0 & -k_s & 0 \\ 0 & k_\theta & 0 & k_\theta \\ -k_s & 0 & k_s & 0 \\ 0 & k_\theta & 0 & k_\theta \end{bmatrix}$$
(4.20)

Q_J^u 和 Q_J^g 分别表示不平衡力向量和重力向量，具体为

$$Q_J^u = \big[m_4\omega^2 e_2\cos(\omega t+\varphi_2),0,m_5\omega^2 e_3\cos(\omega t+\varphi_3),0,$$
$$m_4\omega^2 e_2\sin(\omega t+\varphi_2),0,m_5\omega^2 e_3\sin(\omega t+\varphi_3),0 \big]^T$$
(4.21)

$$Q_J^g = \big[0,0,0,0,-m_4 g,0,-m_5 g,0\big]^T$$
(4.22)

需要指出的是，根据 4.2.1 节可知螺栓连接结构的弯曲刚度呈现分段线性特性，当外力抵消掉施加在螺栓上的预紧力作用时，弯曲刚度由第一阶段进入第二阶段，定义刚度发生转变时对应的相对转角为刚度拐点，则弯曲刚度和拐点的关系可以表示为[14]

$$k_\theta = \begin{cases} k_{\theta 1}, & |\Phi| \leqslant |\Phi_0| \\ k_{\theta 2}, & |\Phi| > |\Phi_0| \end{cases}$$
(4.23)

式中，$k_{\theta 1}$ 表示第一阶段的弯曲刚度；$k_{\theta 2}$ 表示第二阶段的弯曲刚度；Φ 为拐点，

可通过下式计算[14]:

$$\Phi = \sqrt{\left(\theta_{x4} - \theta_{x5}\right)^2 + \left(\theta_{y4} - \theta_{y5}\right)^2} \tag{4.24}$$

则当处于第二阶段弯曲刚度时,螺栓连接结构的弯曲刚度为[14]

$$\tilde{k}_{\theta 2} = k_{\theta 2} - \frac{\Phi_0}{\Phi}(k_{\theta 2} - k_{\theta 1}) \tag{4.25}$$

3) 转子系统运动方程推导

研究图 4.7 所示带有螺栓-盘连接结构的转子-轴承系统的动力学特性,需建立整个转子系统的运动方程。采用集中质量建模方法,其中采用材料力学中的柔度影响系数法确定轴段刚度矩阵[15-17]。模型推导基于以下假设完成:

(1) 转子系统的扭转和轴向运动忽略不计,每个集中质量点有四个自由度(沿 x 轴和 y 轴的平移,以及绕 x 轴和 y 轴的旋转)。

(2) 转轴采用等截面无质量轴建模,采用柔度影响系数法确定轴的刚度[18]。

(3) 与螺栓-盘连接结构对应的两个节点通过螺栓连接单元相连,其余部分由无质量轴段连接。

根据图 4.7 所示转子系统的坐标及上述假设,转子系统 24 自由度运动方程为

$$M\ddot{q} + (C - G)\dot{q} + Kq = Q_{u} + Q_{b} - Q_{g} \tag{4.26}$$

式中,Q_{b} 为轴承力向量;Q_{u} 和 Q_{g} 分别为不平衡力和重力向量;C 为转子系统阻尼矩阵;q 为转子系统广义位移向量,记为

$$q = \Big[x_1, \theta_{y1}, x_2, \theta_{y2}, x_3, \theta_{y3}, x_4, \theta_{y4}, x_5, \theta_{y5}, x_6, \theta_{y6},$$
$$y_1, \theta_{x1}, y_2, \theta_{x2}, y_3, \theta_{x3}, y_4, \theta_{x4}, y_5, \theta_{x5}, y_6, \theta_{x6} \Big]^{\mathrm{T}} \tag{4.27}$$

M、G 和 K 分别为转子系统的质量矩阵、陀螺矩阵和刚度矩阵,具体为

$$M = \begin{bmatrix} M_x & 0 \\ 0 & M_y \end{bmatrix} \tag{4.28}$$

$$M_x = M_y = \mathrm{diag}\left(m_1, J_{d1}, m_2, J_{d2}, m_3, J_{d3}, m_4, J_{d4}, m_5, J_{d5}, m_6, J_{d6}\right) \tag{4.29}$$

$$G = \omega J = \omega \begin{bmatrix} 0 & J_1 \\ -J_1^{\mathrm{T}} & 0 \end{bmatrix} \tag{4.30}$$

$$J_1 = \mathrm{diag}\left(0, J_{p1}, 0, J_{p2}, 0, J_{p3}, 0, J_{p4}, 0, J_{p5}, 0, J_{p6}\right) \tag{4.31}$$

$$K = \begin{bmatrix} K_x & 0 \\ 0 & K_y \end{bmatrix} \tag{4.32}$$

$$K_x = \begin{bmatrix}
k_{11} & k_{12} & k_{13} & k_{14} & 0 & 0 & 0 & 0 & 0 & 0 & 0 & 0 \\
k_{12} & k_{22} & k_{23} & k_{24} & 0 & 0 & 0 & 0 & 0 & 0 & 0 & 0 \\
k_{13} & k_{23} & k_{33} & k_{34} & k_{35} & k_{36} & 0 & 0 & 0 & 0 & 0 & 0 \\
k_{14} & k_{24} & k_{34} & k_{44} & k_{45} & k_{46} & 0 & 0 & 0 & 0 & 0 & 0 \\
0 & 0 & k_{35} & k_{45} & k_{55} & k_{56} & k_{57} & k_{58} & 0 & 0 & 0 & 0 \\
0 & 0 & k_{36} & k_{46} & k_{56} & k_{66} & k_{67} & k_{68} & 0 & 0 & 0 & 0 \\
0 & 0 & 0 & 0 & k_{57} & k_{67} & k_{77}+k_s & k_{78}+k_1 & -k_s & k_2 & 0 & 0 \\
0 & 0 & 0 & 0 & k_{58} & k_{68} & k_{78}+k_1 & k_{88}+k_\theta & -k_2 & k_\theta-k'_\theta & 0 & 0 \\
0 & 0 & 0 & 0 & 0 & 0 & -k_s & -k_2 & k_{99}+k_s & k_{9,10}-k_1 & k_{9,11} & k_{9,12} \\
0 & 0 & 0 & 0 & 0 & 0 & k_2 & k_\theta-k'_\theta & k_{9,10}-k_1 & k_{10,10}+k_\theta & k_{10,11} & k_{10,12} \\
0 & 0 & 0 & 0 & 0 & 0 & 0 & 0 & k_{9,11} & k_{10,11} & k_{11,11} & k_{11,12} \\
0 & 0 & 0 & 0 & 0 & 0 & 0 & 0 & k_{9,12} & k_{10,12} & k_{11,12} & k_{12,12}
\end{bmatrix}$$

$$(4.33)$$

$$K_y = \begin{bmatrix}
k_{11} & -k_{12} & k_{13} & -k_{14} & 0 & 0 & 0 & 0 & 0 & 0 & 0 & 0 \\
-k_{12} & k_{22} & -k_{23} & k_{24} & 0 & 0 & 0 & 0 & 0 & 0 & 0 & 0 \\
k_{13} & -k_{23} & k_{33} & -k_{34} & k_{35} & -k_{36} & 0 & 0 & 0 & 0 & 0 & 0 \\
-k_{14} & k_{24} & -k_{34} & k_{44} & -k_{45} & k_{46} & 0 & 0 & 0 & 0 & 0 & 0 \\
0 & 0 & k_{35} & -k_{45} & k_{55} & -k_{56} & k_{57} & -k_{58} & 0 & 0 & 0 & 0 \\
0 & 0 & -k_{36} & k_{46} & -k_{56} & k_{66} & -k_{67} & k_{68} & 0 & 0 & 0 & 0 \\
0 & 0 & 0 & 0 & k_{57} & -k_{67} & k_{77}+k_s & k_{78}-k_1 & -k_s & -k_2 & 0 & 0 \\
0 & 0 & 0 & 0 & -k_{58} & k_{68} & k_{78}-k_1 & k_{88}+k_\theta & k_2 & k_\theta-k'_\theta & 0 & 0 \\
0 & 0 & 0 & 0 & 0 & 0 & -k_s & k_2 & k_{99}+k_s & -k_{9,10}-k_1 & k_{9,11} & -k_{9,12} \\
0 & 0 & 0 & 0 & 0 & 0 & -k_2 & k_\theta-k'_\theta & -k_{9,10}+k_1 & k_{10,10}+k_\theta & -k_{10,11} & k_{10,12} \\
0 & 0 & 0 & 0 & 0 & 0 & 0 & 0 & k_{9,11} & -k_{10,11} & k_{11,11} & -k_{11,12} \\
0 & 0 & 0 & 0 & 0 & 0 & 0 & 0 & -k_{9,12} & k_{10,12} & -k_{11,12} & k_{12,12}
\end{bmatrix}$$

$$(4.34)$$

K_x 和 K_y 的矩阵元素可通过下式计算：

$$\begin{cases} k_{11}=a_{11} \\ k_{12}=a_{21} \\ k_{13}=-a_{11} \\ k_{14}=a_{21} \end{cases},\quad \begin{cases} k_{33}=a_{11}+a_{12} \\ k_{34}=-a_{21}+a_{22} \\ k_{35}=-a_{12} \\ k_{36}=a_{22} \end{cases},\quad \begin{cases} k_{55}=a_{12}+a_{13} \\ k_{56}=-a_{22}+a_{23} \\ k_{57}=-a_{13} \\ k_{58}=a_{23} \end{cases}$$

$$\begin{cases} k_{99}=a_{14} \\ k_{9,10}=a_{24} \\ k_{9,11}=-a_{14} \\ k_{9,12}=a_{24} \end{cases},\quad \begin{cases} k_{77}=a_{13} \\ k_{78}=-a_{23} \\ k_{79}=-a_{13} \\ k_{7,10}=a_{23} \end{cases},\quad \begin{cases} k_{22}=l_1 a_{21}-a_{31} \\ k_{23}=-a_{21} \\ k_{24}=a_{31} \\ k_{67}=-a_{23} \end{cases}$$

$$
\begin{cases}
k_{10,10}=l_4a_{24}-a_{34} \\
k_{10,11}=-a_{23} \\
k_{10,12}=a_{33} \\
k_{68}=a_{33}
\end{cases},
\begin{cases}
k_{11,11}=a_{14} \\
k_{11,12}=-a_{24} \\
k_{12,12}=l_4a_{24}-a_{34} \\
k_{88}=l_3a_{23}-a_{33}
\end{cases},
\begin{cases}
k_{44}=l_1a_{21}-a_{31}+l_2a_{22}-a_{32} \\
k_{66}=l_2a_{22}-a_{32}+l_3a_{23}-a_{33} \\
k_{45}=-a_{22} \\
k_{46}=a_{32}
\end{cases}
$$

$$(4.35)$$

式中，

$$
\begin{cases}
a_{1i}=\dfrac{12EI}{l_i^3} \\[2mm]
a_{2i}=\dfrac{1}{2}l_ia_{1i}, \quad i=1,2,3,4 \\[2mm]
a_{3i}=\dfrac{1}{6}l_i^2a_{1i}
\end{cases}
\tag{4.36}
$$

这里，E 为转轴弹性模量，I 为截面惯性矩。

轴承力向量 $\boldsymbol{Q}_b$ 为

$$
\boldsymbol{Q}_b=\left[0,0,f_{x2}^b,0,0,0,0,0,0,f_{x6}^b,0,0,0,f_{y2}^b,0,0,0,0,0,0,f_{y6}^b,0\right]^T \tag{4.37}
$$

对于深沟球轴承，在竖直和水平方向上产生的非线性轴承力可以通过下式计算[19]：

$$
f_x^b=k_b\sum_{j=1}^{N_b}\left(x\cos\theta_j+y\sin\theta_j-c_Y\right)^{3/2}H\left(x\cos\theta_j+y\sin\theta_j-c_Y\right)\cos\theta_j \tag{4.38}
$$

$$
f_y^b=k_b\sum_{j=1}^{N_b}\left(x\cos\theta_j+y\sin\theta_j-c_Y\right)^{3/2}H\left(x\cos\theta_j+y\sin\theta_j-c_Y\right)\sin\theta_j \tag{4.39}
$$

式中，k_b 为滚动体和内外圈的接触刚度；N_b 为滚动体数量；c_Y 为轴承游隙；θ_j 为第 j 个滚动体的角位置，可通过下式计算：

$$
\theta_j=2\pi(j-1)/N_b+\omega_ct \tag{4.40}
$$

这里，ω_c 为保持架的转速，$\omega_c=\omega\times r/(R+r)$，$R$ 和 r 分别为轴承的内径和外径，ω 为转子转速。

轴承-转子系统响应的一个典型特征是会出现变柔度(varying compliance, VC)振动频率，VC 振动是轴承本身的特性，可用于转子动力学分析中轴承引入非线性频率成分的辨识，该频率分量可通过下式确定[19,20]：

$$
\omega_{VC}=\omega_c\times N_b=\omega\times\frac{r}{R+r}\times N_b \tag{4.41}
$$

式中，ω_{VC} 为 VC 振动频率。

在工程中，动力学系统分析时结构阻尼大多采用瑞利阻尼理论得到，其中阻

在工程中，动力学系统分析时结构阻尼大多采用瑞利阻尼理论得到，其中阻尼矩阵可由质量矩阵和刚度矩阵叠加获得[15]。该阻尼矩阵构造方法有很多优点，可以满足转子动力学分析的需要，因而得到大量应用。本节转子系统建模中也采用瑞利阻尼理论建立转子系统的阻尼矩阵，具体表达式如下：

$$C = \alpha M + \beta K \tag{4.42}$$

式中，α 和 β 为瑞利阻尼参数[14]。

为减小数值求解的误差，采用以下无量纲变换对模型(4.26)进行无量纲化：

$$\begin{cases} \tau = \omega t \\[2mm] \tilde{q} = \dfrac{q}{c_{Y}} \\[2mm] \tilde{x}_i = \dfrac{x_i}{c_{Y}}, \quad i = 1, 2, \cdots, 6 \\[2mm] \tilde{y}_i = \dfrac{y_i}{c_{Y}} \end{cases} \tag{4.43}$$

将式(4.43)代入式(4.26)，可得如下无量纲方程：

$$M\omega^2 \ddot{\tilde{q}} + (C + G)\omega \dot{\tilde{q}} + K\tilde{q} = \frac{\tilde{Q}_e - Q_g}{c} + \tilde{Q}_b \tag{4.44}$$

式中，$\tilde{Q}_b$ 和 $\tilde{Q}_e$ 分别是无量纲轴承力向量和无量纲不平衡力向量，为

$$\tilde{Q}_b = \left[0, 0, \tilde{f}_{x2}^{b}, 0, 0, 0, 0, 0, 0, 0, \tilde{f}_{x6}^{b}, 0, 0, 0, \tilde{f}_{y2}^{b}, 0, 0, 0, 0, 0, 0, 0, \tilde{f}_{y6}^{b}, 0 \right]^{T}$$

$$\tilde{Q}_e = \left[0, 0, 0, 0, u_1\omega^2\cos(\tau + \varphi_1), 0, u_2\omega^2\cos(\tau + \varphi_2), 0, u_3\omega^2\cos(\tau + \varphi_3), 0, 0, 0, \right.$$
$$\left. 0, 0, 0, 0, u_1\omega^2\sin(\tau + \varphi_1), 0, u_2\omega^2\sin(\tau + \varphi_2), 0, u_3\omega^2\sin(\tau + \varphi_3), 0, 0, 0 \right]^{T}$$
$$\tag{4.45}$$

x、y 方向的无量纲轴承力可由下式计算：

$$\tilde{f}_x^b = k_b c_Y^{0.5} \sum_{j=1}^{N_b} \left(\tilde{x}\cos\tilde{\theta}_j + \tilde{y}\sin\tilde{\theta}_j - 1 \right)^{3/2} H\left(\tilde{x}\cos\tilde{\theta}_j + \tilde{y}\sin\tilde{\theta}_j - 1 \right) \cos\tilde{\theta}_j \tag{4.46}$$

$$\tilde{f}_y^b = k_b c_Y^{0.5} \sum_{j=1}^{N_b} \left(\tilde{x}\cos\tilde{\theta}_j + \tilde{y}\sin\tilde{\theta}_j - 1 \right)^{3/2} H\left(\tilde{x}\cos\tilde{\theta}_j + \tilde{y}\sin\tilde{\theta}_j - 1 \right) \sin\tilde{\theta}_j \tag{4.47}$$

$$\tilde{\theta}_j = 2\pi(j-1) / N_b + \tau \times r / (R + r) \tag{4.48}$$

4.2.3　模型验证

为了验证转子-轴承系统动力学建模方法的正确性和螺栓连接单元的有效性，本节将两个数值算例的计算结果分别与文献[19]和[15]中的结果进行比较。基于4.2.2 节给出的建模方法建立系统动力学方程，通过 Newmark-β 法求解运动方程，

数值验证中将其他文献中转子系统的盘替换成螺栓-盘连接结构, 同时确保质量和刚度等参数与对比文献中的取值尽可能一致, 从而得到相近的时域响应。

1) 单盘转子-轴承系统响应对比

4.2.2 节建立了含有螺栓连接结构的转子-轴承系统动力学模型, 为验证模型的准确性, 在文献[19]中给出的转子-轴承系统模型基础上, 将刚性盘替换成螺栓-盘连接结构, 替换后的模型如图 4.10 所示。通过对比图 4.10 所示单转子系统模型的响应与文献中给出的模型响应, 即可证明建模方法的合理性及计算结果的准确性。

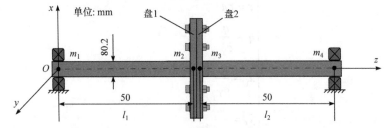

图 4.10　含有螺栓-盘连接结构的简单转子-轴承系统

对比图 4.7 和图 4.10 可以看出, 将图 4.7 所示转子系统中的盘 1 去掉, 并将集中质量点 1 和集中质量点 2 合并, 即可得图 4.10 所示转子系统动力学模型。根据 4.2 节所示建模方法, 可得描述图 4.9 所示转子系统动力学模型为

$$\tilde{M}\ddot{\tilde{q}} + \left(\tilde{C} - \tilde{G}\right)\dot{\tilde{q}} + \tilde{K}\tilde{q} = \tilde{Q}_{\mathrm{u}} + \tilde{Q}_{\mathrm{b}} - \tilde{Q}_{\mathrm{g}} \tag{4.49}$$

式中, $\tilde{M}$、$\tilde{K}$、$\tilde{C}$、$\tilde{G}$ 和 $\tilde{q}$ 分别表示转子系统的质量矩阵、刚度矩阵、阻尼矩阵、陀螺矩阵和广义位移向量, 具体为

$$\tilde{M} = \begin{bmatrix} \tilde{M}_x & 0 \\ 0 & \tilde{M}_y \end{bmatrix}, \quad \tilde{M}_x = \tilde{M}_y = \mathrm{diag}\left(m_1, J_{\mathrm{d}1}, m_2, J_{\mathrm{d}2}, m_3, J_{\mathrm{d}3}, m_4, J_{\mathrm{d}4}\right) \tag{4.50}$$

$$\tilde{K} = \begin{bmatrix} \tilde{K}_x & 0 \\ 0 & \tilde{K}_y \end{bmatrix} \tag{4.51}$$

$$\tilde{K}_x = \begin{bmatrix} k_{11} & k_{12} & k_{13} & k_{14} & 0 & 0 & 0 & 0 \\ k_{12} & k_{22} & k_{23} & k_{24} & 0 & 0 & 0 & 0 \\ k_{13} & k_{23} & k_{33}+k_s & k_{34}+k_1 & -k_s & k_2 & 0 & 0 \\ k_{14} & k_{24} & k_{34}+k_1 & k_{44}+k_\theta & -k_2 & k_\theta - k'_\theta & 0 & 0 \\ 0 & 0 & -k_s & -k_2 & k_{55}+k_s & k_{56}-k_1 & k_{57} & k_{58} \\ 0 & 0 & k_2 & k_\theta - k'_\theta & k_{56}-k_1 & k_{66}+k_\theta & k_{67} & k_{68} \\ 0 & 0 & 0 & 0 & k_{57} & k_{67} & k_{77} & k_{78} \\ 0 & 0 & 0 & 0 & k_{58} & k_{68} & k_{78} & k_{88} \end{bmatrix} \tag{4.52}$$

$$
\tilde{K}_y = \begin{bmatrix}
k_{11} & -k_{12} & k_{13} & -k_{14} & 0 & 0 & 0 & 0 \\
-k_{12} & k_{22} & -k_{23} & k_{24} & 0 & 0 & 0 & 0 \\
k_{13} & -k_{23} & k_{33}+k_s & k_{34}+k_1 & -k_s & -k_2 & 0 & 0 \\
-k_{14} & k_{24} & k_{34}-k_1 & k_{44}+k_\theta & k_2 & k_\theta-k_\theta & 0 & 0 \\
0 & 0 & -k_s & k_2 & k_{55}+k_s & -k_{56}+k_1 & k_{57} & -k_{58} \\
0 & 0 & -k_2 & k_\theta-k'_\theta & -k_{56}+k_1 & k_{66}+k_\theta & -k_{67} & k_{68} \\
0 & 0 & 0 & 0 & k_{57} & -k_{67} & k_{77} & -k_{78} \\
0 & 0 & 0 & 0 & -k_{58} & k_{68} & -k_{78} & k_{88}
\end{bmatrix} \tag{4.53}
$$

刚度矩阵 $\tilde{K}_x$ 和 $\tilde{K}_y$ 中的元素通过下式计算：

$$
\begin{cases} k_{11}=a_{11} \\ k_{12}=a_{21} \\ k_{13}=-a_{11} \\ k_{14}=a_{21} \end{cases},\quad
\begin{cases} k_{33}=a_{12} \\ k_{34}=-a_{21} \\ k_{77}=a_{13} \\ k_{78}=-a_{23} \end{cases},\quad
\begin{cases} k_{22}=l_1a_{21}-a_{31} \\ k_{23}=-a_{21} \\ k_{24}=a_{31} \\ k_{44}=l_1a_{21}-a_{31} \end{cases},\quad
\begin{cases} k_{55}=a_{12} \\ k_{56}=a_{22} \\ k_{66}=l_2a_{22}-a_{32} \\ k_{88}=l_2a_{22}-a_{32} \end{cases} \tag{4.54}
$$

这里，

$$
\begin{cases}
a_{1i}=\dfrac{12EI}{l_i^3} \\[2mm]
a_{2i}=\dfrac{1}{2}l_ia_{1i}, \quad i=1,2 \\[2mm]
a_{3i}=\dfrac{1}{6}l_i^2a_{1i}
\end{cases} \tag{4.55}
$$

阻尼矩阵 $\tilde{C}$ 通过下式计算：

$$
\tilde{C}=\alpha\tilde{M}+\beta\tilde{K} \tag{4.56}
$$

此外，有

$$
\tilde{G}=\omega\tilde{J}=\omega\begin{bmatrix} 0 & \tilde{J}_1 \\ -\tilde{J}_1^{\mathrm{T}} & 0 \end{bmatrix},\quad J_1=\mathrm{diag}\left(0,J_{p1},0,J_{p2},0,J_{p3},0,J_{p4}\right) \tag{4.57}
$$

$$
\tilde{q}=\left[x_1,\theta_{y1},x_2,\theta_{y2},x_3,\theta_{y3},x_4,\theta_{y4},y_1,\theta_{x1},y_2,\theta_{x2},y_3,\theta_{x3},y_4,\theta_{x4}\right]^{\mathrm{T}} \tag{4.58}
$$

$\tilde{Q}_{\mathrm{u}}$、$\tilde{Q}_{\mathrm{b}}$ 和 $\tilde{Q}_{\mathrm{g}}$ 分别为不平衡力向量、轴承力向量和重力向量，具体为

$$
\begin{aligned}
\tilde{Q}_{\mathrm{u}}=\big[&0,0,m_2\tilde{e}_1\omega^2\cos(\omega t),0,m_3\tilde{e}_2\omega^2\cos(\omega t),0,0,0, \\
&0,0,m_2\tilde{e}_1\omega^2\sin(\omega t),0,m_3\tilde{e}_2\omega^2\sin(\omega t),0,0,0\big]^{\mathrm{T}}
\end{aligned} \tag{4.59}
$$

$$\tilde{\boldsymbol{Q}}_b = \left[f_{x1}^b, 0,0,0,0,0, f_{x4}^b, 0, f_{y1}^b, 0,0,0,0,0, f_{y4}^b, 0 \right]^T \tag{4.60}$$

$$\tilde{\boldsymbol{Q}}_g = \left[0,0,0,0,0,0,0,0, m_1 g, 0, m_2 g, 0, m_3 g, 0, m_4 g, 0 \right]^T \tag{4.61}$$

为消除螺栓连接的影响，定义螺栓连接结构第一阶段和第二阶段弯曲刚度相同且足够大：$k_{\theta1} = k_{\theta2} = 8 \times 10^6 \, \text{N·m/rad}$，切向刚度 $k_s = 2 \times 10^9 \, \text{N/m}$。此外，由于文献[19]中给出的转子系统模型为刚性体模型，而本章建模方法考虑了转轴的材料属性，为使两者结果能良好匹配，将转轴长度定义为 50mm，其他系统参数如表 4.2 所示。

表 4.2　螺栓连接转子-轴承系统结构参数和材料参数

参数	取值	参数	取值
集中质量点 1 质量 m_1	2kg	瑞利阻尼系数 α	2
集中质量点 2 质量 m_2	4kg	瑞利阻尼系数 β	2×10^{-7}
集中质量点 3 质量 m_3	4kg	盘 1 偏心距 e_1	0.01mm
集中质量点 4 质量 m_4	2kg	盘 2 偏心距 e_2	0.01mm
盘 1 极转动惯量 J_{p2}	$0.2091 \times 10^{-2} \text{kg·m}^2$	轴承外径 R	63.9mm
盘 1 直径转动惯量 J_{d2}	$0.4182 \times 10^{-2} \text{kg·m}^2$	轴承内径 r	40.1mm
盘 2 极转动惯量 J_{p3}	$0.2091 \times 10^{-2} \text{kg·m}^2$	轴承游隙 γ	10 μm
盘 2 直径转动惯量 J_{d3}	$0.4182 \times 10^{-2} \text{kg·m}^2$	滚动体数量 N_b	8
密度 ρ	7800kg/m³	轴承接触刚度 k_b	$13.34 \times 10^9 \text{N/m}^{3/2}$

设置振动中的周期为 $2\pi/\Omega$，积分步长为 $(2\pi/\Omega)/512$，通常表示为 $2\pi/\Omega/512$，计算得到转速 $\Omega = 300\text{r/min}$ 下盘 1 的水平方向和竖直方向时域响应，并与文献[19]中给出的结果对比，如图 4.11 所示，可以看出时域波形有很好的一致性。由于文献[19]中只给出了低转速下的系统响应，图 4.11 所示结果的一致性可以说明引入的轴承力是正确的，但这里仅对比了单一转速下的系统响应，无法充分证明所建立的螺栓连接转子模型的准确性，还需要进一步验证。

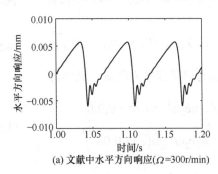
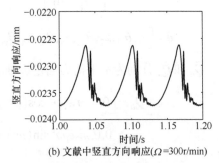

(a) 文献中水平方向响应($\Omega=300\text{r/min}$)　　　　　(b) 文献中竖直方向响应($\Omega=300\text{r/min}$)

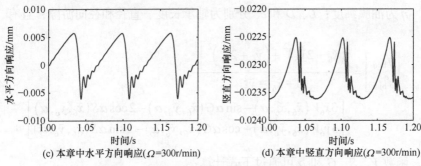

(c) 本章中水平方向响应(Ω=300r/min)　　　　(d) 本章中竖直方向响应(Ω=300r/min)

图 4.11　文献[19]中结果与本章计算结果对比

2) 油膜力作用下多盘转子系统响应对比

为了进一步验证 4.2 节给出的螺栓连接转子-轴承系统建模方法的合理性，本节将对比图 4.12 所示转子系统在多转速下的稳态响应与文献[15]中给出的结果。该转子系统右侧通过轴承支承，油膜力作用于集中质量点 6，系统左侧由线性弹簧-阻尼模型模拟，其中刚度 $k_{bx} = k_{by} = 2×10^8$N/m，阻尼 $c_{bx} = c_{by} = 2×10^3$N·s/m。将图 4.12 所示转子系统中盘 2 和盘 3 组成的螺栓连接结构替换成一个刚性盘，即为文献[15]中的转子系统模型。

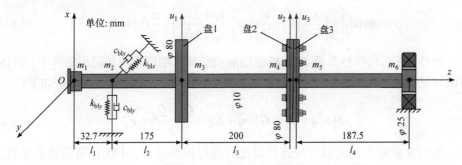

图 4.12　含有螺栓-盘连接结构的多盘转子-轴承系统

此外，由图 4.7 可以看出，将集中质量点 2 和集中质量点 6 处的滚动轴承分别替换为线性弹簧-阻尼模型和油膜力模型，即为图 4.12 所示转子系统，因此，将式(4.44)中无量纲轴承力向量 $\tilde{\boldsymbol{Q}}_b$ 替换成如下非线性油膜力向量：

$$\boldsymbol{F}_b = \left[0,0,0,0,0,0,0,0,0,0,F_{bx6},0,0,0,0,0,0,0,0,0,0,0,F_{by6},0\right]^T \tag{4.62}$$

即可得到表征图 4.12 所示转子系统的动力学模型，非线性油膜力(F_{bx6} 和 F_{by6})通过 Capone 模型计算[21]：

$$\begin{bmatrix} F_{bx6} \\ F_{by6} \end{bmatrix} = \eta\omega\frac{D}{2}L\left(\frac{D}{2c_Y}\right)^2\left(\frac{L}{D}\right)^2\begin{bmatrix} f_{bx6} \\ f_{by6} \end{bmatrix} \tag{4.63}$$

式中，η 为油膜黏度；L、D 和 c_{Y} 分别为轴承长度、直径和径向游隙；且有

$$
\begin{bmatrix} f_{\mathrm{bx6}} \\ f_{\mathrm{by6}} \end{bmatrix} = \frac{\left[\left(\tilde{x}_6 - 2\dot{\tilde{y}}_6\right)^2 + \left(\tilde{y}_6 + 2\dot{\tilde{x}}_6\right)^2 \right]^{\frac{1}{2}}}{1 - \tilde{x}_6^2 - \tilde{y}_6^2}
$$
$$
\times \begin{bmatrix} 3\tilde{x}_6 V\left(\tilde{x}_6, \tilde{x}_6, \alpha\right) - \sin\alpha\, G\left(\tilde{x}_6, \tilde{y}_6, \alpha\right) - 2\cos\alpha\, S\left(\tilde{x}_6, \tilde{y}_6, \alpha\right) \\ 3\tilde{y}_6 V\left(\tilde{x}_6, \tilde{y}_6, \alpha\right) + \cos\alpha\, G\left(\tilde{x}_6, \tilde{y}_6, \alpha\right) - 2\sin\alpha\, S\left(\tilde{x}_6, \tilde{y}_6, \alpha\right) \end{bmatrix} \tag{4.64}
$$

这里，函数 V、S、G 和 α 可通过下式计算：

$$
V\left(\tilde{x}_6, \tilde{y}_6, \alpha\right) = \frac{2 + \left(\tilde{y}_6\cos\alpha - \tilde{x}_6\sin\alpha\right) G\left(\tilde{x}_6, \tilde{y}_6, \alpha\right)}{1 - \tilde{x}_6^2 - \tilde{y}_6^2} \tag{4.65}
$$

$$
S\left(\tilde{x}_6, \tilde{y}_6, \alpha\right) = \frac{\tilde{x}_6\cos\alpha + \tilde{y}_6\sin\alpha}{1 - \left(\tilde{x}_6\cos\alpha + \tilde{y}_6\sin\alpha\right)^2} \tag{4.66}
$$

$$
G\left(\tilde{x}_6, \tilde{y}_6, \alpha\right) = \frac{2}{\left(1 - \tilde{x}_6^2 - \tilde{y}_6^2\right)^{1/2}} \frac{\pi}{2} + \arctan\left[\frac{\tilde{y}_6\cos\alpha - \tilde{x}_6\sin\alpha}{\left(1 - \tilde{x}_6^2 - \tilde{y}_6^2\right)^{1/2}} \right] \tag{4.67}
$$

$$
\alpha = \arctan\left(\frac{\tilde{y}_5 + 2\dot{\tilde{x}}_5}{\tilde{x}_5 - 2\dot{\tilde{y}}_5} \right) - \frac{\pi}{2}\mathrm{sign}\left(\frac{\tilde{y}_5 + 2\dot{\tilde{x}}_5}{\tilde{x}_5 - 2\dot{\tilde{y}}_5} \right) - \frac{\pi}{2}\mathrm{sign}\left(\tilde{y}_5 + 2\dot{\tilde{x}}_5 \right) \tag{4.68}
$$

此外，还需将线性弹簧-阻尼模型添加到系统总刚度矩阵和阻尼矩阵中，具体方法详见文献[15]。那么，最终得到的图 4.12 所示转子系统无量纲模型如下：

$$
M\omega^2\ddot{\tilde{q}} + (C + G)\omega\dot{\tilde{q}} + \hat{K}\tilde{q} = \frac{\tilde{Q}_{\mathrm{e}} - Q_{\mathrm{g}}}{c} + F_{\mathrm{b}} \tag{4.69}
$$

为与文献给出的时域响应进行对比并进行模型验证，采用相同的轴承参数，系统质量和刚度等也尽可能选取与文献[15]相同的参数值，具体参数如表 4.3 所示。此外，定义螺栓连接结构第一阶段和第二阶段的弯曲刚度为 $k_{\theta 1} = k_{\theta 2} = 8\times10^6\,\mathrm{N\cdot m/rad}$，切向刚度 $k_s = 2\times10^{15}\,\mathrm{N/m}$，定义数值积分步长为 $2\pi/\Omega/512$，忽略每个转速下的前 50 个周期的数值求解结果以保证所得结果为稳定解，得到系统在转速 $\Omega \in \{2800, 4400, 6000\}$ r/min 下竖直方向的响应并与文献[15]中的结果对比，如图 4.13 所示。

由图 4.13 可以看出，本节建立的螺栓连接转子系统模型所得时域响应与文献[15]中不包含螺栓连接结构的转子系统响应具有良好的一致性，在转速 $\Omega =$ 6000r/min 下的时域波形存在细微的差别，这是由于连接转子引入的连接刚度与完整转子之间存在的刚度差异，尽管如此，所得结果仍能说明建模方法的合理性和

提出的螺栓连接单元的有效性。此外需要强调的是,在 4.2.2 节的数值模拟案例中,由于转速较低,不能完全验证建模方法和推导出的螺栓连接单元,但可以证明轴承力的计算是正确的。在本节数值案例中,通过将含螺栓连接结构的转子系统多个转速下的稳态响应与其他文献中不含螺栓连接结构的转子系统响应进行比较,可实现建模方法和连接单元有效性的验证。

表 4.3　螺栓-盘转子系统结构参数和材料参数

参数	取值	参数	取值
集中质量点 1 质量 m_1	0.0439kg	盘 1 偏心 u_1	1.1838×10^{-4}kg·m
集中质量点 2 质量 m_2	0.02343kg	盘 2 偏心 u_2	0.5919×10^{-4}kg·m
集中质量点 3 质量 m_3	0.5919kg	盘 3 偏心 u_3	0.5919×10^{-4}kg·m
质量点 4、5 质量 m_4、m_5	0.2959kg	盘 1 偏心相位	0
集中质量点 6 质量 m_6	0.09633kg	盘 2、3 偏心相位	0
质量点 1 极转动惯量 J_{p1}	2.957×10^{-6}kg·m²	左端支承刚度 k_{blx}	2×10^8N/m
质量点 1 直径转动惯量 J_{d1}	3.196×10^{-6}kg·m²	左端支承刚度 k_{bly}	2×10^8N/m
质量点 2 极转动惯量 J_{p2}	0.2929×10^{-6}kg·m²	左端支承阻尼 c_{blx}	2×10^8N·s/m
质量点 2 直径转动惯量 J_{d2}	2.966×10^{-6}kg·m²	左端支承阻尼 c_{bly}	2×10^8N·s/m
盘 1 极转动惯量 J_{p3}	0.2091×10^{-2}kg·m²	油膜黏度 η	0.04Pa·s
盘 1 直径转动惯量 J_{d3}	0.4182×10^{-2}kg·m²	轴承长度 L	10mm
盘 2、3 极转动惯量 J_{p4}、J_{p5}	2.368×10^{-4}kg·m²	轴承直径 D	25mm
盘 2、3 直径转动惯量 J_{d4}、J_{d5}	1.239×10^{-4}kg·m²	径向游隙 c_Y	0.3mm
质量点 6 极转动惯量 J_{p6}	0.2929×10^{-6}kg·m²	瑞利阻尼系数 α	3.5345
质量点 6 直径转动惯量 J_{d6}	2.966×10^{-6}kg·m²	瑞利阻尼系数 β	1.1314×10^{-4}

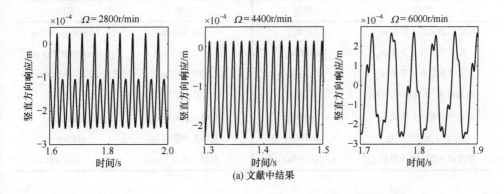

(a) 文献中结果

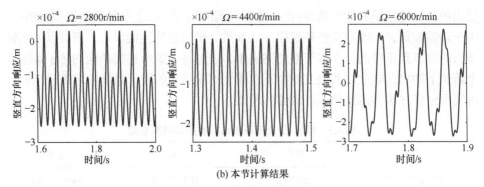

(b) 本节计算结果

图 4.13　文献[15]中结果与本节计算结果对比

4.3　运动方程求解与结果分析

本节将基于 4.2 节所建立的螺栓-盘连接转子系统动力学模型，研究其运动方程求解方法，并根据 4.2 节仿真结果获得的弯曲刚度值，研究 f_p 和 r_h 两个参数对转子系统动力学特性的影响。

4.3.1　螺栓连接转子动力学特性分析

为研究图 4.7 所示螺栓连接转子系统的动力学特性，采用 Newmark-β 法求解系统动力学方程(4.44)，系统参数如表 4.4 所示。数值积分时间步长为 $2\pi/\Omega/512$，求解并提取盘 2 水平方向稳态响应，计算中忽略每个转速下前 50 个周期的瞬态响应以确保所得结果为系统稳态响应。定义螺栓连接结构第一阶段和第二阶段的弯曲刚度为 $k_{\theta 1}=2\times10^8\text{N·m/rad}$、 $k_{\theta 2}=2\times10^6\text{N·m/rad}$，切向刚度 $k_s=2\times10^{11}\text{N/m}$，刚度拐点 $\Phi_0=1\times10^{-7}$。得到在转速范围 $[2700,11100]\,\text{r/min}$ 内系统水平方向的分岔图如图 4.14 所示。

表 4.4　螺栓-盘转子系统结构参数

参数	取值	参数	取值
集中质量点 1 质量 m_1	0.878kg	盘 1 偏心 u_1	$1.3838\times10^{-3}\text{kg·m}$
集中质量点 2 质量 m_2	0.4686kg	盘 2 偏心 u_2	$0.5919\times10^{-4}\text{kg·m}$
集中质量点 3 质量 m_3	13.838kg	盘 3 偏心 u_3	$0.5919\times10^{-4}\text{kg·m}$
质量点 4、5 质量 m_4、m_5	5.919kg	偏心相位	0
集中质量点 6 质量 m_6	1.9266kg	左端支承阻尼 c_{blx}	100N·s/m
质量点 1 极动惯量 J_{p1}	$5.914\times10^{-5}\text{kg·m}^2$	左端支承阻尼 c_{bly}	100N·s/m
质量点 1 直径转动惯量 J_{d1}	$6.392\times10^{-5}\text{kg·m}^2$	右端支承阻尼 c_{brx}	100N·s/m

参数	取值	参数	取值
质量点 2 极转动惯量 J_{p2}	$5.858\times10^{-5}\mathrm{kg\cdot m^2}$	右端支承阻尼 c_{bry}	$100\mathrm{N\cdot s/m}$
质量点 2 直径转动惯量 J_{d2}	$5.932\times10^{-5}\mathrm{kg\cdot m^2}$	瑞利阻尼系数 α	-6.4459
盘 1 极转动惯量 J_{p3}	$0.0115\mathrm{kg\cdot m^2}$	瑞利阻尼系数 β	7.0354×10^{-4}
盘 1 直径转动惯量 J_{d3}	$0.0057\mathrm{kg\cdot m^2}$	轴承外径 R	$63.9\mathrm{mm}$
盘 2、3 极转动惯量 J_{p4}、J_{p5}	$0.0047\mathrm{kg\cdot m^2}$	轴承内径 r	$40.1\mathrm{mm}$
盘 2、3 直径转动惯量 J_{d4}、J_{d5}	$0.0025\mathrm{kg\cdot m^2}$	轴承游隙 c_Y	$10\ \mu\mathrm{m}$
质量点 6 极转动惯量 J_{p6}	$1.5052\times10^{-4}\mathrm{kg\cdot m^2}$	滚动体数量 N_b	8
质量点 6 直径转动惯量 J_{d6}	$1.756\times10^{-4}\mathrm{kg\cdot m^2}$	轴承接触刚度 k_b	$13.34\times10^{9}\mathrm{N/m^{3/2}}$

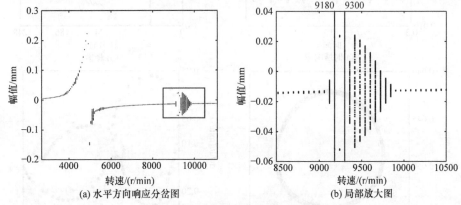

(a) 水平方向响应分岔图　　　　　　　　(b) 局部放大图

图 4.14　系统水平方向响应分岔图

由图 4.14(a)可以看出，随着转速升高系统呈现出复杂的运动状态变化，由图 4.14(b)可以看出，当转速升高至 9180r/min 时，系统运动状态为周期 2 运动，发生倍周期分岔，系统呈现周期 2 运动的转速范围为[9180, 9300] r/min。

为了说明转子系统的混沌路径，绘制一定转速下的时域响应图、频谱图、轴心轨迹图和 Poincare 截面图，如图 4.15～图 4.20 所示。由图 4.15 可以看出，当转速 $\Omega = 3000$r/min 时，转频 f_r 及其倍频 $2f_r$ 为主要频率成分，此时 Poincare 截面图中的点形成一个闭环，转子运动轨迹呈规律的圆形，系统运动状态为拟周期运动。随着转速升高至 5160r/min，图 4.16(d)所示 Poincare 截面图中的闭环破裂，其中的点呈无规则杂乱分布状态，说明此时的系统运动状态为混沌运动，此外轴承作用增强导致频谱(图 4.16(b))中出现转频 f_r、转频的倍频 $2f_r$、VC 频率 f_{VC} 以及上述频率成分的组合频率，尽管图 4.16(c)所示轴心轨迹呈圆形，但当前转速下转轴在一定范围内无规则运动。转速继续提高至 5880r/min 时，图 4.17(d)所示 Poincare 截面图中的点再次形成一个闭环，转频 f_r、倍频 $2f_r$ 及 $3f_r$ 为主要频率成分，此时系统运动状态由混沌运动进入拟周期运动。当转速升高至 8400r/min 时，系统频率成分主要包括转频 f_r、转频的倍频、VC 频率 f_{VC} 以及上述频率成分的组合频率，尽管轴心轨迹呈规则的圆形，但由于 Poincare 截面图中的点呈无规则的杂乱分布状态，此时系统的运动状态为混沌运动。

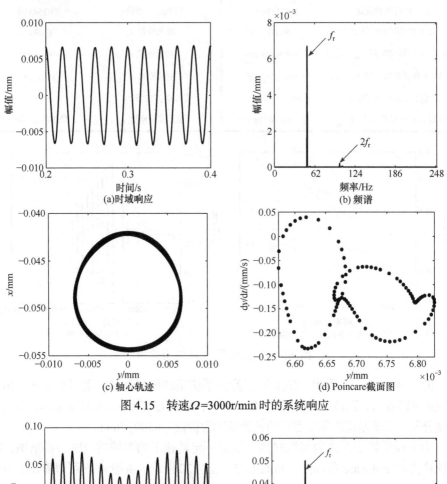

图 4.15　转速 Ω=3000r/min 时的系统响应

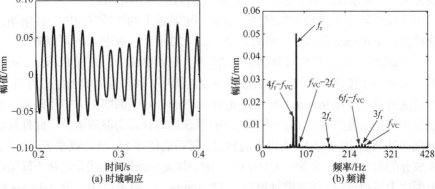

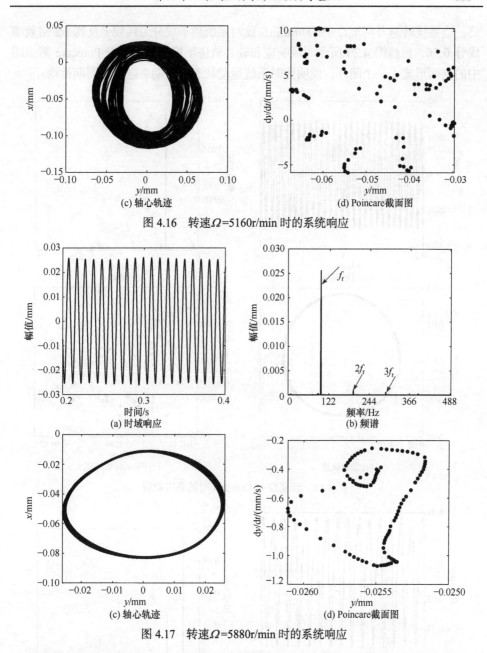

(c) 轴心轨迹　　　　　(d) Poincare 截面图

图 4.16　转速 Ω=5160r/min 时的系统响应

(a) 时域响应　　　　　(b) 频谱

(c) 轴心轨迹　　　　　(d) Poincare 截面图

图 4.17　转速 Ω=5880r/min 时的系统响应

图 4.19 为转子系统在 Ω=9180r/min 下的系统响应。由图可以看出，频谱中出现了转频 f_r、转频的倍频以及 1/2 倍转频频率成分 $0.5f_r$，此时 Poincare 截面图中出现两个独立的点；此外图 4.14(b) 所示分岔图的局部放大图中与当前转速对应的位置也出现了两个独立的点；上述现象说明此时系统由混沌运动状态进入周期 2 运动。最

终，当系统转速升高至 $\Omega = 9180\text{r/min}$，此时系统频率成分为转频 f_r 及其 1/2 倍频率成分 $0.5f_r$，虽然图 4.20 所示时域响应和轴心轨迹不规则，但由于 Poincare 截面图中的点而形成了一个闭环，说明此时系统运动状态由周期 2 进入拟周期运动。

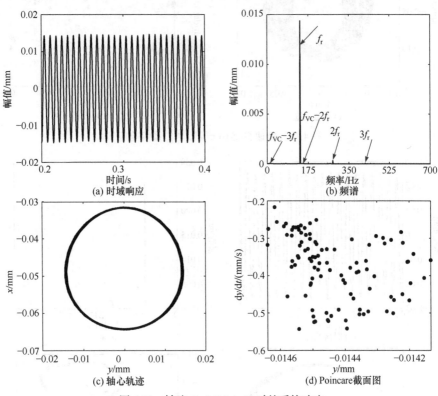

图 4.18　转速 Ω=8400r/min 时的系统响应

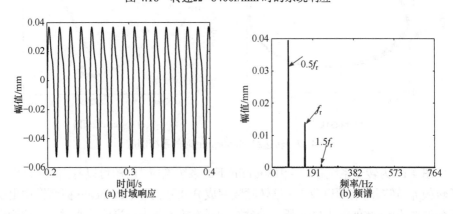

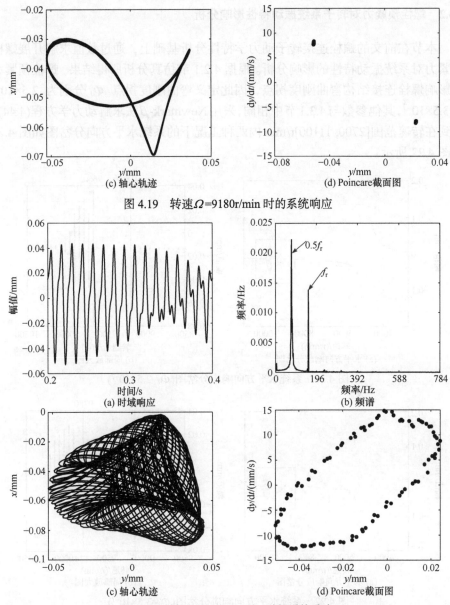

(c) 轴心轨迹　　　　　　　(d) Poincare 截面图

图 4.19　转速 Ω=9180r/min 时的系统响应

(a) 时域响应　　　　　　　(b) 频谱

(c) 轴心轨迹　　　　　　　(d) Poincare 截面图

图 4.20　转速 Ω= 9420r/min 时的系统响应

　　综上所述，图 4.7 所示螺栓连接转子系统在转速范围[2700, 11100]r/min 内的运动状态演化规律呈间歇性混沌运动[19]，同时还有周期 2 运动出现。具体演化过程为拟周期运动—混沌运动—拟周期运动—混沌运动—周期 2 运动—拟周期运动。本节分析所得结果有助于后文对比分析螺栓预紧力和螺孔到盘心距离对转子系统运动状态的影响规律。

4.3.2　螺栓预紧力对转子系统振动特性影响分析

本节在前文的螺栓连接转子动力学特性分析基础上，通过数值求解开展螺栓预紧力对系统振动特性的影响分析。根据 4.2.1 节仿真分析所得结果，螺栓预紧力仅影响螺栓连接结构弯曲刚度拐点，因此定义弯曲刚度拐点 Φ_0 分别为 $2.5×10^{-7}$ 和 $3.5×10^{-7}$，其他参数与 4.3.1 节中相同，采用 Newmark-β 法求解动力学方程(4.44)，得到在转速范围 $[2700, 11100]$r/min 内两种工况下的系统水平方向分岔图如图 4.21 和图 4.22 所示。

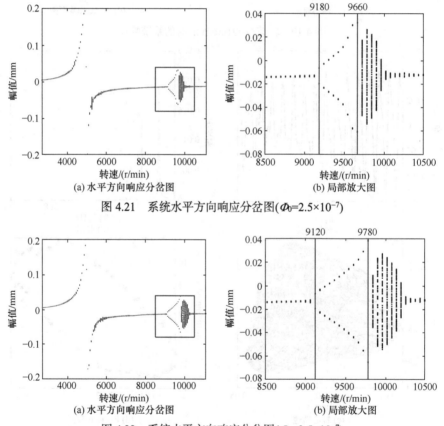

(a) 水平方向响应分岔图　　　　　　　(b) 局部放大图

图 4.21　系统水平方向响应分岔图($\Phi_0=2.5×10^{-7}$)

(a) 水平方向响应分岔图　　　　　　　(b) 局部放大图

图 4.22　系统水平方向响应分岔图($\Phi_0=3.5×10^{-7}$)

由图 4.14、图 4.21 和图 4.22 对比可以看出，螺栓连接结构弯曲刚度拐点的变化对转子系统的混沌路径没有明显影响，但系统发生倍周期分岔的转速发生了明显改变。如图 4.14 所示，系统在转速 9180r/min 时进入周期 2 运动状态，且整个周期 2 运动状态对应的转速范围为 $[9180, 9300]$r/min。而通过图 4.21 和图 4.22 可以看出，随着弯曲刚度拐点 Φ_0 的增大(即螺栓预紧力增加)，系统进入周期 2 运动的转速降低。由图可知，当 $\Phi_0= 2.5\times10^{-7}$ 时，系统在转速 9180r/min 时进入周期 2 运动状态，而当 Φ_0 增大至 3.5×10^{-7} 时，系统进入周期 2 运动的转速为 9120r/min。此外，当 $\Phi_0= 2.5\times10^{-7}$ 时，系统周期 2 运动状态转速范围为[9180, 9660]r/min，而当弯曲刚度拐点增大至 $\Phi_0= 3.5\times10^{-7}$ 时，系统周期 2 运动状态转速范围为[9120, 9780]r/min。由此可以看出，螺栓连接结构弯曲刚度拐点增大不仅会导致系统发生倍周期分岔的转速降低，还会使倍周期运动的转速范围变大，相应地会导致系统由倍周期运动进入拟周期运动的转速提高。为分析发生上述现象的原因，绘制转速范围[2700, 11100]r/min、时间范围[0.10, 0.16]s 内的螺栓连接结构弯曲刚度如图 4.23 所示。

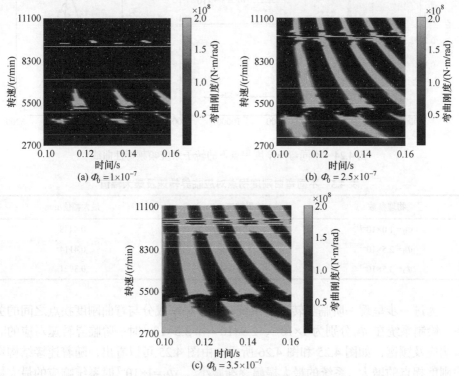

图 4.23　不同弯曲刚度拐点下的连接结构弯曲刚度

由图 4.23 可以看出，随着弯曲刚度拐点变大，弯曲刚度值也变大，这样的特性可以由式(4.23)～式(4.25)证明。弯曲刚度的变化引起了转子系统运动状态的改变，由此可以看出弯曲刚度变大导致转子系统发生倍周期分岔的转速降低、倍周期运动的转速范围变大，由倍周期运动进入拟周期运动的转速提高。

为了进一步分析螺栓连接结构弯曲刚度拐点对系统响应的影响，绘制 Φ_0 分别为 1.0×10^{-7}、2.5×10^{-7} 和 3.5×10^{-7} 时转子系统的幅频特性曲线，如图 4.24 所示。由图可以看出，系统幅频特性曲线随着弯曲刚度拐点的增加出现右移趋势，同时最大幅值也随之降低，为清晰呈现该变化，提取三种弯曲刚度拐点作用下的系统一阶临界转速及最大幅值列于表 4.5。由表可以看出，$\Phi_0 = 1.0×10^{-7}$ 时系统一阶临界转速为 4956r/min，Φ_0 为 $2.5×10^{-7}$ 时系统一阶临界转速升高至 4986r/min，Φ_0 最终增大至 $3.5×10^{-7}$ 时系统一阶临界转速升高至 5004r/min，即随着连接结构弯曲刚度拐点的增大，系统一阶临界转速逐渐升高，产生上述现象是由于弯曲刚度拐点变大导致连接结构弯曲刚度变大。

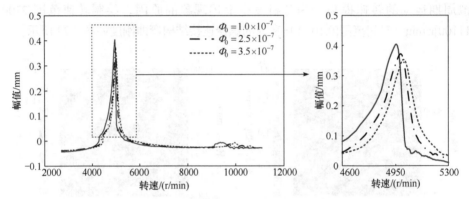

图 4.24　不同弯曲刚度拐点下的转子系统幅频特性曲线

表 4.5　不同弯曲刚度拐点对应临界转速及最大幅值

物理参数	临界转速/(r/min)	最大幅值/mm
$\Phi_0 = 1.0×10^{-7}$	4956	0.4448
$\Phi_0 = 2.5×10^{-7}$	4986	0.4114
$\Phi_0 = 3.5×10^{-7}$	5004	0.3921

为进一步呈现一阶临界转速下系统响应和频率成分与弯曲刚度拐点之间的关系，绘制系统在 Φ_0 分别为 $1×10^{-7}$、$2.5×10^{-7}$ 和 $3.5×10^{-7}$ 时一阶临界转速对应的时域响应及频谱，如图 4.25 和图 4.26 所示。由图 4.25 可以看出，随着连接结构弯曲刚度拐点的增大，系统的最大振幅逐渐减小，$\Phi_0 = 1×10^{-7}$ 时系统响应的最大幅值为 0.4448mm，Φ_0 增大至 $3.5×10^{-7}$ 时系统响应的最大幅值降至 0.3921mm，上述变化即为表 4.5 所示临界转速对应最大幅值的变化。此外，随着弯曲刚度拐点的增大，一阶临界转速对应的系统时域响应振动范围(时域响应的最大值和最小值之差)也随之减小，该现象是由弯曲刚度拐点增加导致的连接结构弯曲刚度变大引起的。由图 4.26 可以看出，弯曲刚度拐点改变会导致连接结构弯曲刚度变化，但频谱中的频率成分没有明显改变。

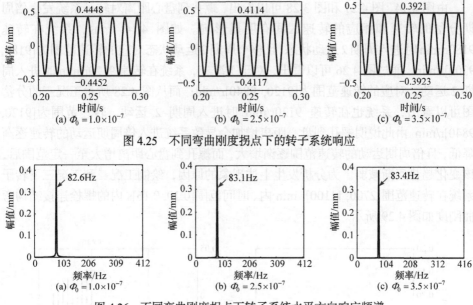

图 4.25　不同弯曲刚度拐点下的转子系统响应

图 4.26　不同弯曲刚度拐点下转子系统水平方向响应频谱

4.3.3　螺孔到盘心距离对转子系统振动特性影响分析

本节根据 4.2.1 节中仿真分析得到的螺孔到盘心距离对螺栓连接结构弯曲刚度的影响规律，并基于前文建立的螺栓连接转子动力学模型，采用 Newmark-β法，研究螺孔到盘心距离对转子系统动力学特性的影响规律。根据 4.2.1 节仿真分析结果，螺孔到盘心距离增加会导致螺栓连接结构弯曲刚度拐点和第二阶段弯曲刚度增大，而第一阶段弯曲刚度没有明显变化，本节定义三组工况开展研究，具体如表 4.6 所示，转子系统其他参数如表 4.4 所示。

表 4.6　三组工况螺栓连接结构弯曲刚度参数

工况	第一阶段弯曲刚度 $k_{\theta 1}$/(N·m/rad)	第二阶段弯曲刚度 $k_{\theta 2}$/N·m	弯曲刚度拐点 $\varPhi_0$/(°)
工况一	2×10^8	2×10^6	1.0×10^{-7}
工况二	2×10^8	11×10^6	2.5×10^{-7}
工况三	2×10^8	20×10^6	3.5×10^{-7}

通过对比上述三种工况下转子系统在转速范围[2700, 11100]r/min 内的分岔图可以发现螺孔到盘心距离对转子系统动力学特性的影响，工况一对应的系统分岔图如图 4.13 所示，采用 Newmark-β法求解动力学方程(4.44)，得到工况二和工况三两种工况下系统水平方向响应分岔图如图 4.27 和图 4.28 所示。

由图 4.14、图 4.27 和图 3.28 可以看出，螺孔到盘心距离对转子系统发生倍周期分岔的转速和相应的转速区间有明显影响。如图 4.14 所示，系统在转速9180r/min 时进入周期 2 运动状态，且整个周期 2 运动状态对应的转速范围为[9180, 9300]r/min。通过图 4.26 可以看出，对于工况二，系统在转速 9120r/min 时进入周期 2 运动，对应的转速范围为[9120, 9840]r/min；而从图 4.28 所示工况三的分岔图可以看出，系统也在转速 9120r/min 时进入周期 2 运动，转速范围为[9120, 9840]r/min。由此说明螺孔到盘心距离增加会导致系统进入倍周期运动的转速逐渐降低，且倍周期运动的转速范围逐渐增大，而螺孔到盘心距离增大至一定范围后，该变化趋势逐渐减弱。为分析发生上述现象的原因，绘制工况二和工况三下转子系统在转速范围[2700, 11100]r/min 内、时间范围[0.10, 0.16]s 内的螺栓连接结构弯曲刚度如图 4.29 所示。

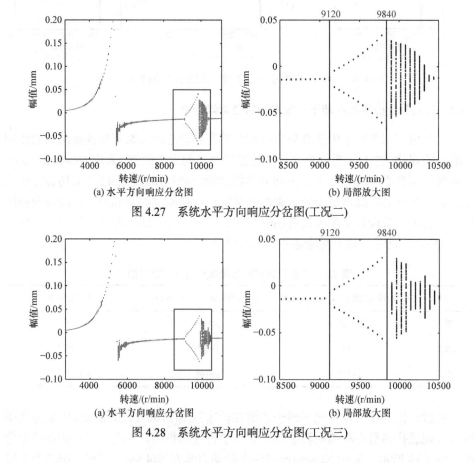

(a) 水平方向响应分岔图　　　　　　(b) 局部放大图

图 4.27　系统水平方向响应分岔图(工况二)

(a) 水平方向响应分岔图　　　　　　(b) 局部放大图

图 4.28　系统水平方向响应分岔图(工况三)

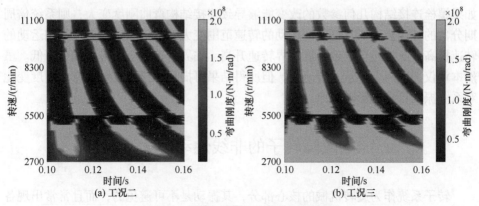

图 4.29　不同工况下连接结构弯曲刚度

工况一对应的螺栓连接结构弯曲刚度如图 4.23(a)所示，与图 4.27 和图 4.28 对比可知螺孔到盘心距离的增加会导致螺栓连接结构弯曲刚度增大，从而导致系统进入倍周期运动的转速逐渐降低，相应的转速范围变大。三种工况下的幅频特性曲线如图 4.30 所示，由图可以看出螺孔到盘心距离的增大导致系统二阶临界转速右移，这是由螺栓连接结构弯曲刚度增大导致的，此外也可以观察到一阶临界转速随着螺孔到盘心距离增大发生了明显的右移，相比于图 4.24 所示螺栓预紧力对系统一阶临界转速的影响可知，由于圆盘中心距离的增加导致连接结构弯曲刚度增大相比于仅改变螺栓预紧力更明显，进而导致系统一阶临界转速也发生了更明显的变化。此外，螺孔到盘心距离的增加导致一阶临界转速对应的幅值也呈降低趋势。

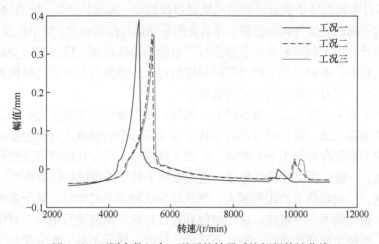

图 4.30　不同参数组合工况下的转子系统幅频特性曲线

需要说明的是，由本节研究结果可知，螺栓连接结构弯曲刚度增大会导致系统临界转速右移，即导致系统固有频率增加[22]。结合 4.3.2 节的研究结果可知，如果螺栓连接结构几何参数的改变能够导致连接结构弯曲刚度变大，则系统倍周期分岔的转速会降低、倍周期运动的转速范围变大，由倍周期进入拟周期运动的转速提高，此外还会导致系统临界转速升高、临界转速对应的最大幅值降低。虽然本章仅选取两个参数开展研究，但所得结果可揭示螺栓连接结构弯曲刚度变化对系统振动特性的影响规律。

4.4 故障转子的非线性动力学特征

转子系统作为旋转机械的核心部分，其振动是不可避免的，而且常常出现各种不同形式的振动故障，一旦出现故障，轻则影响其正常工作，重则造成严重破坏性事故。研究由各种因素引起的转子系统振动现象和机理可以为故障诊断和控制提供理论依据。本节首先针对转子不对中和碰摩两种故障进行简单介绍，并分析它们的非线性动力学特征；然后介绍了几种典型故障模型，揭示系统在特定参数下的系统响应；最后针对考虑不平衡与轴承故障的转子系统，分析它们的非线性动力学响应特征。

4.4.1 不对中和碰摩转子系统振动特征

不对中故障主要包括平行不对中、角度不对中和综合不对中[23]。在工程实际中，旋转机械的不对中故障是非常普遍的，60%的转子系统故障都是由不对中引起的。不对中状态转子的运动能引起机械过度振动、轴承的磨损、轴的挠曲变形、转子与定子间的碰摩等再生故障，对系统的平稳运行危害极大。对于航空发动机，尽管从设计、加工到装配各环节都进行严格的同心度控制，但在实际安装调试乃至使用过程中，不对中现象仍会不同程度地存在，成为引起发动机整机振动故障的关键因素。不对中故障的主要特征如下：

转子不对中会首先改变轴承的支承载荷，使得轴承的油膜压力也随之变化，进而导致油膜失稳。谐波响应不对中转子振动信号中的倍频成分是主要特征，在系统响应中不仅存在与不平衡响应一致的工频成分，还存在倍频以及组合频率的振动分量，一般认为此二倍频分量是这类故障下转子系统的特征频率[24]，且不对中越严重，二倍频所占的比例越大。当故障为联轴器不对中时，转子系统轴向振动较大，振动频率为一倍频，振动幅值和相位稳定；当故障为轴承不对中时，频率响应可能会出现高次谐波，振动不稳定。同时，转子不对中也会使时域曲线类似正弦曲线，轴心轨迹为香蕉状或 8 字形。

碰摩是指转定子间的碰撞与摩擦，间隙过小是导致碰摩发生的直接原因，其他故障如不平衡、不对中、转轴裂纹、转轴弯曲、装配不当等也会引发碰摩[25]。探究转子碰摩发生的振动特征，特别是早期碰摩特征，并检测出这些特征，对于转子避免碰摩故障及继发性故障的发生具有重要意义。转子碰摩引起的异常振动主要特征如下：

转子发生碰摩故障时，振动的时域波形发生畸变，由正常振动的正弦波变为削波，所谓削波现象是指振动的时域信号的游峰被削去一部分[26]。这是由于在基频信号上叠加了不同频率的高频信号，所以碰摩而产生的振动信号具有丰富的频谱特征，包括二倍频、三倍频、四倍频和五倍频等高频成分，以及二分之一倍频和四分之一倍频等低频成分，同时具有倍周期分岔、准周期运动、混沌运动等复杂非线性现象。发生碰摩时，转子系统轴心轨迹也会出现较为紊乱的椭圆形、8字形以及花瓣形。

4.4.2　转子系统不对中和碰摩模型

转子系统不对中和碰摩模型分别为不对中转子-轴承系统、碰摩转子-轴承系统。

1. 不对中转子-轴承系统

不对中故障发生在两个相互连接的转子之间，由两个转子的轴线不在一条水平线上导致，是转子系统的主要故障之一，主要分为两种：平行不对中和角度不对中。图 4.31 为不对中示意图，ΔL 是两个联轴器的安装距离，δ 和 $\Delta\alpha$ 分别是两个联轴器的平行不对中量和不对中角度，m_p 是圆盘的等效质量。

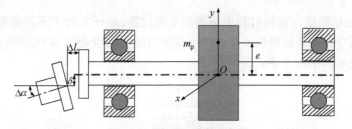

图 4.31　转子不对中示意图

转子-轴承系统不对中故障的动力学方程为

$$\begin{cases} m\ddot{x} + c\dot{x} + k_1 x + k_3 x^3 = m_p e\omega^2 \sin(\omega t) + F_{xc} \\ m\ddot{y} + c\dot{y} + k_1 y + k_3 y^3 = m_p e\omega^2 \cos(\omega t) + F_{yc} + mg \end{cases} \tag{4.70}$$

式中，F_{xc} 和 F_{yc} 是不对中处对转子-轴承系统施加的激振力，其表达式为

$$\begin{cases} F_{xc} = 2m_c(\delta + \Delta L \times \tan\Delta\alpha)\omega^2 \sin(\omega t) \\ F_{yc} = 2m_c(\delta + \Delta L \times \tan\Delta\alpha)\omega^2 \cos(\omega t) \end{cases} \tag{4.71}$$

这里，m_c 为联轴器的质量。

令该不对中转子-轴承系统的参数为 $m_\mathrm{c} = 5\mathrm{kg}$ ，$\delta = 0.2\mathrm{mm}$ ，$\Delta L = 0.2\mathrm{mm}$ ，$\Delta\alpha = 0.1\mathrm{rad}$ ，其他系统参数与本章前面的不平衡轴承-转子系统相同。该参数下系统的时域响应和频域响应如图 4.32 所示。

由图 4.32 可知，不对中轴承-转子系统的时域响应为正弦曲线；当转子转速为 256rad/s 时，频谱图中存在明显的二倍频分量，由于上述参数下转子系统不对中故障较为严重，故二倍频幅值远远高于基频幅值。该响应特征符合转子系统不对中故障特征。

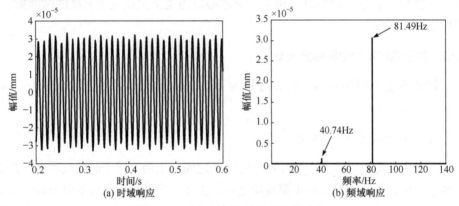

(a) 时域响应　　　　　　　　　　　(b) 频域响应

图 4.32　不对中轴承-转子系统的响应

2. 碰摩转子-轴承系统

转子-轴承系统在运转过程中偏离其平衡位置，定子与转子不正常接触而产生摩擦，从而导致碰摩故障的发生。带有碰摩故障的轴承-转子系统如图 4.33 所示，其中，D 表示转子和定子之间的间隙。

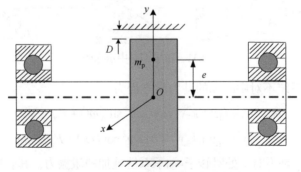

图 4.33　轴承-转子系统碰摩示意图

图 4.33 所示的转子-轴承系统动力学方程为

$$\begin{cases} m\ddot{x} + c\dot{x} + k_1 x + k_3 x^3 = m_p e\omega^2 \sin(\omega t) + P_x \\ m\ddot{y} + c\dot{y} + k_1 y + k_3 y^3 = m_p e\omega^2 \cos(\omega t) + P_y + mg \end{cases} \tag{4.72}$$

式中，P_x 和 P_y 为转子和定子碰摩处对转子-轴承系统施加的激振力，其表达式为

$$\begin{cases} P_x = -k_r \left(1 - D / r_{max}\right)\left(x - \mu \times y\right) \\ P_y = -k_r \left(1 - D / r_{max}\right)\left(\mu \times x + y\right) \end{cases} \tag{4.73}$$

这里，k_r 为定子的摩擦刚度系数；μ 为转子和定子之间的摩擦系数；r_{max} 为盘的最大振动幅值。

令该碰摩状态下的转子-轴承系统参数为 $D = 0.1\text{mm}$、$k_r = 10^5 \text{N/m}$，其他系统参数与本节不对中转子-轴承系统相同，系统的时域响应和频域响应如图 4.34 所示。

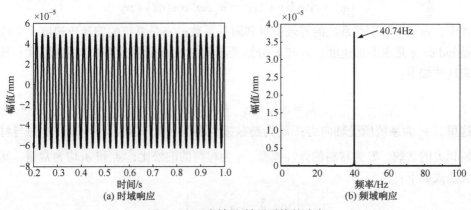

(a) 时域响应　　　　　　　　(b) 频域响应

图 4.34　碰摩轴承-转子系统的响应

4.4.3　考虑不平衡与轴承故障的转子系统建模与分析

本节研究系统主要包括不平衡转子-轴承系统与轴承故障转子系统。

1. 不平衡转子-轴承系统

不平衡故障是转子系统典型故障之一，产生原因有曲轴、开键槽等转子结构不对称，转子材质不均匀，零部件变形、位移等，以及转子长期工作导致零部件磨损、积垢和破损等。工程应用中转子系统都存在不同程度的不平衡故障，为研究不平衡故障参数(偏心距)对转子轴承系统的影响，建立了转子-轴承系统简化动力学模型，用不平衡盘水平放置，并由两个具有相同参数的对称滚动轴承支承，如图 4.35 所示。图中，m_p 为圆盘的等效质量；e 为该转子系统的偏心距，是不平衡轴承-转子系统的故障参数。

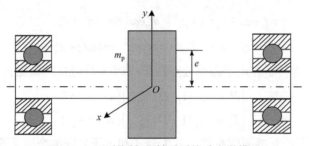

图 4.35　不平衡转子-轴承系统动力学模型

假设系统的振动变形小于轴承的预紧载荷,该不平衡转子-轴承系统的动力学方程为

$$\begin{cases} m\ddot{x} + c\dot{x} + k_1 x + k_3 x^3 = m_\mathrm{p} e\omega^2 \sin(\omega t) \\ m\ddot{y} + c\dot{y} + k_1 y + k_3 y^3 = m_\mathrm{p} e\omega^2 \cos(\omega t) + mg \end{cases} \tag{4.74}$$

式中,m 和 c 分别是系统的等效质量和阻尼系数;ω 是系统的旋转角速度,单位是 rad/s;g 是重力加速度;k_1 和 k_3 分别是滚动轴承的线性刚度和非线性刚度,其表达式如下:

$$k_1 = A_1 k_\mathrm{b}^{\frac{2}{3}} F_\mathrm{a}^{\frac{1}{3}}, \quad k_3 = A_3 k_\mathrm{b}^2 F_\mathrm{a}^{-1} \tag{4.75}$$

这里,F_a 为系统所受轴向力;k_b 为赫兹接触刚度,$k_\mathrm{b} = BE/(1-v^2)$,$B$ 为与材料相关的常数,E 为材料的弹性模型,v 为材料的泊松比;A_1 和 A_3 均为常量,其表达式如下:

$$\begin{cases} A_1 = \dfrac{3}{4} \times N_\mathrm{b}^{\frac{2}{3}} \cos\alpha_0^{-\frac{1}{3}} \\ A_3 = -\dfrac{3}{128} \times N_\mathrm{b}^2 \cos\alpha_0 \end{cases} \tag{4.76}$$

这里,N_b 为轴承中的滚珠数;α_0 为轴承的初始接触角。

为分析方程,设定系统的如下参数:$m = 20\mathrm{kg}$,$c = 600\mathrm{N \cdot s/m}$,$e = 0.1\mathrm{mm}$,$k_1 = 5.77 \times 10^5 \mathrm{N/m}$,$\omega = 256\mathrm{rad/s}$,$k_3 = 2 \times 10^{13} \mathrm{N/m}$,$m_\mathrm{p} = 7\mathrm{kg}$。在该系统参数下,系统水平方向上的时域响应和频域响应如图 4.36 所示。

2. 轴承故障转子系统

对于图 4.35 所示转子-轴承系统,轴承故障可分为两类:一类是磨损或裂纹故障,另一类是轴向力超过额定载荷的故障。这两种故障的发生,都会导致温度变化,即导致接触刚度 k_b 改变。但是,它们对于温度的敏感性存在差异。

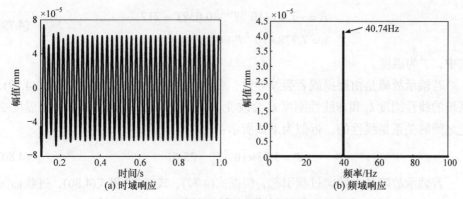

图 4.36 不平衡轴承-转子系统水平方向上的响应

将故障轴承模型考虑成图 2.8 所示系统，其中线性刚度 k_1、非线性刚度 k_3 与赫兹接触刚度 k_b、滚珠数 N_b、轴向力 F_a 和初始接触角 α_0 有关，它们的关系如式 (4.77)~式 (4.80) 所示[27]。其中，轴向力 F_a 和接触角 α_0 的示意图如图 4.37 所示。

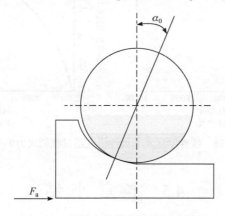

图 4.37 受轴向载荷的角接触球轴承

$$k_1 = A_1' k_b^{\frac{2}{3}}, \quad k_3 = A_3' k_b^2 \tag{4.77}$$

式 (4.77) 中，A_1' 和 A_3' 如下：

$$\begin{cases} A_1' = \dfrac{3}{4} \times N_b^{\frac{2}{3}} \cos \alpha_0^{-\frac{1}{3}} \times F_a^{\frac{1}{3}} \\ A_3' = -\dfrac{3}{128} \times N_b^2 \cos \alpha_0 \times F_a^{-1} \end{cases} \tag{4.78}$$

钢的弹性模量对温度的变化十分敏感，温度每升高 100℃，弹性模量的值降低 3%~5%。根据文献[28]，弹性模量、泊松比与温度之间的关系如下：

$$E = -7.66 \times 10^{-5} T^2 - 0.032T + 212$$
$$v = 7.778 \times 10^{-5} T + 0.28 \tag{4.79}$$

式中，T 为温度。

若轴承故障是由磨损或者裂纹导致，或者温度变化，根据式(4.77)和式(4.79)，系统的线性刚度 k_1 和非线性刚度 k_3 会改变。根据文献[29]所述，轴向力与温度变化之间的关系是线性的，近似为下式所示：

$$T = 3.33 \times 10^{-2} F_a + 25.61 \tag{4.80}$$

若轴承故障是由轴向过载引起，根据式(4.77)、式(4.79)和式(4.80)，过载轴向力改变会导致线性刚度 k_1 和非线性刚度 k_3 的变化，如图 4.38 所示。

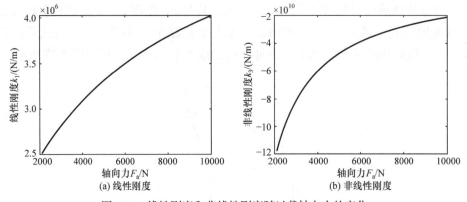

图 4.38　线性刚度和非线性刚度随过载轴向力的变化

4.5　本章小结

本章一方面开展螺栓连接转子动力学模型建模及振动特性分析，为后面基于 NARX 模型的螺栓连接转子系统建模提供基础，研究螺栓连接转子的振动特性及螺栓连接结构参数对系统响应的影响，建立的模型可用于后面的数值算例。基于传统物理模型建模方法，提出一种 8 自由度螺栓连接单元模拟螺栓连接结构，建立了带有螺栓连接结构的多盘转子-轴承系统动力学模型，与现有文献结果的对比验证了建立模型的准确性。为研究螺栓连接结构参数对转子系统动力学特性的影响规律，选取螺栓预紧力和螺栓到盘心的距离作为研究参数，基于有限元仿真分析得出上述参数对螺栓连接结构弯曲刚度的影响规律，并以此为基础选取适当的弯曲刚度参数模拟螺栓预紧力和螺栓到盘心的距离的变化，进而研究上述两种参数对转子系统动力学特性的影响。通过对比分岔图、时域响应和频谱揭示螺栓预紧力和螺栓到盘心的距离对转子系统动力学特性的影响规律。主要结论如下：

(1) 螺栓-盘连接结构受弯矩作用时，相对转角与弯矩的关系呈现出分段线性特性，连接结构弯曲刚度的拐点与预紧力和螺栓孔到圆盘中心的距离呈正相关，这两个参数对第一阶段弯曲刚度没有明显影响。此外，第二阶段的弯曲刚度与预紧力没有明显相关性，而螺栓孔到圆盘中心距离的增加会导致第二阶段弯曲刚度明显增加。

(2) 弯曲刚度拐点增大会导致连接结构弯曲刚度变大，进而使系统发生倍周期分岔的转速降低、倍周期运动的转速范围变大，系统由倍周期运动进入拟周期运动的转速也随之提高。此外，弯曲刚度拐点的增大会导致连接结构弯曲刚度变大，进而导致一阶临界转速升高，且临界转速对应的最大幅值随着弯曲刚度拐点的增大而逐渐减小；系统二阶临界转速随着弯曲刚度拐点的增大出现明显的右移趋势；连接结构弯曲刚度拐点的增加导致系统响应的振动范围也相应减小。

(3) 螺孔到圆盘中心距离的增加会导致系统进入倍周期运动的转速逐渐降低，转速范围也随之变大，系统一阶临界转速和二阶临界转速均呈变大趋势。此外，一阶临界转速对应的幅值也随着螺孔到圆盘中心距离的增加而降低。

另一方面，针对转子不对中和碰摩两种系统故障特征进行简单介绍，并建立它们的非线性动力学机理模型，同时揭示了几种故障系统在特定参数下的系统响应。最后针对考虑不平衡与轴承故障的转子系统，分析它们的非线性动力学响应特征，可知不对中轴承-转子系统的时域响应为正弦曲线且频谱图中存在明显的二倍频分量。

参 考 文 献

[1] Brake M R W. The Mechanics of Jointed Structures[M]. Houston: Springer International Publishing, 2018.

[2] Tang Q S, Li C F, She H X, et al. Nonlinear response analysis of bolted joined cylindrical-cylindrical shell with general boundary condition[J]. Journal of Sound and Vibration, 2019, 443: 788-803.

[3] Tang Q S, Li C F, She H X, et al. Modeling and dynamic analysis of bolted joined cylindrical shell[J]. Nonlinear Dynamics, 2018, 93(4): 1953-1975.

[4] Qin Z Y, Yang Z B, Zu J, et al. Free vibration analysis of rotating cylindrical shells coupled with moderately thick annular plates[J]. International Journal of Mechanical Sciences, 2018, 142: 127-139.

[5] Hong J, Chen X Q, Wang Y F, et al. Optimization of dynamics of non-continuous rotor based on model of rotor stiffness[J]. Mechanical Systems and Signal Processing, 2019, 131: 166-182.

[6] Liu S G, Ma Y H, Zhang D Y, et al. Studies on dynamic characteristics of the joint in the aero-engine rotor system[J]. Mechanical Systems & Signal Processing, 2012, 29: 120-136.

[7] Qin Z Y, Han Q K, Chu F L. Analytical model of bolted disk-drum joints and its application to dynamic analysis of jointed rotor[J]. Proceedings of the Institution of Mechanical Engineers, Part

C: Journal of Mechanical Engineering Science, 2014, 228(4): 646-663.

[8] Qin Z Y, Han Q K, Chu F L. Bolt loosening at rotating joint interface and its influence on rotor dynamics[J]. Engineering Failure Analysis, 2016, 59: 456-466.

[9] She H X, Li C F, Tang Q S, et al. The investigation of the coupled vibration in a flexible-disk blades system considering the influence of shaft bending vibration[J]. Mechanical Systems and Signal Processing, 2018, 111: 545-569.

[10] Fei Z X, Tong S G, Wei C. Investigation of the dynamic characteristics of a dual rotor system and its start-up simulation based on finite element method[J]. Journal of Zhejiang University: Science A, 2013, 14(4): 268-280.

[11] Briend Y, Dakel M, Chatelet E, et al. Effect of multi-frequency parametric excitations on the dynamics of on-board rotor-bearing systems[J]. Mechanism and Machine Theory, 2020, 145: 103660.

[12] Han, Q K, Chu F L. Parametric instability of flexible rotor-bearing system under time-periodic base angular motions[J]. Applied Mathematical Modelling, 2015, 39(15): 4511-4522.

[13] Hu L, Liu Y B, Zhao L, et al. Nonlinear dynamic behaviors of circumferential rod fastening rotor under unbalanced pre-tightening force[J]. Archive of Applied Mechanics, 2016, 86(9): 1621-1631.

[14] Luo Z, Li Y Q, Li L, et al. Nonlinear dynamic properties of the rotor-bearing system involving bolted disk-disk joint[J]. Proceedings of the Institution of Mechanical Engineers, Part C: Journal of Mechanical Engineering Science, 2020, 203-210: 1989-1996.

[15] Ma H, Li H, Niu H Q, et al. Numerical and experimental analysis of the first-and second-mode instability in a rotor-bearing system[J]. Archive of Applied Mechanics, 2014, 84(4): 519-541.

[16] Ma H, Li H, Zhao X Y, et al. Effects of eccentric phase difference between two discs on oil-film instability in a rotor-bearing system[J]. Mechanical Systems and Signal Processing, 2013, 41(1-2): 526-545.

[17] Tai X Y, Ma H, Liu F H, et al. Stability and steady-state response analysis of a single rub-impact rotor system[J]. Archive of Applied Mechanics, 2015, 85(1): 133-148.

[18] 钟一谔. 转子动力学[M]. 北京: 清华大学出版社, 1987.

[19] Chen G. Study on nonlinear dynamic response of an unbalanced rotor supported on ball bearing[J]. Journal of Vibration and Acoustics, 2009, 131(6): 06100.

[20] Chen G, Qu M J. Modeling and analysis of fit clearance between rolling bearing outer ring and housing[J]. Journal of Sound and Vibration, 2019, 438: 419-440.

[21] Wang L K, Wang A L, Jin M, et al. Nonlinear effects of induced unbalance in the rod fastening rotor-bearing system considering nonlinear contact[J]. Archive of Applied Mechanics, 2020, 90(5): 917-943.

[22] 曹军义, 刘清华, 洪军. 螺栓连接微观摩擦到宏观动力学研究综述[J]. 中国机械工程, 32(11): 1261-1273.

[23] 侯兰兰. 非线性故障转子系统动力学仿真和实验研究[D]. 北京: 华北电力大学, 2015.

[24] 李明. 平行不对中转子系统的非线性动力学行为[J]. 机械强度, 2005, 27(5): 580-585.

[25] 刘长利, 姚红良, 张晓伟. 碰摩转子轴承系统非线性振动特征的实验研究[J]. 东北大学学

报(自然科学版), 2003, 24(10): 970-973.

[26] 吕延军, 李旗, 张志禹. 转子-机匣系统的碰摩振动响应[J]. 润滑与密封, 2005, (1): 76-78.

[27] 马莹. 基于 NARX 模型的非线性系统建模及频域分析方法研究[D]. 沈阳: 东北大学, 2019.

[28] 李晓滨, 丁桦, 唐正友. GCr15 轴承钢连铸过程中热物性参数的研究[J]. 材料与冶金学报, 2010, 9(4): 241-244.

[29] 梁群. 角接触球轴承的热特性分析[D]. 青岛: 青岛理工大学, 2015.

第 5 章　非线性转子系统 NARX 模型辨识方法

5.1　引　言

转子系统动力学分析离不开合理的动力学模型，模型精度取决于对转子动力学影响因素的充分考虑，以及对实际转子系统基本规律的全面把握[1]。通过机理建模方式建立复杂转子系统模型需要考虑转动惯量、陀螺力矩和载荷等多种模型参数，且通常为了简化物理参数之间的关系要提出相关的假设。对于复杂转子系统，随着考虑参数与假设条件的增多，建模复杂程度变大的同时，通过机理建模方法构建的模型将无法反映转子系统的真实动力学特性。而采用系统辨识方法建立转子系统数据驱动模型，表征转子系统动力学特性的过程无需考虑多种建模参数，不用经过复杂耗时的计算，只需根据输入输出数据建立能够表征转子系统动力学特性的映射关系[2]。采用系统辨识方法建立的转子系统数据驱动模型能够应用于分析、设计、预测等多种环境，为解决复杂转子系统动力学建模问题提供了一条有效途径。现有利用 NARX 模型表征研究对象动力学特性的研究大部分是以随机信号作为系统激励，在采集系统输入输出信号后建立系统模型，因为随机信号包含不同的幅值和频率特性[3]。但实际转子系统并不能产生随机信号，需要通过丰富的谐波信号来满足 NARX 模型所包含的幅值和频率信息[4]。

本章介绍非线性转子系统 NARX 模型的时域、频域两种辨识方法，图 5.1 为

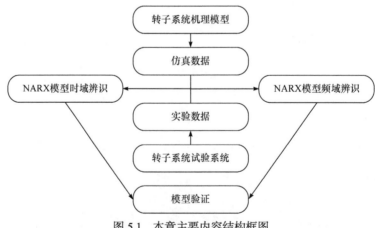

图 5.1　本章主要内容结构框图

本章的主要内容结构。时域辨识方法的研究思路中，首先通过拉格朗日法建立转子系统仿真模型，得到系统多谐波输入输出时域信号，然后利用时域多谐波信号建立 NARX 模型并进行模型验证，通过分析模型验证结果研究该建模方法的适用条件，最后通过实验数据建立转子系统 NARX 模型，证明方法的可行性与有效性。频域辨识方法的研究思路中，首先基于第 4 章建立的螺栓连接转子系统模型验证所提出方法在复杂转子系统建模问题中的有效性，然后通过转子实验台的实测数据进一步验证所提出的建模方法。所提出的方法既能作为现有 NARX 模型辨识方法的补充，也能够丰富转子系统的动力学建模方法，为转子系统的响应预测与设计提供一种快速有效的建模方法。

5.2　非线性转子系统 NARX 模型的时域辨识方法

传统 NARX 建模过程中，一般选用随机信号作为系统输入，因为其包含不同的幅值与频率特性。利用这一特性，在系统先验信息未知的情况下，可以通过 NARX 模型描述系统的不同特性。本节中基于谐波拼接的思想，借助升速旋转过程中产生的多谐波信号建立 NARX 模型来表征转子系统[5,6]。

5.2.1　非线性不平衡转子系统的 NARX 模型

考虑滚动轴承非线性赫兹接触力对转子系统的影响，将水平放置带有不平衡量的单转子系统进行简化，即认为转子刚性对称，且由两个相同的深沟球轴承支承[7]。转子系统简化动力学模型及滚动轴承运动示意图如图 5.2 所示。图 5.2(a)中以转子质心为坐标原点 O_1，以转轴切向竖直方向为 y 轴方向，以转轴切向水平方向为 x 轴方向；图 5.2(b)中以轴承圆心为坐标原点 O_2，以轴承切向竖直方向为 y 轴方向，以轴承切向水平方向为 x 轴方向。

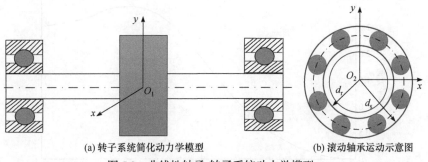

(a) 转子系统简化动力学模型　　　　　　　(b) 滚动轴承运动示意图

图 5.2　非线性轴承-转子系统动力学模型

根据拉格朗日方程，图 5.2(a)所示转子-轴承系统动力学微分方程为

$$\begin{cases} m\ddot{x} + c\dot{x} + F_x = m_{\mathrm{p}}e\omega^2 \sin(\omega t) \\ m\ddot{y} + c\dot{y} + F_y = m_{\mathrm{p}}e\omega^2 \cos(\omega t) + F' \end{cases} \tag{5.1}$$

式中，m 为转子及轴承内圈的质量；c 为轴承的阻尼系数；F' 为转子所受的径向外力之和；ω 为转子旋转的速度；m_{p} 为转盘偏心质量；e 为转子不平衡质量离心距；F_x、F_y 分别为轴承在 x、y 方向的支承反力，其具体表达式如下[8]：

$$\begin{cases} F_x = k_{\mathrm{b}} \sum_{j=1}^{N_{\mathrm{b}}} \left(x\cos\theta_j + y\sin\theta_j - c_{\mathrm{Y}} \right)^{1.5} \sin\theta_j \\ F_y = k_{\mathrm{b}} \sum_{j=1}^{N_{\mathrm{b}}} \left(x\cos\theta_j + y\sin\theta_j - c_{\mathrm{Y}} \right)^{1.5} \cos\theta_j \end{cases} \tag{5.2}$$

这里，N_{b} 为轴承中滚动体的个数；k_{b} 为滚动体与滚道的接触变形系数，称为接触刚度；c_{Y} 为轴承径向游隙；$x\cos\theta_j + y\sin\theta_j - c_{\mathrm{Y}}$ 为第 j 个滚动体与滚道的接触变形量，记为 δ_j，根据安装方式不同，$x\cos\theta_j + y\sin\theta_j$ 与 c_{Y} 之间的符号可为加号或者减号；θ_j 为第 j 个滚动体的位置角，其具体表达式为

$$\theta_j = \frac{2\pi}{N_{\mathrm{b}}}(j-1) + \frac{d_{\mathrm{r}}}{d_{\mathrm{r}} + d_{\mathrm{s}}}\omega t \tag{5.3}$$

这里，d 为滚道直径，下标 r、s 分别表示轴承内圈和轴承外圈。

令图 5.2 所示转子系统的系统参数为 $m = 1\mathrm{kg}$，$c = 200\,\mathrm{N\cdot s/m}$，$d_{\mathrm{r}} = 18.783\mathrm{mm}$，$d_{\mathrm{s}} = 28.262\mathrm{mm}$，$N_{\mathrm{b}} = 9$，$e = 2\,\mathrm{mm}$，$k_{\mathrm{b}} = 7.055\times10^5\,\mathrm{N/m}$，$c_{\mathrm{Y}} = 3\times10^{-4}\,\mathrm{m}$。

对该转子系统水平方向振动响应进行扫频仿真，得到的幅频特性曲线如图 5.3 所示。由图可知，该系统的一阶临界转速为 320rad/s。

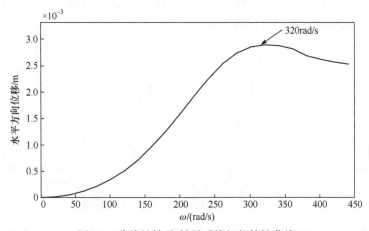

图 5.3　非线性轴承-转子系统幅频特性曲线

　　分别计算低转速($\omega=100\text{rad/s}$)、临界转速($\omega=320\text{rad/s}$)及高转速($\omega=400$ rad/s)三种工况下该转子系统的时域、频域响应,结果如图 5.4～图 5.6 所示。由图可知,由于轴承非线性力的影响,在频域上一次谐波和二次谐波成分是系统的重要谐波组成成分。因此,对于该系统,建立的 NARX 模型非线性阶次应至少为二阶,以下建立二阶非线性 NARX 模型。

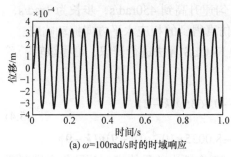
(a) $\omega=100\text{rad/s}$ 时的时域响应

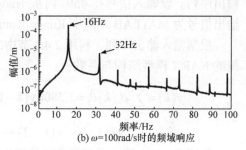
(b) $\omega=100\text{rad/s}$ 时的频域响应

图 5.4　低转速下轴承-转子系统响应

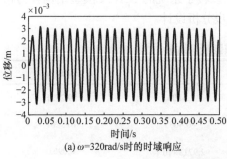
(a) $\omega=320\text{rad/s}$ 时的时域响应

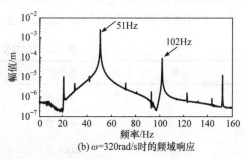
(b) $\omega=320\text{rad/s}$ 时的频域响应

图 5.5　临界转速下轴承-转子系统响应

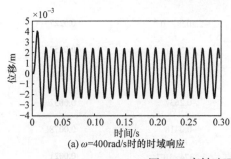
(a) $\omega=400\text{rad/s}$ 时的时域响应

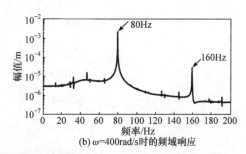
(b) $\omega=400\text{rad/s}$ 时的频域响应

图 5.6　高转速下轴承-转子系统响应

　　在传统 NARX 模型建模过程中,系统输入信号通常为随机输入,因为随机输入信号包含不同的幅值和频率特性,当系统的先验信息不足时,通过用随机信号来激励,可得到系统不同运行状态下的动态特性[9]。然而,在工程实际中,由于转子系统的特点，无法用随机信号来激励系统，为了解决上述问题，本章采用升速过程中的多谐波信号作为系统输入。

利用 NARX 模型对图 5.2 所示的转子系统进行建模。由其动力学方程(5.1)可知，系统在水平方向受到不平衡力 $me\omega^2\sin(\omega t)$ 的作用，考虑不平衡力的作用，将升速谐波信号 $\sin(\omega t)$ 作为输入序列，将不平衡盘的水平方向振动位移响应作为输出序列。设输入信号在 450s 内从 1rad/s 匀速升高到 450rad/s，步长为 1rad/s，输出信号为 MATLAB 环境中 Runge-Kutta 仿真得到的相应水平方向振动响应。

根据输入输出序列，利用 2.4.2 节中的 FROLS 算法进行辨识，可得该转子系统的 NARX 模型结构与系数：

$$y(k)=\sum_{i=1}^{15}\beta_i(k)\tilde{\theta}_i=1.5806y(k-1)-0.4635y(k-2)$$
$$+2.9713\times10^{-4}u(k-2)+\cdots-8.0035\times10^{-4}u(k-9)u(k-9) \tag{5.4}$$

利用 FROLS 算法进行模型项的筛选，15 个选出的具体模型项及每个模型项对应的系数值、ERR 值如表 5.1 所示。可知该转子系统的 NARX 模型结构较为精简，可用该 NARX 模型结构对系统做进一步分析设计。

表 5.1　NARX 模型辨识结果

步骤	模型项	系数	ERR/%
1	$y(k-1)$	1.5806	89.2521
2	$y(k-2)$	-0.4635	10.3201
3	$u(k-2)$	2.9713×10^{-4}	0.0963
4	$y(k-6)$	0.0931	0.0349
5	$u(k-7)$	-2.2028×10^{-4}	0.0227
6	$u(k-1)$	-3.7278×10^{-4}	0.0158
7	$y(k-1)y(k-5)$	-5.3027	0.0119
8	$y(k-3)$	-0.2637	0.0052
9	$y(k-9)$	-0.0418	0.0078
10	$u(k-3)$	3.2374×10^{-4}	0.0021
11	$u(k-9)$	1.8632×10^{-4}	0.0023
12	$y(k-2)u(k-1)$	-0.0091	0.0008
13	$y(k-5)u(k-7)$	0.0301	0.0009

续表

步骤	模型项	系数	ERR/%
14	$u(k-8)$	-1.7955×10^{-4}	0.0004
15	$u(k-9)u(k-9)$	-8.0035×10^{-4}	0.0004
总计	—	—	99.7728

由式(2.65)可知，误差阈值 ρ 的选取对于辨识结果至关重要，FROLS 算法在迭代过程中的终止条件是模型输出与实际输出之间的差值达到误差阈值，阈值选取过小，会使得最终辨识的 NARX 模型包含模型项过多，从而导致模型过拟合；阈值选取过大，会使得 NARX 模型包含的模型项过少，从而导致模型欠拟合。过拟合和欠拟合问题在系统辨识中应极力避免，过拟合使得模型结构只在某些极其特殊的条件下适用，模型不具有泛化性，无法反映系统的真实特性；欠拟合使得模型结构缺省，辨识结构会丢失重要信息，同样无法反映真实的系统[10]。综上所述，在利用 FROLS 算法辨识得到 NARX 模型结构后，需要进一步对 NARX 模型做模型验证分析，保证辨识模型的精确性及泛化性。

目前，2.4.3 节中的 MPO 和 OSA 是两种常用的 NARX 模型验证方法，在不同系统中有不同的适用性[11]。为了得知表 5.1 所示 NARX 模型在不同转速范围内的鲁棒性，对于该 NARX 模型，分别选取低转速($\omega=100\mathrm{rad/s}$)、临界转速($\omega=320\mathrm{rad/s}$)和高转速($\omega=500\mathrm{rad/s}$)三种工况，在时域和频域上进行模型验证，并进行 MPO 和 OSA 两种验证方法的对比讨论，结果如图 5.7～图 5.9 所示。其中，图(a)、(c)为时域上 NARX 模型输出与仿真输出的对比，图(b)、(d)为频域上 NARX 模型频率与仿真频率的对比。

可见，用 OSA 方法对 NARX 模型(5.4)进行验证时，在三种情况(低转速、临界转速、高转速)下，NARX 模型输出和实际输出在时域和频域上拟合得都较好。但在 MPO 方法下，NARX 模型输出和实际输出之间的误差较大。因此可知，对于非线性轴承-转子系统，采用 MPO 方法需要更严苛的符合条件，即辨识模型要更接近真实模型，进而反映系统真实特性，相比较之下，OSA 方法更容易满足但不能够反映系统真实特性。所以，为保证转子系统 NARX 模型的真实性，采用 MPO 方法进行模型验证。

此外，多谐波输入建模方法在输入频率范围较大时精度不高，在较大范围频率下，需要用更复杂的模型来拟合系统动态特性。

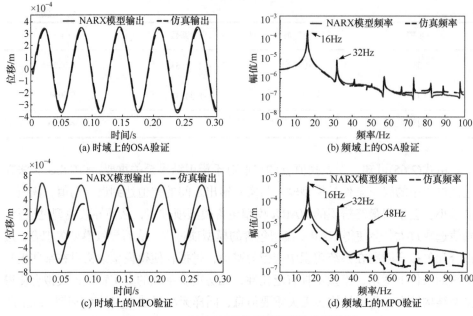

(a) 时域上的OSA验证　　　　(b) 频域上的OSA验证

(c) 时域上的MPO验证　　　　(d) 频域上的MPO验证

图 5.7　$\omega=100\mathrm{rad/s}$ 下的时域频域输出对比图

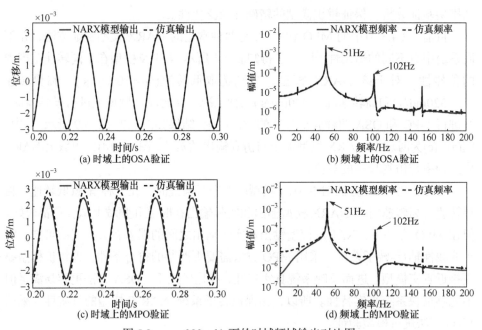

(a) 时域上的OSA验证　　　　(b) 频域上的OSA验证

(c) 时域上的MPO验证　　　　(d) 频域上的MPO验证

图 5.8　$\omega=320\mathrm{rad/s}$ 下的时域频域输出对比图

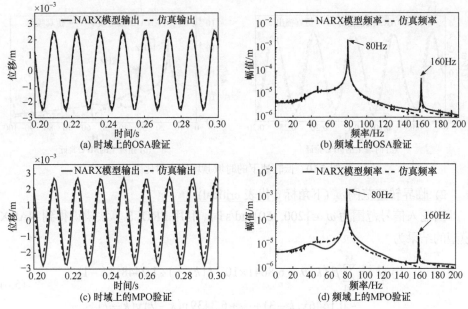

图 5.9 $\omega = 500 \mathrm{rad/s}$ 下的时域频域输出对比图

由上述分析可知，基于多谐波输入序列的 NARX 建模方法存在如下两个特点：

(1) 当输入、输出信号的频率范围较宽时，NARX 模型的预测结果容易发散。

(2) 模型验证方法应采用较为严格的 MPO 方法。

下面针对这两个特点，以较小频率范围的多谐波输入信号，对图 5.2 所示转子系统进行 NARX 建模，分别在低转速范围、临界转速范围及高转速范围三种情况下进行讨论[12]。在利用 FROLS 算法辨识得到 NARX 模型结构和系数之后，用 MPO 方法对其进行验证。具体分析如下：

1) 低转速范围 ω_1(下角标 1 代表 low)

当多谐波输入信号频率范围为 $\omega_1 \in [1,200)\mathrm{rad/s}$ 时，利用 FROLS 算法辨识得到 NARX 模型的结果为

$$y(k) = \sum_{i=1}^{15} \beta_i(k)\tilde{\theta}_i = 1.3629y(k-1) - 0.1352y(k-3)$$
$$+ 4.5869 \times 10^{-5}u(k-3) + \cdots - 8.0035 \times 10^{-4}u(k-9)u(k-9) \qquad (5.5)$$

以 $\omega = 100 \mathrm{rad/s}$ 时的谐波信号 $\sin(\omega t)$ 作为输入信号，用 MPO 方法来验证该 NARX 模型的准确性，验证结果如图 5.10 所示。对比图 5.7 和图 5.10 可以看出，低转速范围下建立的 NARX 模型，相比宽转速范围下建立的 NARX 模型精度要高，能更好地反映原始系统低转速范围下的动态特性。

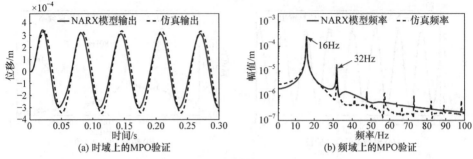

图 5.10　低转速下的时域频域输出对比图

2) 临界转速范围 ω_c（下角标 c 代表 critical）

当输入信号范围为 $\omega_c \in [200,350)\,\text{rad/s}$ 时，利用 FROLS 算法辨识得到 NARX 模型的结果为

$$y(k) = \sum_{i=1}^{15} \beta_i(k)\tilde{\theta}_i = 6.8641 \times 10^{-6} u(k-6) + 1.2448 y(k-1) \\ - 0.1446 y(k-3) + \cdots + 6.3439 y(k-7) y(k-7)$$
(5.6)

用 $\omega = 320\,\text{rad/s}$ 时的谐波信号当作输入信号，用 MPO 方法来验证模型的准确性，验证结果如图 5.11 所示。对比图 5.8 和图 5.11 可以看出，临界转速范围下建立的 NARX 模型，相比宽转速范围下建立的 NARX 模型精度要高，能更好地反映原始系统临界转速范围下的动态特性。

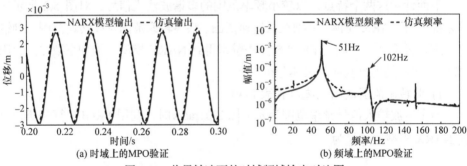

图 5.11　临界转速下的时域频域输出对比图

3) 高转速范围 ω_o（下角标 o 代表 over critical）

当输入信号范围为 $\omega_o \in [350,500]\,\text{rad/s}$ 时，利用 FROLS 算法辨识得到 NARX 模型的结果为

$$y(k) = \sum_{i=1}^{10} \beta_i(k)\tilde{\theta}_i = -2.7421 \times 10^{-5} u(k-6) + 1.3533 y(k-1) \\ + 2.3854 \times 10^{-4} u(k-3) + \cdots + 0.0190 y(k-8)$$
(5.7)

用 $\omega=500\text{rad/s}$ 时的谐波信号作为输入信号,用 MPO 验证方法来验证模型的准确性,验证结果如图 5.12 所示。对比图 5.9 和图 5.12 可以看出,高转速下建立的 NARX 模型,在时域和频域上的辨识结果,比宽转速范围建立的 NARX 模型都要精确,能更好地反映原始系统高转速范围下的动态特性。

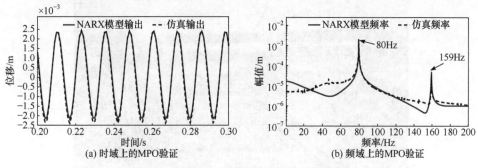

图 5.12　高转速下的时域频域输出对比图

综上所述,转子系统时域多谐波 NARX 建模方法不适用于在较大范围转速下建模的情况,在较大范围转速下需要更复杂的模型来拟合系统动态特性。在较小转速范围下,时域多谐波建模方法的建模效果较好,所以在实际工程应用问题中,可针对转子系统实际工作频率范围进行建模,模型相对简单,精度高且易于分析。

5.2.2　实验验证

采用转子实验台验证本章所述 NARX 建模方法的正确性。已知该实验台的一阶临界转速为 229rad/s,考虑到实验的安全性,在低转速条件下进行实验。考虑系统在运转过程中受到不平衡力的作用,将多谐波信号 $\sin(\omega t)$ 作为输入,相应的水平方向振动响应作为输出。为了增大不平衡激励的作用,在不平衡盘上加一个螺栓。

实验对象为如图 5.13(a)所示的转子实验台,实验仪器为电涡流位移传感器以及 LabVIEW 测试系统,测试系统由 cDAQ-9188 机箱与 NI-9229 采集卡硬件及采集软件组成,机箱及采集卡如图 5.13(b)所示。其中,电涡流位移传感器的型号为 CWY-DO-502,灵敏度为 4mV/μm。

实验步骤如下:

步骤 1　选用 1 个电涡流位移传感器,布置于转子系统不平衡盘水平方向上,用来测量振动位移;选用 1 个电涡流位移传感器,布置于联轴器位置,以测量电机转速。

步骤 2　将传感器输出线连接至测试系统机箱,把 NI-9229 采集卡两个通道分别与机箱两个输出口连接;打开测试软件 LabVIEW,设置相关的采集参数,采样频率设定为 2000Hz，完成准备工作。

步骤 3 启动电动机，完成转速从 84rad/s 到 89rad/s 连续升速时不平衡盘水平方向振动响应的测试，转速在 50s 内匀速升高，每 10s 升速 1rad。

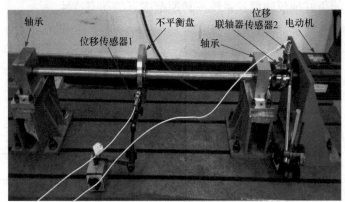

(a) 转子实验台

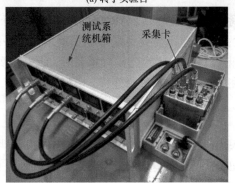

(b) 测试系统机箱和采集卡

图 5.13 试验装置图

以多谐波升速信号 $\sin(\omega t)$ 作为输入信号，输出信号为位移传感器测量的水平方向振动响应。用转速分别为 84rad/s、85rad/s、86rad/s、87rad/s 和 88rad/s 五个工况时的数据建立该转子实验台的 NARX 模型，经 2.4.2 节中 FROLS 算法辨识，得到三阶 NARX 模型如表 5.2 所示。

表 5.2 转子试验台 NARX 模型辨识结果

步骤	模型项	系数	ERR/%
1	$y(k-1)$	1.8444	99.4393
2	$y(k-2)$	−0.8595	0.5177
3	$u(k-2)u(k-2)$	0.1788	0.0027

续表

步骤	模型项	系数	ERR/%
4	$u(k-1)u(k-2)$	−0.2439	0.0017
5	$u(k-1)u(k-1)$	0.0642	0.0138
6	$y(k-2)y(k-2)$	0.6580	0.0003
7	$y(k-1)u(k-1)$	0.1268	0.0006
8	$y(k-1)y(k-2)y(k-2)$	−0.5515	0.0003
9	$u(k-2)$	−0.0243	0.0003
10	$y(k-1)y(k-2)$	−0.7159	0.0001
11	$y(k-1)u(k-2)$	−0.1019	0.0001
12	$u(k-1)$	0.0250	0.0001
13	$u(k-2)u(k-2)$	−0.0020	0.0001
14	$y(k-1)u(k-1)u(k-1)$	0.1688	0.0002
15	$y(k-2)u(k-1)u(k-2)$	−0.1482	0.0005
总计	—	—	99.9778

用 $\omega=89\text{rad/s}$ 时的谐波激励来验证模型在时域和频域上的准确性，结果如图 5.14 所示。可以看出，NARX 模型预测输出与实际测量输出在时域和频域都拟合良好，从而说明了所建转子实验台的 NARX 模型能准确反映系统动态特性并预测系统输出，可用该 NARX 模型进行转子系统的分析、设计与故障诊断。

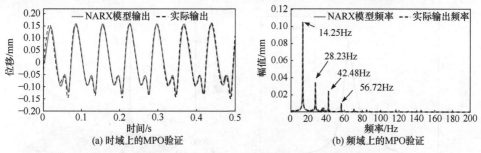

图 5.14　试验验证时域频域输出对比图

5.3　非线性转子系统 NARX 模型的频域辨识方法

通过 5.2 节对于时域多谐波信号 NARX 建模方法的研究可知，尽管该方法被证明可以应用于转子系统，但由于该建模方法需要针对不同的速度区间(低转速、临界转速和高转速)建立不同的模型，无法用一个模型捕捉转子系统从低转速至高转速工作范围内的响应幅值变化，所以无法得到单一的模型来描述转子-轴承系统的动力学行为；且多模型的模型结构不统一，不便于进行分析和设计。第 3 章介绍的频域系统辨识方法，可以将唯一的 NARX 模型描述简化成达芬方程的转子系统在较宽转速范围下的动力学行为。因此，为实现以一个单输入、单输出的模型来表征旋转机械，并基于此模型开展转子系统的设计和分析，本节将 NARX 模型频域辨识方法应用于转子系统建模问题中。

5.3.1　非线性转子系统 NARX 模型的辨识方法

第 3 章中以一个简化成达芬方程的转子系统数值算例，验证了频域系统辨识方法在响应预测和振动特性分析方面的适用性和应用前景，本节以图 4.7 所示带有螺栓连接结构的转子系统作为数值算例，验证频域系统辨识方法在含有螺栓连接结构的转子系统建模中的适用性。用于验证建模方法的转子系统部分参数设置如下：盘 1 偏心 $u_1 = 0$kg·m；盘 2 和盘 3 偏心 $u_2 = u_3 = 1.7757 \times 10^{-4}$ kg·m；轴承游隙 γ=3μm；螺栓连接结构第一阶段和第二阶段的弯曲刚度为 $k_{\theta 1} = 2 \times 10^8$ N·m/rad，$k_{\theta 2} = 2 \times 10^6$ N·m/rad；切向刚度 $k_s = 2 \times 10^{11}$ N/m；弯曲刚度拐点 $\Phi_0 = 1 \times 10^{-7}$，其他参数与表 4.4 中给出的一致。数值积分时间步长为 $2\pi/\omega/512$，采用 Newmark-β 法求解系统动力学方程(4.44)，求解并提取盘 2 水平方向稳态响应，计算中忽略每个转速下瞬态响应的前 50 个周期，以确保所得结果为系统稳态响应，得到在转速范围 $\Omega = [4200 : 60 : 6600]$r/min 内的幅频特性曲线和瀑布图如图 5.15 所示。

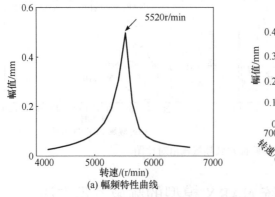
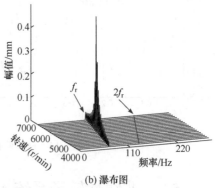

(a) 幅频特性曲线　　　　　　　　　　(b) 瀑布图

图 5.15　螺栓连接转子系统幅频特性曲线及瀑布图

由图 5.15(a)可知，当前参数下系统的临界转速为 5520r/min，转频 f_r 为主要频率成分，同时也能观察到由于轴承的作用出现了微弱的 2 倍频。定义转速 $\Omega =$ [4200∶60∶6600]r/min 下盘 2 水平方向偏心力为输入信号，盘 2 水平方向的响应作为输出信号，并设置如下系统辨识参数：输入最大时滞 $n_u = 3$、输出最大时滞 $n_y = 3$ 和最高阶数 $l = 3$，基于 3.3 节所述频域系统辨识方法得到螺栓连接转子系统二阶 NARX 模型：

$$
\begin{aligned}
y_{\text{FSSI}}(k) &= 1.3333y(k-1)+0.3333y(k-2)-1.9311\times10^{-8}u(k-1)-y(k-3) \\
&\quad -0.6667y(k-3)-1.4912\times10^{-9}u(k-1)
\end{aligned}
\tag{5.8}
$$

此外，为与多谐波系统辨识方法进行对比，同样定义转速 $\Omega =$ [4200∶60∶4800]r/min 下盘 2 水平方向偏心力和响应作为建模用输入、输出信号，拼接后的信号如图 5.16 所示。设置如下系统辨识参数：输入最大时滞 $n_u = 3$、输出最大时滞 $n_y = 3$ 和最高阶数 $l = 3$，采用 3.2 节所述多谐波系统辨识方法得到螺栓连接转子系统三阶 NARX 模型：

$$
\begin{aligned}
y_{\text{MHISI}}(k) &= 1.4765y(k-1)-0.4766y(k-3)+4.79\times10^{-8}u(k-1)y^2(k-3) \\
&\quad +0.0082u(k-1)-0.0082u(k-3)
\end{aligned}
\tag{5.9}
$$

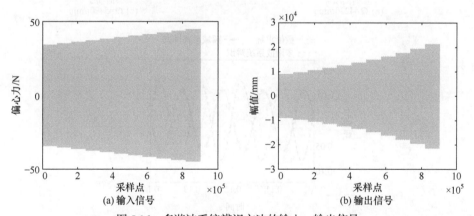

图 5.16　多谐波系统辨识方法的输入、输出信号

为清晰呈现两种方法辨识得到的模型项和相应系数之间的区别，将辨识结果列于表 5.3 中，可以看出，频域系统辨识方法共辨识到 5 个模型项，其中最高阶为二阶，而多谐波系统辨识方法得到的 5 个模型项中包含一个三阶模型项，其余为一阶模型项。为说明两种辨识方法所得模型的响应预测能力，分别选取转速 Ω 为 4230r/min、5490r/min 和 6030r/min 的三个非训练工况进行模型验证，结果如图 5.17 所示。

表 5.3　　螺栓连接转子-轴承系统辨识结果

搜索步	频域系统辨识		多谐波系统辨识	
	模型项	系数	模型项	系数
1	$y(k-1)$	1.3333	$y(k-1)$	1.4765
2	$y(k-2)$	0.3333	$y(k-3)$	−0.4766
3	$y(k-3)$	−0.6667	$u(k-1)$	0.0082
4	$u(k-1)y(k-3)$	-1.9311×10^{-8}	$u(k-3)$	−0.0082
5	$u(k-1)$	-1.4912×10^{-9}	$u(k-1)y^2(k-3)$	4.79×10^{-8}

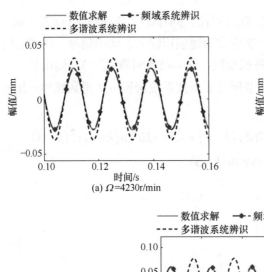

(a) $\Omega=4230\text{r/min}$

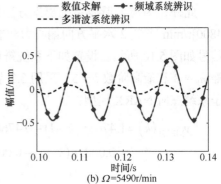

(b) $\Omega=5490\text{r/min}$

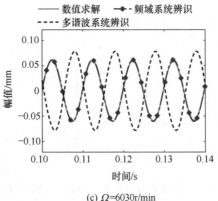

(c) $\Omega=6030\text{r/min}$

图 5.17　多转速工况下的模型验证结果对比

　　图 5.17 中，频域系统辨识方法所得模型在低转速、临界转速和高转速附近的预测结果优于多谐波系统辨识方法，由此可以说明频域系统辨识方法在螺栓连接转子系统建模中具有良好的应用前景，且相比于频域系统辨识方法具有更好的适用性。此外由表 5.4 所示，以式(3.68)计算所得三种验证工况下的 NMSE 值同样可以说明频域系统辨识方法的优势。

转速/(r/min)	NMSE 值	
	频域系统辨识	多谐波系统辨识
4230	6.9322×10^{-4}	0.0636
5490	1.7338×10^{-4}	32.3587
6030	0.002	2.9792

　　为验证频域系统辨识方法所得模型在改变盘偏心情况下的响应预测能力，定义图 4.7 所示带有螺栓连接结构的转子系统中盘 1 偏心 $u_1 = 0 \text{kg} \cdot \text{m}$，盘 2 和盘 3 偏心 $u_2 = u_3 = 5.919 \times 10^{-5} \text{kg} \cdot \text{m}$，通过式(5.8)和式(5.9)得到两种系统辨识方法所得模型在 $\Omega = [4800 : 30 : 6300] \text{r/min}$ 范围内的预测响应，进一步得到系统幅频特性曲线和响应频谱并与数值积分所得结果对比，如图 5.18 和图 5.19 所示。

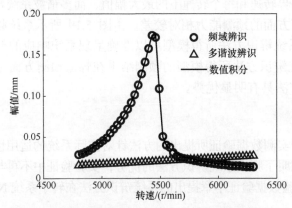

图 5.18　模型预测幅频特性曲线与数值积分结果对比

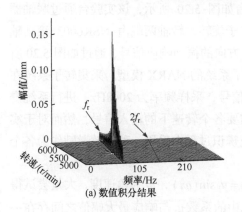

(a) 数值积分结果

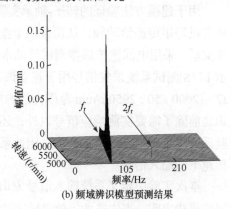

(b) 频域辨识模型预测结果

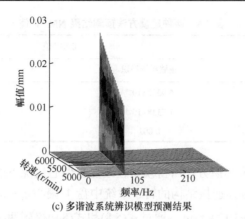

(c) 多谐波系统辨识模型预测结果

图 5.19　系统辨识模型预测系统响应频谱与数值积分结果对比

由图 5.18 可以看出，当改变系统偏心时，频域系统辨识方法所得模型仍能准确预测系统的临界转速和每个转速下的最大幅值，而多谐波系统辨识方法在临界转速和响应幅值方面的预测能力相对较差。由图 5.19 所示系统频谱图的对比可以看出，频域系统辨识方法所得模型可以准确呈现系统响应的频率成分。由此可知多谐波系统辨识方法所得模型的预测结果在幅值预测方面存在明显差距，频域系统辨识方法具有明显优势。

5.3.2　实验验证

本节将基于实测数据验证所提出的方法针对实际系统的适用性。由于前面数值算例中已经证明了频域系统辨识方法的优势，实验验证中不再与其他方法进行对比，仅通过实验数据验证本章提出的系统辨识方法在转子系统 NARX 模型建模方面的适用性。

用于建模方法验证的转子-轴承实验台如图 5.20 所示，该实验台通过联轴器将电机转矩传递给转轴，从而带动单盘转子旋转，转轴两端由 NSK6003 滚动轴承支承。采用电涡流传感器测试转轴水平方向的振动响应信号，通过如图 5.20 所示 LMS 测试系统采集信号用于建立该转子系统的 NARX 模型。采集转子系统在 $\Omega = [2000:50:2950]\mathrm{r/min}$ 范围内的响应信号，采样频率为 2048Hz。进行系统辨识之前除了需要实测响应信号以外，还需要各个转速下的输入信号，然而对于实验系统很难确定准确的偏心力，因此系统辨识过程中采用一种等效激励作为各个转速下的输入信号。

本次实验中定义系统输入信号为 $u(t) = u_1 \sin(\omega t)$，$\omega$ 为角速度，大量尝试得到的规律表明，当构造的等效激励表达式中的系数 u_1 与响应最大幅值之间存在一定倍数关系时，会得到良好的建模和响应预测效果，本次实验算例中定义 $u_1 =$

$1 \times 10^4 \times \max \left\{ y_\omega(t) \right\}$。根据实测信号得到的系统幅频特性曲线和瀑布图如图 5.21 所示。

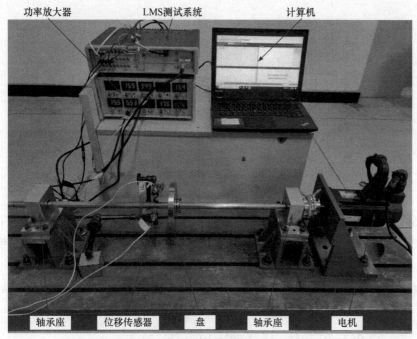

功率放大器　　　LMS测试系统　　　计算机

轴承座　　位移传感器　　盘　　轴承座　　电机

图 5.20　转子-轴承实验台及测试系统

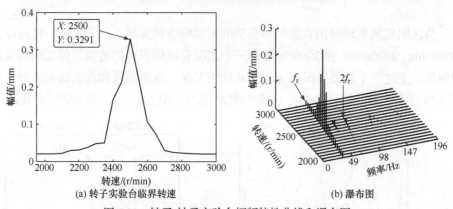

(a) 转子实验台临界转速　　　　(b) 瀑布图

图 5.21　转子-轴承实验台幅频特性曲线和瀑布图

由图 5.21 可以看出，系统的临界转速为 2500r/min，由响应频谱可知转频 f_r 及其 2 倍频为系统主要频率成分。此外可以看出由于输出信号受功率放大器、电动机和电源等的影响，响应信号受到噪声的污染，在响应瀑布图中出现一些杂乱频率成分，从而影响 NARX 模型辨识的结果，因此有必要对输出信号进行降噪和滤波处理。本节采用小波滤波对实测信号进行降噪，并通过带阻滤波器滤除转频

f_r 及其 2 倍频 $2f_r$ 以外的其他频率成分，滤波后的系统响应瀑布图如图 5.22 所示。

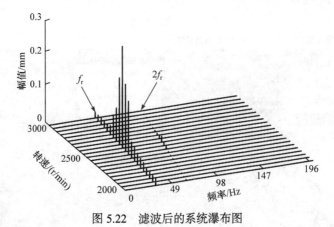

图 5.22　滤波后的系统瀑布图

设置系统辨识参数：输入最大时滞 $n_u = 3$，输出最大时滞 $n_y = 3$，最高阶数 $l = 3$。基于 3.3 节所述频域系统辨识方法得到表征螺栓连接转子系统的三阶 NARX 模型：

$$
\begin{aligned}
y_{\text{FSSI}}(k) =&\ 1.988 \times 10^{-8} y(k-1) - 1.003 \times 10^{-8} y(k-2) - 7.6497 \times 10^{-6} u(k-2) y(k-2) \\
&+ 1.9292 \times 10^{-10} u^2(k-1) y(k-1) + 2.062 \times 10^{-9} u(k-1) u(k-2) \\
&+ 1.988 \times 10^{-4} u(k-1) - 1.003 \times 10^{-4} u(k-2)
\end{aligned}
$$

$$(5.10)$$

为说明频域系统辨识方法所得模型的振动响应预测能力，分别选取转速 Ω 为 1950r/min、2470r/min 和 3000r/min 的三个工况验证辨识得到的数值模型的响应预测精度。上述三个验证工况转速均为非训练工况，预测结果和真实结果的对比如图 5.23 所示，其中图(a)、(c)、(e)为时域对比图，图(b)、(d)、(f)为频域对比图。

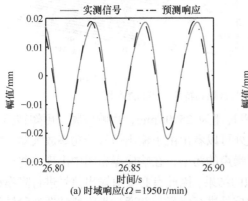

(a) 时域响应($\Omega = 1950$r/min)

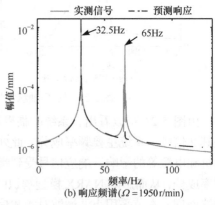

(b) 响应频谱($\Omega = 1950$r/min)

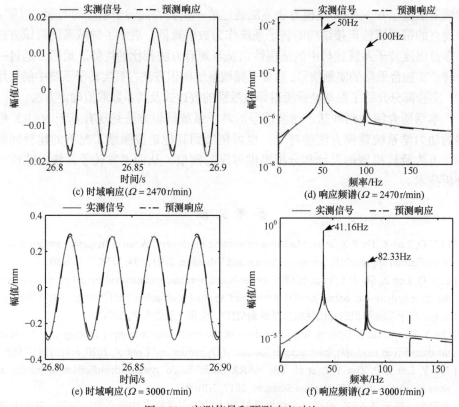

图 5.23　实测信号和预测响应对比

由图 5.23 可知，预测结果在时域和频域上均与实际输出结果具有良好的一致性，且通过频域系统辨识方法得到的 NARX 模型的预测结果以式(3.68)计算所得 NMSE 值分别为 0.0299、0.0086 和 0.005，由此说明所提出的频域系统辨识方法可以有效反映真实转子系统的动态特性，解决了传统基于 NARX 模型的建模方法无法适用于转子系统的问题，也为实际转子-轴承系统的响应预测和振动分析提供了一种快速有效的建模方法。

5.4　本章小结

本章首先利用转子系统时域多谐波仿真信号建立 NARX 模型，并通过分析模型验证结果研究该建模方法的适用条件，通过实验验证了建模方法的可行性与有效性。由分析结果可知，基于多谐波信号输入所建立的 NARX 模型，模型精度与谐波信号范围有关，缩小谐波信号范围可以有效提高 NARX 模型精度。

然后将频域系统辨识方法应用于螺栓连接转子系统 NARX 建模，以解决传统时域多谐波信号 NARX 建模方法不能通过单一模型表征转子系统的问题。以第 4 章建立的带有螺栓连接结构的转子系统作为数值算例，展示了频域系统辨识方法在多自由度转子系统建模中的适用性以及与现有方法相比的优势。最后，通过一个转子实验台采集的实测信号，验证了频域系统辨识方法在真实转子系统中的适用性，实验部分介绍了根据经验所得等效激励的表达式及其系数取值确定方法。

　　本章所介绍的两种基于谐波信号的转子系统辨识方法是现有基于 NARX 模型的动力学系统建模方法的补充，也可拓展到其他谐波激励工况下的建模问题中，可为旋转机械的设计和分析提供可靠的模型，从而丰富转子系统的建模与分析技术。

参 考 文 献

[1] Li Y Q, Luo Z, He F X, et al. Modeling of rotating machinery: A novel frequency sweep system identification approach[J]. Journal of Sound and Vibration, 2021, 494: 115882-115920.

[2] Li Y Q, Luo Z, Shi B L, et al. NARX model-based dynamic parametrical model identification of the rotor system with bolted joint[J]. Archive of Applied Mechanics, 2021, 91(6): 2581-2599.

[3] 仇越. 基于系统辨识的非线性隔振系统研究[D]. 沈阳: 东北大学, 2021.

[4] Qiu Y, Luo Z, Ge X B, et al. Impact analysis of the multi-harmonic input splicing way based on the data-driven model[J]. International Journal of Dynamics and Control, 2020, 8(4): 1181-1188.

[5] Ma Y, Liu H P, Zhu Y P, et al. The NARX model-based system identification on nonlinear, rotor-bearing systems[J]. Applied Sciences, 2017, 7(9): 911.

[6] 葛晓彪. 基于 NARX 模型的非线性系统动力学响应建模方法研究[D]. 沈阳: 东北大学, 2020.

[7] 马莹. 基于 NARX 模型的非线性系统建模及频域分析方法研究[D]. 沈阳: 东北大学, 2019.

[8] Chen G. Study on nonlinear dynamic response of an unbalanced rotor supported on ball bearing[J]. Journal of Vibration & Acoustics, 2009, 131(6): 1980-1998.

[9] Lara J M V, Milani B E A. Identification of neutralization process using multi-level pseudo-random signals[C]. Proceedings of the American Control Conference, Denver, 2003: 3822-3827.

[10] 刘昊鹏. 多自由度非线性系统的动态参数化建模方法研究[D]. 沈阳: 东北大学, 2018.

[11] Ramirez C, Acuna G. Forecasting cash demand in ATM using neural networks and least square support vector machine[C]. Ibero-American Congress on Pattern Recognition, Pucoon, 2011: 515-522.

[12] Luo Z, Li Y Q, Li L, et al. Nonlinear dynamic properties of the rotor-bearing system involving bolted disk-disk joint[J]. Proceedings of the Institution of Mechanical Engineers, Part C: Journal of Mechanical Engineering Science, 2020, 235(20): 1-16.

[13] 李玉奇. 基于 NARX 模型的螺栓连接转子系统建模及振动特性研究[D]. 沈阳: 东北大学, 2021.

第6章　基于数据驱动模型的非线性转子系统
设计与故障诊断

6.1　引　言

NARX模型因为其结构简单、普适性好、鲁棒性强、易于构建、能反映真实系统特性等优点，在诸如机械、冶金、医疗等许多领域得到广泛应用[1-3]。基于NARX模型的辨识方法在过去几十年里已经成为跨多个学科领域的一个重要课题，因此众多不同领域的科研人员，针对不同的研究对象采用系统辨识方法建立NARX模型解决问题[4]。

本章内容以转子系统为研究对象，从系统设计和故障诊断两个方面详细介绍NARX模型在实际问题中的应用方法。包含物理参数的数值模型可以方便地用于开展物理参数对转子系统振动特性的影响分析。图6.1(a)为基于NARX模型的结构设计方法研究思路，本章将频域动态参数化模型结构应用于转子-轴承系统的动态参数化建模。选取弯曲刚度拐点作为建模中考虑的参数化物理量，以便于通过物理参数对转子系统进行设计。

支持向量机(SVM)由Vapnik[5]在1999年提出，主要用于解决模式识别领域中的数据分类问题，属于有监督学习算法的一种[6]。第4章简单介绍了转子系统几种典型故障以及相应的故障特征，由于这些故障的发生往往会使转子系统动力学特性引入非线性特征，而这些非线性特征可以利用频域方法系统地研究，所以诸如频谱分析、频率响应函数等频域分析工具广泛应用于转子系统故障诊断领域。非线性响应谱函数(nonlinear response spectrum function, NRSF)作为一种新的频域分析方法可以克服传统频率响应函数在实际应用过程中的局限性，同时通过大量关于NRSF对于系统参数变化的敏感性研究分析，表明NRSF是一种有效反映系统参数变化特征的方法，可将其应用于解决系统的状态检测、故障诊断等问题中。图6.1(b)为基于NARX模型的故障诊断方法研究思路，本章通过NARX模型的频域分析结合SVM理论对不同类型的转子系统故障进行诊断[7]。

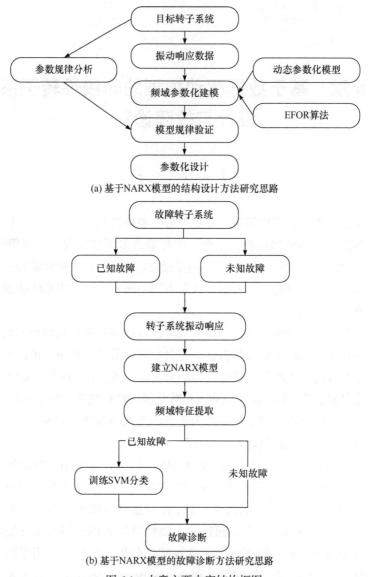

(a) 基于NARX模型的结构设计方法研究思路

(b) 基于NARX模型的故障诊断方法研究思路

图 6.1　本章主要内容结构框图

6.2　基于 NARX 模型的非线性转子系统螺栓连接结构设计

以第 4 章建立的螺栓连接转子-轴承系统作为数值算例，由于预紧力的变化可以直接映射成弯曲刚度拐点的变化，选取弯曲刚度拐点作为建模中考虑的物理参数，采用第 3 章介绍的基于 AERR 准则的 EFOR 算法建立其动态参数化模型[8-10]，根据 MPO 方法验证所得模型在响应预测和振动特性分析方面的适用性[7]。通过带螺栓连接结构的转子-轴承实验台实测数据验证该方法在实际应用中的可行性。数值和实验结果表明该建模方法可为转子系统的参数化分析提供一种快速可靠的途径。

6.2.1　螺栓连接结构刚度拐点设计

本节以图 4.7 所示带有螺栓连接结构的转子系统作为数值算例，验证基于频域系统辨识的转子系统动态参数化模型辨识方法。定义如下参数：盘 1 偏心 $u_1 = 0$kg·m；盘 2 和盘 3 偏心 $u_2 = u_3 = 1.7757 \times 10^{-4}$kg·m；轴承游隙 $\gamma = 3$μm；螺栓连接结构第一阶段和第二阶段弯曲刚度 $k_{\theta 1} = 2 \times 10^{8}$ N·m/rad、$k_{\theta 2} = 2 \times 10^{6}$ N·m/rad；切向刚度 $k_S = 2 \times 10^{11}$N/m；其他参数与表 4.4 中给出的一致。由于预紧力的变化可以直接映射成弯曲刚度拐点的变化，以螺栓连接结构弯曲刚度拐点 $\varPhi_0$ 作为建模中考虑的物理参数，建模前需首先了解不同物理参数值对应的系统临界转速及对应的幅值情况，为此先计算 $\varPhi_0 = \{1, 6, 11, 16, 21\} \times 10^{-7}$ 对应的系统响应，数值积分时间步长为 $2\pi/\omega/512$，采用 Newmark-β 法求解系统动力学方程(4.44)，提取盘 2 水平方向稳态响应，得到在 $\varOmega = $ [4200：12：6600]r/min 范围内的幅频特性曲线如图 6.2 所示，并提取不同弯曲刚度拐点下的系统临界转速及最大振动幅值列于表 6.1。

由图 6.2 和表 6.1 所示结果可以看出，随着弯曲刚度拐点增大，系统临界转速逐渐升高，由 $\varPhi_0 = 1 \times 10^{-7}$ 对应的 5532r/min 增长至 $\varPhi_0 = 2.1 \times 10^{-6}$ 对应的 5556r/min，此外，临界转速对应时域响应的最大振幅也从 0.5007mm 降至 0.4818mm，这与第 4 章分析所得变化趋势一致。以弯曲刚度拐点作为转子系统动态参数化建模中考虑的物理参数，则要求建立的模型也应能呈现该变化规律，并预测其他弯曲刚度拐点下的转子系统临界转速和最大幅值。

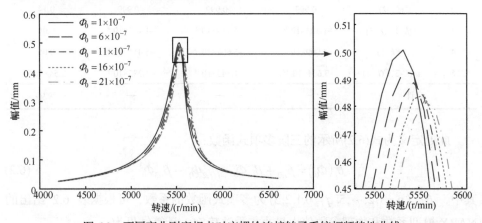

图 6.2　不同弯曲刚度拐点对应螺栓连接转子系统幅频特性曲线

表 6.1　不同弯曲刚度拐点对应临界转速及最大幅值

物理参数	临界转速/(r/min)	最大幅值/mm
$\Phi_0 = 1 \times 10^{-7}$	5532	0.5007
$\Phi_0 = 6 \times 10^{-7}$	5532	0.4927
$\Phi_0 = 11 \times 10^{-7}$	5544	0.4886
$\Phi_0 = 16 \times 10^{-7}$	5556	0.4841
$\Phi_0 = 21 \times 10^{-7}$	5556	0.4818

以 $\Phi_0 \in \{1, 11, 21\} \times 10^{-7}$ 对应的盘 2 水平方向偏心力和水平方向响应作为输入和输出信号，并设置如下系统辨识参数：输入最大时滞 $n_u = 3$、输出最大时滞 $n_y = 3$、最高阶数 $l = 3$。

基于第 3 章给出的频域动态参数化模型结构及 EFOR 算法完成建模过程，得到的辨识结果如表 6.2 所示。那么，表征螺栓连接转子系统的动态参数化模型可表示为

$$y(k) = \theta_1(\Phi_0)y(k-1) + \theta_2(\Phi_0)y(k-2) + \theta_3(\Phi_0)u(k-1)y(k-3)$$
$$+ \theta_4(\Phi_0)u^2(k-1) + \theta_5(\Phi_0)u(k-3)y^2(k-1) \tag{6.1}$$

式中，$y(k)$ 为系统响应；$\theta_i(\Phi_0)$ $(i = 1, 2, \cdots, 5)$ 为动态参数化模型的系数函数。

表 6.2　基于 EFOR 算法的螺栓连接转子系统动态参数化模型辨识结果

搜索步	模型项	不同弯曲刚度拐点对应的 NARX 模型系数			AERR/%
		$\Phi_0 = 1 \times 10^{-7}$	$\Phi_0 = 5 \times 10^{-7}$	$\Phi_0 = 9 \times 10^{-7}$	
1	$y(k-1)$	1.999	1.999	1.999	99.74
2	$y(k-2)$	-0.999	-0.999	-0.999	0.14
3	$u(k-1)y(k-3)$	-1.303×10^{-8}	-1.459×10^{-8}	-1.443×10^{-8}	0.06
4	$u^2(k-1)$	-4.909×10^{-9}	-5.664×10^{-9}	-5.411×10^{-9}	0.06
5	$u^2(k-3)y^2(k-1)$	-9.634×10^{-14}	-1.343×10^{-8}	-1.285×10^{-8}	2.54×10^{-3}
合计		—	—	—	99.99

此处定义为式(6.2)所示的三阶多项式函数：

$$\theta_i(\Phi_0) = \beta_{i,0} + \beta_{i,1}\Phi_0 + \beta_{i,2}\Phi_0^2 + \beta_{i,3}\Phi_0^3 \tag{6.2}$$

其中，$\beta_{p,q}$ $(p = 1, 2, \cdots, 5; q = 0, 1, 2, 3)$ 为多项式函数的系数，可根据表 6.2 给出的 NARX 模型系数和物理参数值由最小二乘法确定，计算结果为

$$\begin{cases} \theta_1(\varPhi_0) = 1.999 + 0.011\varPhi_0 + 2.426\times10^{-8}\varPhi_0^2 + 5.11\times10^{-14}\varPhi_0^3 \\ \theta_2(\varPhi_0) = -0.999 - 0.011\varPhi_0 - 2.404\times10^{-8}\varPhi_0^2 - 5.06\times10^{-14}\varPhi_0^3 \\ \theta_3(\varPhi_0) = -1.325\times10^{-8} - 6.982\times10^{-4}\varPhi_0 - 1.536\times10^{-9}\varPhi_0^2 - 3.232\times10^{-15}\varPhi_0^3 \\ \theta_4(\varPhi_0) = -5.052\times10^{-9} - 2.513\times10^{-4}\varPhi_0 - 5.528\times10^{-10}\varPhi_0^2 - 1.16\times10^{-15}\varPhi_0^3 \\ \theta_5(\varPhi_0) = -1.02\times10^{-13} - 1.61\times10^{-8}\varPhi_0 - 3.542\times10^{-14}\varPhi_0^2 - 7.455\times10^{-20}\varPhi_0^3 \end{cases}$$

$$(6.3)$$

为验证式(6.1)~式(6.3)所示螺栓连接转子系统动态参数化模型，以 $\varPhi_0 = \{6,16\}\times 10^{-7}$ 两种工况下的输入、输出信号进行验证。将 $\varPhi_0 = 6\times10^{-7}$ 和 $\varPhi_0 = 1.6\times10^{-6}$ 分别代入式(6.3)计算 NARX 模型系数，再由式(6.1)得到转速范围 $\varOmega = $ [4200 : 12 : 6600]r/min 内的系统预测输出，进一步得到动态参数化模型的预测幅频特性曲线，并与数值积分所得结果对比，如图 6.3 所示。图 6.3(a)为 $\varPhi_0 = 6\times10^{-7}$ 工况下的对比图，图 6.3(b)为 $\varPhi_0 = 1.6\times10^{-6}$ 工况下的对比图。

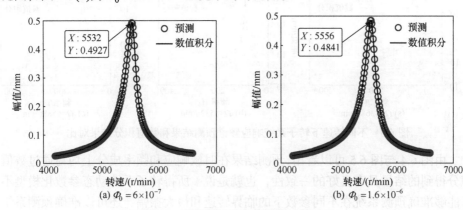

图 6.3　预测结果和数值积分结果对比

由图 6.3 所示结果和表 6.1 对比可以看出，基于频域系统辨识方法得到的螺栓连接转子系统动态参数化模型，可以准确预测系统在不同物理参数值下的临界转速和最大幅值，且因为用于模型验证的数据集为非训练数据集，可以证明本章给出的频域动态参数化模型结构，结合频域系统辨识方法可建立准确的转子系统动力学表征模型，并准确呈现系统在不同物理参数值下的临界转速和最大幅值的变化规律。

3.3.3 节中给出的数值算例已经证明，基于频域系统辨识方法得到的转子系统 NARX 模型，在改变偏心力的情况下仍能准确预测系统响应特性，为说明本节中建立的螺栓连接转子动态参数化模型在改变物理参数值情况下的振动响应预测能力，以 $\varPhi_0 = 6\times10^{-7}$ 的情况为例进行说明，分别得到转速 $\varOmega$ 为 4368r/min、5532r/min

和6588r/min下的时域与频域预测结果和数值积分结果对比如图6.4和图6.5所示。其中图(a)为$\Omega = 4368$r/min工况下的对比图，图(b)为$\Omega = 5532$r/min工况下的对比图，图(c)为$\Omega = 6588$r/min工况下的对比图，且$\Omega = 5532$r/min为$\Phi_0 = 6×10^{-7}$情况下的系统临界转速。

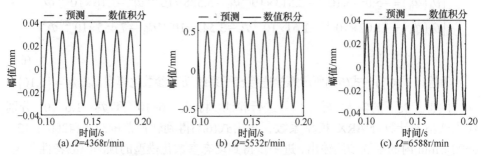

图 6.4　　不同转速下转子系统时域响应预测结果和数值积分结果对比

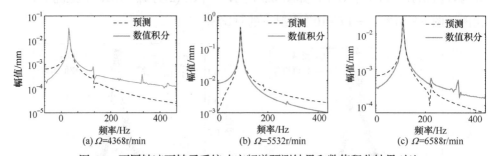

图 6.5　　不同转速下转子系统响应频谱预测结果和数值积分结果对比

由图6.4与图6.5可以看出，预测结果在时域响应和频率成分上均与通过数值积分得到的结果具有良好的一致性，也就是说，所得转子系统动态参数化模型不但能够准确预测系统在不同参数下的临界转速和最大振幅，还可以准确预测系统响应的振动范围(振动的最大幅值与最小幅值之差)。三个转速响应预测结果的NMSE值分别为0.0027、1.0899×10^{-4}和0.0098，因此可以进一步说明描述螺栓连接转子系统的动态参数化模型有潜力替代传统运动方程，表征系统在不同物理参数值下的动力学特性，为转子系统的设计和参数化分析提供一种快速有效的建模方法。

6.2.2　螺栓连接结构预紧力设计

为建立转子系统动态参数化模型，解决 NARX 模型不便于开展转子系统参数化分析与设计的问题，6.2.1 节通过一个螺栓连接转子系统数值算例，验证了所得模型在预测其他物理参数值下的临界转速、最大幅值、时域响应和频率成分方面的适用性[11]。本节将采用带有自动拧紧枪的螺栓连接转子-轴承实验台，通过实验数据验证所提出的方法针对实际系统的适用性[12]。如图 6.6 所示，转子实验台可通过自动拧紧枪给螺栓施加预紧力矩，通过控制器可控制施加给螺栓的预紧力矩大小，同时自动拧紧枪内置的力矩传感器可实时采集施加的预紧力矩，并通过控制面板上的数显模块显示最终施加给螺栓的预紧力矩值，实现预紧力矩的有效控制与监测。

采用 CA-YD-502 电涡流传感器及 NI-9229 信号采集模块采集螺栓连接结构附近转轴的振动响应信号，采样频率为 1613Hz。为呈现螺栓预紧力对系统临界转速和振动幅值的影响，采集预紧力矩 f_p 分别为 10N·m、15N·m、18N·m 和 20N·m 下

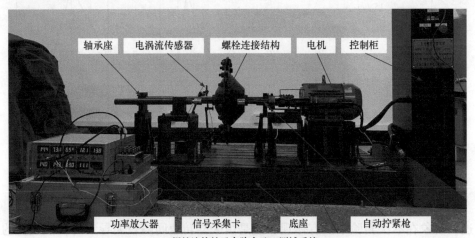

(a) 螺栓连接转子实验台及NI测试系统

(b) 测试位置局部放大图

图 6.6　带有电动拧紧扳手的螺栓连接转子实验台及 NI 测试系统

转子系统水平方向的振动响应，每组工况的转速区间为$\Omega = [60:60:1560]$r/min，每组预紧力矩工况采集 26 组振动信号，绘制幅频特性曲线如图 6.7 所示。由图可知，当前转速区间和采样转速间隔下的系统响应峰值出现在$\Omega = 1440$r/min 时，即转子实验台对应四种预紧力矩值的临界转速Ω为 1440r/min。可以看出，预紧力矩值对转子实验台临界转速对应的最大幅值有明显影响，临界转速对应的幅值随着预紧力矩值的增大而减小。

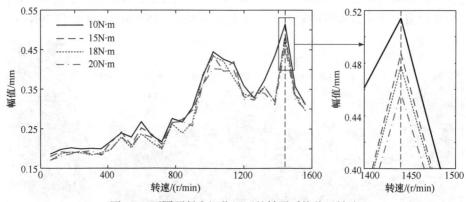

图 6.7　不同预紧力矩作用下的转子系统临界转速

此外根据第 4 章研究结果，随着弯曲刚度增大，频响曲线会出现右移现象，这一现象在本次实验中没有体现，这是由采样转速间隔较大导致的，该设置的目的是便于建立转子系统动态参数化模型。

为进一步呈现螺栓预紧力对系统响应的影响，绘制四种螺栓预紧力矩工况下与临界转速对应的时域响应如图 6.8 所示。由图可以看出，随着螺栓预紧力的增大，振动响应的最大幅值逐渐减小，由$f_p = 10$N·m 对应的最大幅值 0.5141mm 减小至$f_p = 20$N·m 对应的最大幅值 0.4575mm。此外随着预紧力矩的增大，系统时域响应的振动范围(时域响应的最大值和最小值之差)也随之减小。

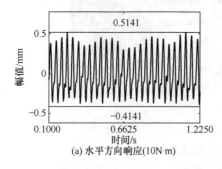

(a) 水平方向响应(10N·m)

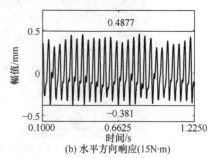

(b) 水平方向响应(15N·m)

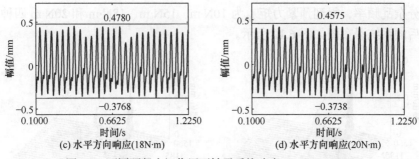

(c) 水平方向响应(18N·m)　　　　　(d) 水平方向响应(20N·m)

图 6.8　不同预紧力矩作用下转子系统响应(Ω= 1440r/min)

为说明螺栓预紧力矩对系统响应的频率成分的影响，得到不同预紧力矩作用下转子系统对应于Ω=1440r/min 的响应频谱如图 6.9 所示。由图中可以看出，随着预紧力矩的增大，系统响应幅值发生变化，但响应的频率成分没有发生变化，转频及其 2 倍频、3 倍频是主要频率成分，此外还包含部分低幅值的连续频率成分。

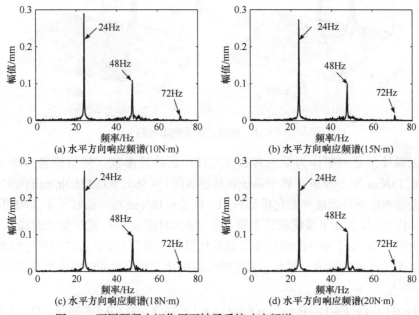

(a) 水平方向响应频谱(10N·m)　　　　(b) 水平方向响应频谱(15N·m)

(c) 水平方向响应频谱(18N·m)　　　　(d) 水平方向响应频谱(20N·m)

图 6.9　不同预紧力矩作用下转子系统响应频谱(Ω= 1440r/min)

由上述分析可知系统的临界转速为 1440r/min，且不同预紧力矩作用下的临界转速相同，仅最大幅值随预紧力矩的增大而减小。此外，由图 6.9 给出的系统响应频谱可以看出转频f_r及其 2 倍频、3 倍频为系统主要频率成分，同时也发现输出信号因功率放大器、电动机等因素的影响而受到噪声污染，导致响应谱中出现一些幅值较低的连续、杂乱频率成分。为减小上述因素对系统辨识的影响，采用小波滤波对实测信号进行降噪，并通过带阻滤波器滤掉高于 3 倍频 $3f_r$ 的频率成分及部分杂乱频率，得到预紧力矩 f_p 为 10N·m、15N·m、18N·m 和 20N·m 四种工况滤波后的系统瀑布图如图 6.10 所示。

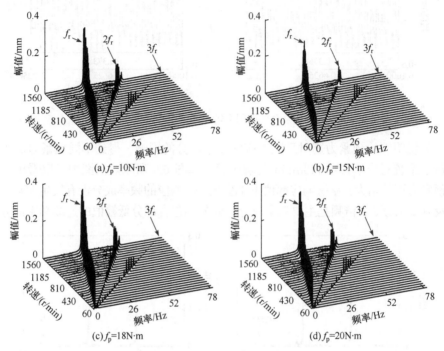

图 6.10　滤波后的系统瀑布图

　　以螺栓预紧力矩作为动态参数化建模中的物理参数，使用预紧力矩 f_p 为 10N·m、15N·m 和 20N·m 下转子系统在转速区间 $\Omega = [60:60:1560]$r/min 内水平方向的振动响应进行动态参数化模型辨识，以 $f_p = 18$N·m 对应的转子系统响应验证建立的模型。设置如下系统辨识参数：输入最大时滞 $n_u = 3$，输出最大时滞 $n_y = 2$，最高阶数 $l = 3$，基于推导的频域动态参数化模型结构及 EFOR 算法完成建模过程，辨识结果如表 6.3 所示。那么，表征螺栓连接转子实验台的动态参数化模型可表示为

$$y(k) = \theta_1\left(f_p\right)y(k-1) + \theta_2\left(f_p\right)u(k-2) + \theta_3\left(f_p\right)u(k-3) + \theta_4\left(f_p\right)u(k-1)y(k-1)$$
$$+ \theta_5\left(f_p\right)y^3(k-1) + \theta_6\left(f_p\right)u(k-1)u(k-3) + \theta_7\left(f_p\right)u^2(k-3)$$

$$(6.4)$$

式中，$\theta_i\left(f_p\right)(i=1,2,\cdots,7)$ 为动态参数化模型的系数函数。

　　定义如下关于物理参数 f_p 的三阶多项式函数：

$$\theta_i\left(f_p\right) = \beta_{i,0} + \beta_{i,1}f_p + \beta_{i,2}f_p^2 + \beta_{i,3}f_p^3 \qquad (6.5)$$

其中，$\beta_{p,q}(p=1,2,\cdots,7;q=0,1,\cdots,3)$ 表示多项式函数的系数。可根据表 6.3 给出的 NARX 模型系数和物理参数值由最小二乘法确定式(6.5)的系数取值，具体计算结果为

$$\begin{cases} \theta_1(f_p)=6.799\times10^{-5}+3.123\times10^{-4}f_p-2.173\times10^{-5}f_p^2+4.845\times10^{-7}f_p^3 \\ \theta_2(f_p)=-6.855\times10^{-5}-3.149\times10^{-4}f_p+2.201\times10^{-5}f_p^2-4.923\times10^{-7}f_p^3 \\ \theta_3(f_p)=2.308\times10^{-5}+1.06\times10^{-4}f_p-7.445\times10^{-6}f_p^2+1.669\times10^{-7}f_p^3 \\ \theta_4(f_p)=4.336\times10^{-6}+1.99\times10^{-5}f_p-1.536\times10^{-6}f_p^2+3.669\times10^{-8}f_p^3 \\ \theta_5(f_p)=1.94\times10^{-4}+8.865\times10^{-4}f_p-1.304\times10^{-4}f_p^2+3.964\times10^{-6}f_p^3 \\ \theta_6(f_p)=-4.678\times10^{-9}-2.147\times10^{-8}f_p+1.709\times10^{-9}f_p^2-4.158\times10^{-11}f_p^3 \\ \theta_7(f_p)=2.368\times10^{-9}+1.087\times10^{-8}f_p-8.867\times10^{-10}f_p^2+2.187\times10^{-11}f_p^3 \end{cases}$$

$$(6.6)$$

表 6.3　基于 EFOR 算法的螺栓连接转子实验台动态参数化模型辨识结果

搜索步	模型项	不同弯曲刚度拐点对应 NARX 模型系数			AERR/%
		$f_0=10\text{N·m}$	$f_0=15\text{N·m}$	$f_0=20\text{N·m}$	
1	$y(k-1)$	0.0015	0.0015	0.0015	99.89
2	$u(k-2)$	-0.0015	-0.0015	-0.0015	0.04
3	$u(k-3)$	0.0005	0.0005	0.0005	0.03
4	$u(k-1)y(k-1)$	8.6497×10^{-5}	8.1203×10^{-5}	8.1689×10^{-5}	0.02
5	$y^3(k-1)$	-1.1515×10^{-5}	-0.0025	-0.0025	0.01
6	$u(k-1)u(k-3)$	-9.0049×10^{-8}	-8.2485×10^{-8}	-8.3002×10^{-8}	0.01
7	$u^2(k-3)$	4.4231×10^{-8}	3.9666×10^{-8}	3.9969×10^{-8}	2.54×10^{-3}
	合计	—	—	—	99.99

以 $f_p=18\text{N·m}$ 对应的转子系统，验证式(6.4)～式(6.6)所示螺栓连接转子实验台动态参数化模型对临界转速和响应最大幅值的预测能力。首先将 $f_p=18\text{N·m}$ 代入式(6.6)计算 NARX 模型系数，然后由式(6.4)预测转速范围 $\Omega=[60:60:1560]\text{r/min}$ 对应的系统响应，得到预测幅频特性曲线并与实测结果对比，如图 6.11 所示。由图可以看出，由系统辨识方法得到的螺栓连接转子实验台动态参数化模型，预测的系统幅频特性曲线与实测结果具有良好的一致性，特别表现在对临界转速和临界转速对应的幅值预测方面，由此可以说明基于本章推导的频域动态参数化模型结构和扫频系统辨识方法可有效表征实际转子系统的临界转速和最大幅值。此外，从图 6.11 可以观察到部分转速下的预测响应最大幅值与实测结果存在一定偏差，

为说明扫频系统辨识方法所得模型的振动响应预测能力，分别选取转速Ω为120r/min、1440r/min 和 1560r/min 的三个工况验证动态参数化模型的响应预测精度，其中$\Omega=$ 1440r/min 为系统临界转速，预测结果和实测结果的对比如图 6.12 所示。

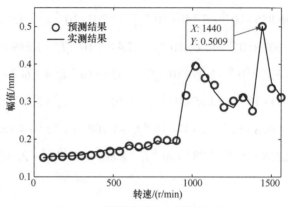

图 6.11　预测结果和实测结果对比

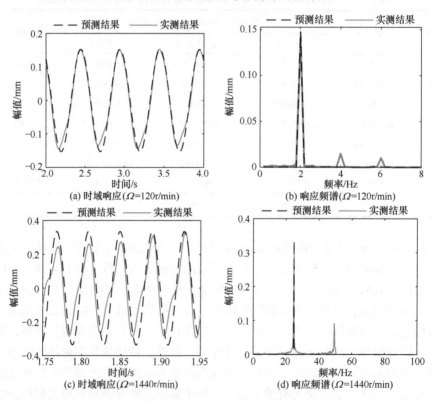

(a) 时域响应($\Omega=$120r/min)

(b) 响应频谱($\Omega=$120r/min)

(c) 时域响应($\Omega=$1440r/min)

(d) 响应频谱($\Omega=$1440r/min)

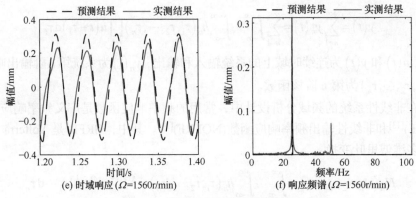

图 6.12　预测结果和实测结果对比

由图 6.12 可以看出，预测响应与实测响应的时域波形存在一定偏差，特别是在高转速工况下，这是由于高转速状态下响应频谱中的杂乱频率成分更明显，可能导致频谱中出现大量的分数阶频率成分，从而影响系统辨识结果。尽管如此，预测结果的最大幅值与实测结果相近，从而使动态参数化模型的预测幅频特性曲线与实测结果具有良好的一致性，这是由于所提出的扫频系统辨识方法更侧重于保证响应最大幅值和基频的一致性。以上结果和分析可以看出，通过本章给出的频域动态参数化模型结构和扫频系统辨识方法所得转子系统动态参数化模型可有效预测系统临界转速和振动的最大幅值，为转子系统的相关参数化设计和分析提供一种快速有效的建模方法。所述研究内容与研究结果既可以丰富现有转子系统参数化建模方法，又可以促进转子系统的设计与参数化分析。

6.3　基于 NARX 模型的非线性转子系统故障诊断方法

本节通过对传统频域响应函数的介绍，引出频域分析工具 NRSF，并以 NRSF 分析结果为故障特征，基于 SVM 理论提出 NARX-NRSF-SVM 诊断方法，完整阐述了该方法如何应用于不同种类的转子系统故障辨识，并验证了方法的有效性，拓展了非线性转子系统建模及频域分析方法的适用范围[7]。

6.3.1　基于 NARX 模型的非线性响应谱函数

与谐波平衡法、多尺度法等非线性系统的时域分析方法相比，非线性系统频域分析方法的优点是可针对一大类系统，而不是具有某些特殊假定条件的系统。非线性系统动态特性基本上可以由 Volterra 级数系统地进行研究，非线性系统可以由 Volterra 级数表示成如下形式：

$$y(t) = \sum_{n=1}^{+\infty} y_n(t) = \sum_{n=1}^{+\infty} \int_{-\infty}^{+\infty} \cdots \int_{-\infty}^{+\infty} h_n(\tau_1, \tau_2, \cdots, \tau_n) \prod_{i=1}^{n} u(t-\tau_i) \mathrm{d}\tau_i \tag{6.7}$$

式中，$u(t)$ 和 $y(t)$ 为连续时域上的系统输入和输出；$y_n(t)$ 为系统第 n 阶输出响应；$h_n(\tau_1, \tau_2, \cdots, \tau_n)$ 为第 n 阶核函数。

在非线性系统的频域分析设计中，常用的频率响应函数是广义频率响应函数 (GFRF)[13]和非线性输出频率响应函数(NOFRF)[14]。其中，GRFR 是 Volterra 核函数的多维傅里叶变换：

$$H_n(\omega_1, \omega_2, \cdots, \omega_n) = \int_{-\infty}^{\infty} \cdots \int_{-\infty}^{\infty} h_n(\tau_1, \tau_2, \cdots, \tau_n) \mathrm{e}^{-\mathrm{j}(\omega_1 \tau_1 + \cdots + \omega_n \tau_n)} \mathrm{d}\tau_1 \cdots \mathrm{d}\tau_n \tag{6.8}$$

非线性系统的频域输出用 GFRF 表示：

$$\begin{cases} Y(\omega) = \sum_{n=1}^{\infty} Y_n \\ Y_n(\omega) = \dfrac{1}{(2\pi)^{n-1}} \int_{\omega_1 + \cdots + \omega_n = \omega} H_n(\omega_1, \omega_2, \cdots, \omega_n) \prod_{i=1}^{n} U(\omega_i) \mathrm{d}\sigma_{n\omega} \end{cases} \tag{6.9}$$

GFRF 的多维性，使得它在实际应用中遇到了很大的难题。与 GFRF 不同的是，NOFRF 是一维函数，可以用类似线性系统分析设计的方法实现对于非线性系统的分析设计。非线性输出频率响应函数 $G_n(\omega)$ 是广义频率响应函数 $H_n(\omega_1, \omega_2, \cdots, \omega_n)$ 在 n 维超平面 $\omega_1 + \cdots + \omega_n = \omega$ 的加权平均，定义为

$$G_n(\omega) = \frac{\displaystyle\int_{\omega_1 + \cdots + \omega_n = \omega} H_n(\omega_1, \omega_2, \cdots, \omega_n) \prod_{i=1}^{n} U(\omega_i) \mathrm{d}\sigma_{n\omega}}{\displaystyle\int_{\omega_1 + \cdots + \omega_n = \omega} \prod_{i=1}^{n} U(\omega_i) \mathrm{d}\sigma_{n\omega}} \tag{6.10}$$

式中，$U_n(\omega)$ 表示成如下形式：

$$U_n(\omega) = \int_{\omega_1 + \cdots + \omega_n = \omega} \prod_{i=1}^{n} U(\omega_i) \mathrm{d}\sigma_{n\omega} \neq 0 \tag{6.11}$$

非线性系统的频域输出用 NOFRF 表示成如下形式：

$$Y(\omega) = \sum_{n=1}^{N} G_n(\omega) U_n(\omega) \tag{6.12}$$

GFRF 和 NOFRF 在使用过程中分别存在各自的局限性。GFRF 的局限性在于其是多维函数，不利于显式表达。NOFRF 的局限性在于它是一维函数且可用最小二乘法估计得到，但是系统的 Volterra 级数展开阶次未知，所以无法确定其最高

阶次。为了解决这一问题，在本节中介绍一种频域分析方法——NRSF 方法。NRSF 方法的基本思想是，将系统输出频率响应函数表示为一阶频率响应函数(NRSF$_1$)和高阶频率响应函数(NRSF$_\infty$)之和，无须考虑系统频域响应截断阶次。

考虑如下达芬方程系统：

$$m\ddot{y}(t) + c\dot{y}(t) + k_1 y(t) + k_2 y^2(t) + k_3 y^3(t) = u(t) \tag{6.13}$$

式中，m 为系统质量；c 为系统阻尼；k_1 为系统线性刚度；k_2 和 k_3 为系统的非线性刚度；$u(t)$ 为系统所受激励。

令系统所受激励为谐波激励：

$$u(t) = e^{j\omega t} \tag{6.14}$$

根据 Volterra 级数展开：

$$y(t) = y_1(t) + y_2(t) + \cdots + y_N(t) \tag{6.15}$$

式中，有

$$\begin{cases} y_1(t) = \int_{-\infty}^{+\infty} h_1(\tau)u(t-\tau)d\tau \\ \qquad\vdots \\ y_N(t) = \int_{-\infty}^{+\infty}\cdots\int_{-\infty}^{+\infty}\int_{-\infty}^{+\infty} h_n(\tau_1,\tau_2,\cdots,\tau_n)\prod_{i=1}^{N} u(t-\tau_i)d\tau_i \end{cases} \tag{6.16}$$

将式(6.14)代入式(6.16)，可得系统线性部分输出频率响应函数为

$$y_1(t) = H_1(j\omega)e^{j\omega t} \tag{6.17}$$

将 $y_1(t)$ 代入式(6.13)，则有

$$\left(-m\omega^2 + jc\omega + k_1\right)H_1(j\omega)e^{j\omega t} + k_2 H_1^2(j\omega)e^{2j\omega t} + k_3 H_1^3(j\omega)e^{3j\omega t} + \cdots = e^{j\omega t} \tag{6.18}$$

根据系数相等原则，可得

$$\left(-m\omega^2 + jc\omega + k_1\right)H_1(j\omega) = 1 \tag{6.19}$$

因此，对于物理方程(6.13)，线性部分频率响应函数为

$$\text{NRSF}_1(j\omega) = H_1(j\omega) = \frac{1}{-m\omega^2 + jc\omega + k_1} \tag{6.20}$$

对于 NARX 模型(2.15)，当系统受到谐波激励(6.14)时，系统输入序列延迟项和线性部分输出序列延迟项为

$$\begin{cases} u(k-N_u) = \mathrm{e}^{\mathrm{j}\omega(k-\Delta kN_u)} \\ y_1(k-N_y) = H_1(\mathrm{j}\omega)\mathrm{e}^{\mathrm{j}\omega(k-\Delta kN_y)} \end{cases} \tag{6.21}$$

式中，N_u 和 N_y 是时间延迟项，$1 \leqslant N_u \leqslant n_u, 1 \leqslant N_y \leqslant n_y$；$\Delta k$ 是采样间隔。

将式(6.21)代入式(2.15)，可得 NARX 模型线性部分频率响应函数为

$$\mathrm{NRSF}_1(\mathrm{j}\omega) = H_1(\mathrm{j}\omega) = \frac{\displaystyle\sum_{N_u=1}^{n_u} \theta_{N_u} \mathrm{e}^{-N_u \mathrm{j}\omega\Delta k}}{1 - \displaystyle\sum_{N_y=1}^{n_y} \theta_{N_y} \mathrm{e}^{-N_y \mathrm{j}\omega\Delta k}} \tag{6.22}$$

描述函数(describing function, DF)是用来分析一维非线性系统的方法，代表系统线性和非线性部分频率响应函数之和，描述函数的计算如下：

$$\mathrm{DF}(\mathrm{j}\omega) = \frac{Y(\mathrm{j}\omega)}{U(\mathrm{j}\omega)} \tag{6.23}$$

式中，$Y(\mathrm{j}\omega)$ 为系统的输出序列；$U(\mathrm{j}\omega)$ 为系统的输入序列。

描述函数代表系统线性和非线性部分频率响应函数之和，因此，描述函数减去线性部分的频率响应函数 NRSF_1 即为系统非线性部分频率响应函数 NRSF_∞。

描述函数与 NRSF_1 和 NRSF_∞ 之间的关系如下：

$$\mathrm{DF}(\mathrm{j}\omega) = \frac{Y(\mathrm{j}\omega)}{U(\mathrm{j}\omega)} = \mathrm{NRSF}_1(\mathrm{j}\omega) + \mathrm{NRSF}_\infty(\mathrm{j}\omega) \tag{6.24}$$

式中，$\mathrm{NRSF}_1(\mathrm{j}\omega)$ 和 $\mathrm{NRSF}_\infty(\mathrm{j}\omega)$ 分别为

$$\begin{cases} \mathrm{NRSF}_1(\mathrm{j}\omega) = H_1(\mathrm{j}\omega) \\ \mathrm{NRSF}_\infty(\mathrm{j}\omega) = \dfrac{\displaystyle\sum_{n=1}^{N} Y_n(\mathrm{j}\omega)}{U(\mathrm{j}\omega)} = \dfrac{Y(\mathrm{j}\omega) - Y_1(\mathrm{j}\omega)}{U(\mathrm{j}\omega)} \end{cases} \tag{6.25}$$

NRSF 的计算流程如图 6.13 所示。

6.3.2 NARX-NRSF-SVM 故障诊断方法

基于 SVM 算法对系统故障进行预测的原理是，将故障样本分为两部分，分别称为训练集和测试集，样本标签表示故障状态。例如，若转子系统有两种不同的故障状态：不平衡状态和不对中状态，那么设样本标签为

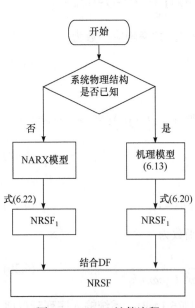

图 6.13 NRSF 计算流程

1、2，1 代表不平衡状态，2 代表不对
中状态。训练集是含有标签的数据，假
设测试集的标签未知，是需要预测的部
分。训练集用于 SVM 算法的训练，通
过训练过程确定 SVM 算法的参数。测
试集用来进行故障预测，通过对比测试
集的预测标签和已知标签，可得到故障
预测的准确率。基于 SVM 算法，利用
NRSF 作为特征对系统进行故障预测
的流程如图 6.14 所示。

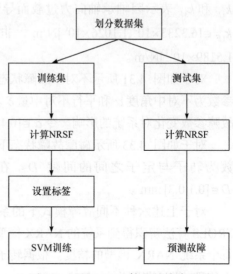

图 6.14　基于 SVM 算法的故障预测

　　对于实际的非线性轴承-转子系
统，在运转过程中遭遇各种外界因素的
影响，对物理结构造成不可逆的变化，
导致实际参数与设计参数不一致。实际
转子系统结构复杂，难以准确地用微分
或积分方程进行描述。系统参数是未知的，对于参数未知的系统，无法用基于机
理模型的公式计算得到 NRSF；对于参数未知的实际系统，可通过输入输出信号
辨识得到系统 NARX 模型，通过下式来计算得到系统的 NRSF：

$$
\begin{cases}
\mathrm{NRSF}_1(\mathrm{j}\omega) = H_1(\mathrm{j}\omega) = \dfrac{\displaystyle\sum_{N_u=1}^{n_u} \theta_{N_u} \mathrm{e}^{-N_u \mathrm{j}\omega\Delta k}}{1 - \displaystyle\sum_{N_y=1}^{n_y} \theta_{N_y} \mathrm{e}^{-N_y \mathrm{j}\omega\Delta k}} \\[4mm]
\mathrm{NRSF}_\infty(\mathrm{j}\omega) = \dfrac{\displaystyle\sum_{n=1}^{N} Y_n(\mathrm{j}\omega)}{U(\mathrm{j}\omega)} = \dfrac{Y(\mathrm{j}\omega) - Y_1(\mathrm{j}\omega)}{U(\mathrm{j}\omega)}
\end{cases}
\tag{6.26}
$$

　　对于如图 4.35 所示不平衡故障状态下的非线性轴承-转子系统，系统的故障
参数为偏心距 e，在其他系统参数(刚度等)不变的情况下，令偏心距 e 的变化范围
为 $e \in [0.1, 0.3]$ mm。

　　对于如图 4.35 所示轴承故障状态下的非线性转子-轴承系统，系统的故障参
数为线性刚度 k_1 和非线性刚度 k_3，由 4.4.3 节的推导可知，导致刚度变化的本质
原因是温度的改变。系统的温度在同一变化范围内，令线性刚度
$k_{1w} \in [5.7523 \times 10^5, 5.7668 \times 10^5]$N/m，非线性刚度 $k_{3w} \in [1.9973 \times 10^{11}, 2.0024 \times 10^{11}]$N/m，$k_{1w}$ 和 k_{3w} 分别表示因轴承磨损和裂纹故障导致的刚度变化。此外，令

k_{1F} 和 k_{3F} 表示因轴承轴向力过载而导致的刚度变化，令线性刚度变化范围为 $k_{1F} \in [6.3233 \times 10^5, 1.1026 \times 10^6]$N/m ，非线性刚度变化范围为 $k_{3F} \in [2.8364 \times 10^{10}, 1.5189 \times 10^{11}]$N/m 。

对于如图 4.31 所示不对中故障状态下的非线性转子-轴承系统，系统的故障参数为不对中角度 α 和平行不对中量 δ 。保持系统其他参数不变，只探究不对中故障参数变化对系统的影响。令 $\alpha \in [0.1, 0.3]$ rad， $\delta \in [0.2, 1.6]$ mm 。

对于如图 4.33 所示碰摩故障状态下的非线性转子-轴承系统，系统的故障参数为转子与定子之间的间隙 D 。在系统其他参数为定值的情况下，令 $D \in [0.1, 0.3]$ mm 。

对于上述六种不同故障模式下的系统进行仿真，基于输入输出信号，利用 FROLS 算法辨识得到系统的 NARX 模型，并用 MPO 方法进行模型验证，以保证每个系统 NARX 模型的精度。根据转子系统特点，采用多谐波信号 $\sin(\omega t)$ 为输入信号，谐波范围为 $\omega \in [600, 620]$rad/s ，输出信号为系统水平方向振动位移响应。

每种故障模式下，用 $\omega = 620$rad/s 下的振动响应作为 NARX 模型的验证集。部分 NARX 模型验证结果如图 6.15~图 6.20 所示，其中，图(a)为时域上的 NARX 模型输出与仿真输出对比，图(b)为频域上的 NARX 模型频率与仿真频率对比。图 6.15~图 6.20 表明，在六种不同故障模式下，系统的 NARX 模型输出与实际输出在时域和频域上均能较好拟合，说明基于多谐波输入序列，经 FROLS 算法辨识得到的 NARX 模型能准确描述动态系统。

此外，图 6.15~图 6.20 表明，不平衡故障状态、轴承磨损故障状态、轴承轴向力过载状态的时域响应和频域响应较为相似。图 6.18 和图 6.19 表明，不对中量故障状态、不对中角度故障状态的时域响应和频域响应也较为相似。在这些情况下，无法用传统时域图和频域图来进行故障识别，而 NRSF 可有效区分出这些不同的工况，是一种能反映系统参数变化的敏感指标。

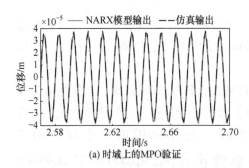

(a) 时域上的MPO验证

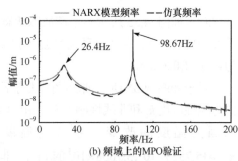

(b) 频域上的MPO验证

图 6.15 不平衡故障状态下的 NARX 模型 MPO 验证结果

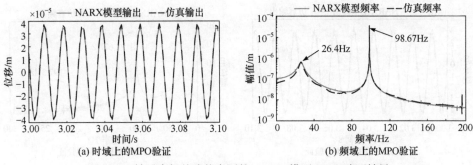

图 6.16　轴承磨损故障状态下的 NARX 模型 MPO 验证结果

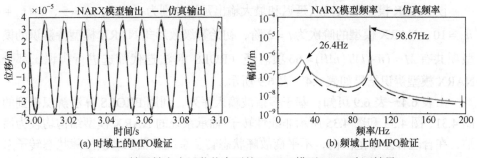

图 6.17　轴承轴向力过载状态下的 NARX 模型 MPO 验证结果

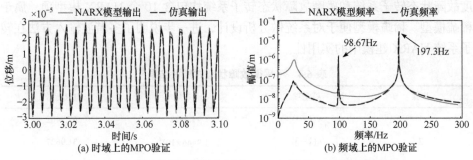

图 6.18　不对中量故障状态下的 NARX 模型 MPO 验证结果

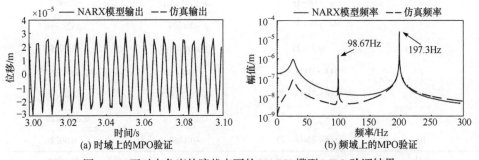

图 6.19　不对中角度故障状态下的 NARX 模型 MPO 验证结果

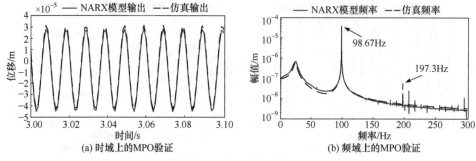

图 6.20　碰摩故障状态下的 NARX 模型 MPO 验证结果

设 NARX 模型最大输入延迟和最大输出延迟分别为 $n_u = 5$、$n_y = 5$，$n = n_u + n_y = 10$，NARX 模型的阶次为 $l = 2$ 阶，初始幂级数形式 NARX 模型待辨识的模型项共有 $M = (n+l)!/(n!l!) = 66$ 项。经 FROLS 算法迭代筛选进行辨识，部分 NARX 模型辨识结果如表 6.4～表 6.9 所示。

由表 6.4～表 6.9 可知，基于多谐波输入序列，利用 FROLS 算法辨识得到的图 4.31、图 4.33 和图 4.35 所示非线性转子-轴承系统的 NARX 模型结构均较为简洁，在合理容差率范围内，不平衡故障状态转子系统、轴承磨损故障状态转子系统、轴承轴向力过载故障状态转子系统、不对中量故障状态转子系统、不对中角度故障状态转子系统和碰摩故障状态转子系统均包含 10 个 NARX 模型项，属于稀疏模型。稀疏模型便于对系统做分析设计，进一步说明了多谐波输入方法在转子系统 NARX 建模中的实用性。

表 6.4　不平衡故障状态时辨识结果

步骤	模型项	系数	ERR/%
1	$y(k-1)$	1.4972	67.9402
2	$u(k-3)$	1.9446×10^{-4}	31.9627
3	$y(k-2)$	-0.0964	0.0194
4	$u(k-1)$	-8.1312×10^{-6}	0.0572
5	$y(k-3)$	-0.4409	3.3626×10^{-5}
6	$u(k-2)$	3.9598×10^{-5}	0.0005
7	$y(k-1)y(k-3)$	1.4990×10^{4}	2.0495×10^{-6}
8	$y(k-3)y(k-3)$	1.4550×10^{4}	1.2464×10^{-6}
9	$y(k-2)y(k-3)$	-2.9121×10^{4}	2.0664×10^{-5}
10	$y(k-3)u(k-2)$	-0.1860	0.0022
总计	—	—	99.9822

表 6.5 轴承磨损故障状态时辨识结果

步骤	模型项	系数	ERR/%
1	$y(k-1)$	1.4900	67.9405
2	$u(k-3)$	-2.1204×10^{-5}	31.9625
3	$y(k-2)$	-0.0824	0.0194
4	$u(k-1)$	-8.3733×10^{-6}	0.0572
5	$y(k-3)$	-0.4480	3.5288×10^{-5}
6	$u(k-2)$	4.0089×10^{-5}	0.0005
7	$y(k-1)y(k-3)$	1.5066×10^{4}	2.3081×10^{-6}
8	$y(k-3)y(k-3)$	1.4625×10^{4}	1.3788×10^{-6}
9	$y(k-2)y(k-3)$	-2.9270×10^{4}	2.1387×10^{-5}
10	$y(k-3)u(k-2)$	-0.1870	0.0023
总计	—		99.9824

表 6.6 轴承轴向力过载故障状态时辨识结果

步骤	模型项	系数	ERR/%
1	$y(k-1)$	1.5624	67.7012
2	$u(k-3)$	-1.0944×10^{-5}	32.2020
3	$y(k-2)$	-0.2422	0.0261
4	$u(k-1)$	2.1748×10^{-6}	0.0515
5	$y(k-3)$	-0.3736	2.0807×10^{-5}
6	$u(k-2)$	2.2047×10^{-5}	0.0003
7	$u(k-1)u(k-1)$	2.0784×10^{-7}	5.2980×10^{-7}
8	$y(k-2)y(k-2)$	-342.9192	2.3617×10^{-6}
9	$y(k-1)y(k-3)$	249.2559	3.8425×10^{-6}
10	$y(k-3)y(k-3)$	120.2215	6.0097×10^{-5}
总计	—		99.9814

表 6.7　不对中量故障状态时辨识结果

步骤	模型项	系数	ERR/%
1	$y(k-3)$	-0.2837	46.2515
2	$y(k-2)$	-0.3970	10.7128
3	$y(k-1)$	1.6449	42.3695
4	$u(k-3)$	-2.0134×10^{-5}	0.0293
5	$u(k-2)$	3.3115×10^{-5}	0.0147
6	$u(k-1)$	-1.9786×10^{-5}	0.0080
7	$u(k-1)u(k-3)$	4.7119×10^{-5}	0.0071
8	$u(k-1)u(k-1)$	1.4841×10^{-4}	0.4306
9	$u(k-1)u(k-2)$	-1.6460×10^{-4}	0.1480
10	$u(k-2)u(k-2)$	-2.9691×10^{-5}	0.0085
总计	—	—	99.9799

表 6.8　不对中角度故障状态时辨识结果

步骤	模型项	系数	ERR/%
1	$y(k-3)$	-0.2837	46.2625
2	$y(k-2)$	-0.3971	10.7184
3	$y(k-1)$	1.6450	42.3538
4	$u(k-3)$	-2.0320×10^{-5}	0.0287
5	$u(k-2)$	3.3420×10^{-5}	0.0145
6	$u(k-1)$	-1.9972×10^{-5}	0.0080
7	$u(k-1)u(k-3)$	4.7566×10^{-5}	0.0070
8	$u(k-1)u(k-1)$	1.4979×10^{-4}	0.4304
9	$u(k-1)u(k-2)$	-1.6614×10^{-4}	0.1481
10	$u(k-2)u(k-2)$	-2.9961×10^{-5}	0.0080
总计	—	—	99.9814

表 6.9　碰摩故障状态时辨识结果

步骤	模型项	系数	ERR/%
1	$y(k-1)$	1.1770	69.4868
2	$u(k-3)$	-2.9344×10^{-5}	30.4106
3	$y(k-2)$	0.5365	0.0068
4	$u(k-1)$	-1.6433×10^{-5}	0.0705
5	$u(k-2)u(k-2)$	-1.5745×10^{-5}	0.0006
6	$u(k-1)u(k-3)$	1.1875×10^{-5}	0.0005
7	$y(k-3)$	-0.7555	0.0002
8	$u(k-2)$	5.7324×10^{-5}	0.0019
9	$u(k-1)u(k-1)$	5.6034×10^{-6}	3.6836×10^{-5}
10	$u(k-3)u(k-3)$	5.5651×10^{-6}	0.0018
总计	—	—	99.9797

在得到系统 NARX 模型后,首先根据式(6.26)分别计算六种故障模式下的 NRSF,然后将 NRSF 作为特征,80%样本数据作为训练集,20%样本数据作为测试集,用 SVM 算法对不同状态下的系统模式进行辨识,测试集的准确率如表 6.10 所示。结果表明,根据 NARX 模型计算的 NRSF 是一种有效的系统特征,结合 SVM 算法能有效辨识出系统的不同故障模式。

表 6.10　NRSF 特征下辨识准确率

系统特征	辨识准确率/%
DF, NRSF_1, NRSF_∞	94.73
DF, NRSF_1	68.42
NRSF_∞	76.31
NRSF_1	68.41

NARX-NRSF-SVM 方法对系统进行故障识别,其流程如图 6.21 所示。

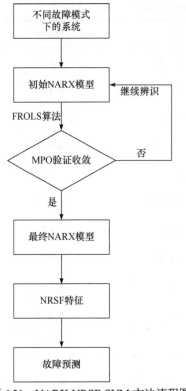

图 6.21　NARX-NRSF-SVM 方法流程图

6.3.3　实验验证

6.3.2 节以典型转子系统为例，用仿真的方式阐述了 NARX-NRSF-SVM 方法在故障识别中的应用。本节以实际转子实验台为例，转子试验台本身存在多种耦合故障，旋转时有偏摆现象，属于具有复杂非线性现象的系统，并且模型物理参数未知，故用系统辨识的方式为该转子实验台建立 NARX 模型，力求在模型空间中寻找一个能准确描述原系统的数值模型。

通过加不平衡盘、螺栓和垫片的方式制造不同的系统故障模式。针对每个工况，基于多谐波输入信号、振动位移响应输出信号，利用 FROLS 算法进行模型结构辨识与参数估计，建立该实验台转子系统的 NARX 模型，并对每个 NARX 模型进行 MPO 验证。基于经过验证的 NARX 模型，计算系统的 NRSF，最终用 SVM 算法辨识出该转子实验台系统不同的故障模式。

1) 实验方案

为了验证 NARX-NRSF-SVM 方法在实际系统故障预测中的效果，本节在如图 6.21 所示的转子实验台上进行相关实验。其中，图 6.22(a)是转子实验台，由轴承、轴、联轴器、电动机组成，传感器是电涡流位移传感器，型号为 CWY-DO-502，用于测量转子系统的振动位移响应，电动机用来给系统施加驱动力。图 6.22(b)是测试装置，由 cDAQ-9188 机箱、NI-9229 采集卡硬件及相关信号采集软件组成，采集软件为 LabVIEW 测试系统。实验方案如图 6.23～图 6.30 所示。

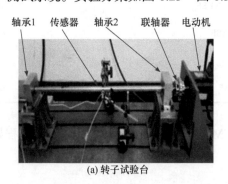

(a) 转子试验台

测试系统机箱　　采集卡

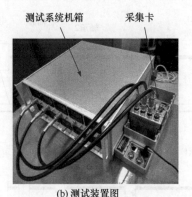

(b) 测试装置图

图 6.22　试验装置

图 6.23 为光轴状态，中间轴上不装盘，位移传感器布置在轴承 1 和轴承 2 中间处，用于测量光轴水平方向的振动位移响应，将图 6.23 的转子系统设为工况 1。图 6.24 为光轴中间放置一个不平衡盘，位移传感器布置在不平衡盘水平方向上，用于测量振动位移响应，将图 6.24 的转子系统设为工况 2。

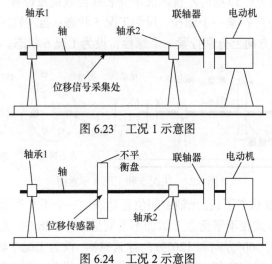

图 6.23　工况 1 示意图

图 6.24　工况 2 示意图

图 6.25 为光轴状态下，在右端轴承座(轴承 2 处)添加垫片，垫片导致联轴器左右两端的轴不在一个水平线上，从而产生不对中故障。位移传感器布置在轴承 1 和轴承 2 中间位置，将图 6.25 的转子系统设为工况 3。图 6.26 为光轴状态下，在右端轴承座添加垫片，同时在光轴中间位置添加不平衡盘，代表不平衡故障和不对中故障的耦合状态，将图 6.26 的转子系统设为工况 4。

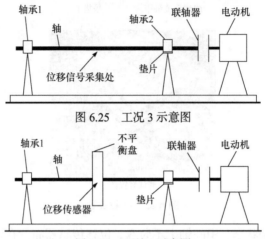

图 6.25　工况 3 示意图

图 6.26　工况 4 示意图

　　图 6.27 为光轴状态下，在光轴中间位置处添加一个不平衡盘，同时，通过拧紧螺栓的方式在不平衡盘上添加不平衡量，螺栓的拧紧位置不同，添加的不平衡量也不同。图 6.27 中，以盘的左视图展示安装螺栓数量及位置，盘左视图(1)表示在不平衡盘水平方向拧紧一个螺栓，设为工况 5 状态；盘左视图(2)表示在不平衡盘水平方向和 60°方向上分别拧紧一个螺栓，设为工况 6 状态。

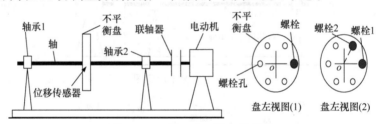

图 6.27　工况 5 和工况 6 示意图

　　图 6.28 为光轴状态下，在光轴中间位置处添加一个不平衡盘，与图 6.27 相同，通过拧紧螺栓的方式在不平衡盘上添加不平衡量。图 6.28 中，盘左视图(1)表示在不平衡盘水平方向、60°方向和 120°方向拧紧螺栓，设为工况 7 状态；盘左视图(2)表示在不平衡盘水平方向和 120°方向上拧紧螺栓，设为工况 8 状态。

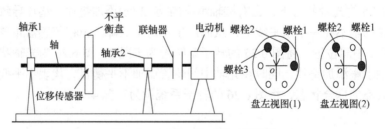

图 6.28　工况 7 和工况 8 示意图

　　图 6.29 为在工况 5 和工况 6 的状态下，在右端轴承座(轴承 2)处添加一个垫片，该垫片导致联轴器左右两端的轴不在一条水平线上，从而引起不对中故障。在图 6.29 中，盘左视图(1)表示在不平衡盘的水平方向上拧紧螺栓，设为工况 9 状态；盘左视图(2)表示在不平衡盘的水平方向和 60°方向上拧紧螺栓，设为工况 10 状态。

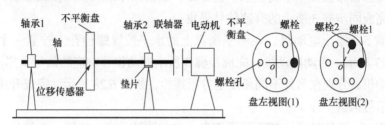

图 6.29　工况 9 和工况 10 示意图

　　图 6.30 为在工况 7 和工况 8 的状态下，在右端轴承座(轴承 2)处添加一个垫片。在图 6.30 中，盘左视图(1)表示在不平衡盘的水平方向、60°方向和 120°方向上拧紧螺栓，设为工况 11 状态；盘左视图(2)表示在不平衡盘的水平方向上和 120°方向上拧紧螺栓，设为工况 12 状态。位移传感器用于测量不平衡盘水平方向的振动响应。

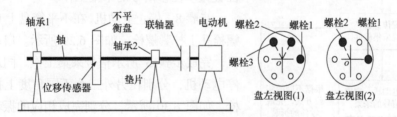

图 6.30　工况 11 和工况 12 示意图

实验步骤如下：

　　步骤 1　如图 6.23 所示，在转子系统光轴、右端轴承座无垫片的原始系统状态下，选用一个电涡流位移传感器，布置于原始状态下系统的水平方向上，用来测量水平方向振动位移响应。

　　步骤 2　将传感器输出线连接至测试系统机箱，把采集卡的通道与机箱输出口连接，设置测试软件 LabVIEW 的相关采集参数，采样频率设定为 1613Hz，完成信号采集前的布置传感器及调试软件工作。

　　步骤 3　启动电动机，完成电动机转速从 73rad/s 到 94rad/s 连续升速时光轴水平方向振动响应信号采集，将采集的信号通过 LabVIEW 软件储存在本地。

在采集信号的过程中，可通过 LabVIEW 控制界面查看振动信号的情况，如果发现振动信号在不同的采样时间内振幅区别过大，则需停止电动机，重新布置传感器。

步骤 4　停止电动机，拆卸轴承，将不平衡盘安装到光轴中间，如图 6.24 所示，将传感器布置在不平衡盘水平位置处，重新设计采集软件相关参数，启动电动机，完成同步骤 3 所示的升速信号采集。

步骤 5　停止电动机，在不平衡盘上的水平位置螺栓孔上拧紧一个螺栓，如图 6.27 所示。启动电动机，完成步骤 3 所示振动位移响应的信号采集。同理，启停电动机，分别在另外不同角度上拧紧螺栓，如图 6.28 所示，完成升速状态下的振动信号采集工作。

步骤 6　拆卸轴承，卸下不平衡盘，在右端轴承座上放置一个垫片，之后安装好轴承，如图 6.25 所示。按照步骤 1～步骤 3，完成光轴水平位置振动信号采集工作。

步骤 7　拆卸轴承，在左右轴承座中间位置安装不平衡盘，随后安装好轴承，如图 6.26 所示。按照步骤 1～步骤 3，完成不平衡盘水平位置振动位移信号的采集工作。

步骤 8　停止电动机，在不平衡盘上 0°位置螺栓孔上拧紧螺栓，如图 6.29 所示。启动电动机，完成步骤 3 所示信号采集工作。同理，启停电动机，分别在另外三个不同角度上拧紧螺栓，如图 6.30 所示，分别完成相应的振动信号采集工作。至此，12 种实验方案全部完成。

实验步骤如图 6.31 所示。

2) 实验结果与分析

实验方案中转子系统有 12 种不同的故障状态，分别是工况 1，工况 2，工况 3，…，工况 12，在每个工况下，电动机转速范围为 [73,94]rad/s，采集升速信号下的转子系统水平方向振动位移响应。实验中采集的 12 组振动位移信号首先用 LabVIEW 软件保存，然后用 MATLAB 软件进行滤波降噪。

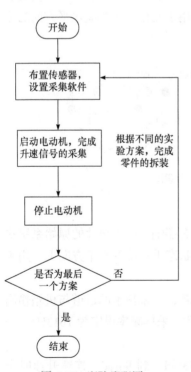

图 6.31　实验流程图

　　经过滤波降噪之后，每组信号在 $\omega = 73$rad/s 时的时域响应如图 6.32(a)～(l)所示。将振动位移信号作为输出序列，是系统建立 NARX 模型的基础。

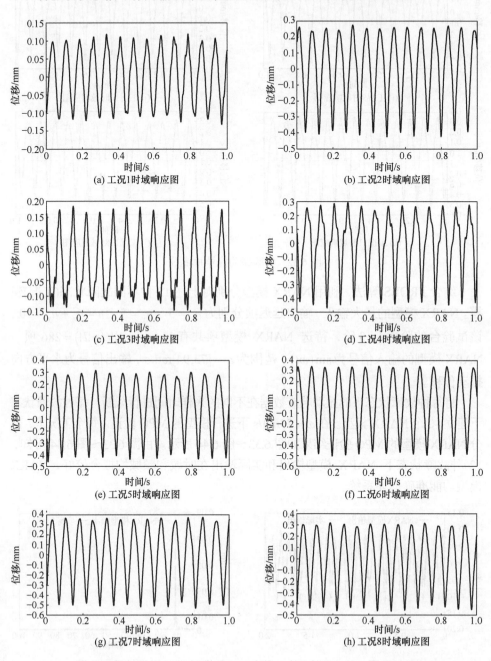

(a) 工况1时域响应图

(b) 工况2时域响应图

(c) 工况3时域响应图

(d) 工况4时域响应图

(e) 工况5时域响应图

(f) 工况6时域响应图

(g) 工况7时域响应图

(h) 工况8时域响应图

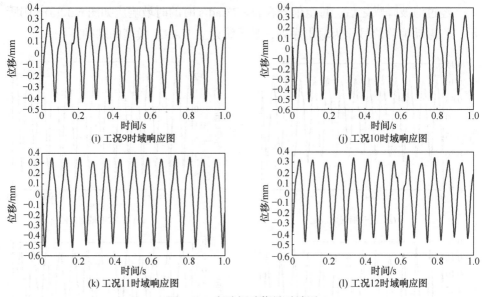

图 6.32　实验振动信号时域图

结合 FROLS 算法，利用 NARX 模型分别对上述 12 种不同故障状态(工况)建模。NARX 模型的最大输入、输出延迟项分别为 $n_u = 5$、$n_y = 5$，$n = n_u + n_y = 10$，该试验台的阶次 $l = 3$ 阶，待选 NARX 模型项共有 $M = (n+l)!/(n!l!) = 286$ 项。NARX 模型的输入信号为 $\sin(\omega t)$，范围为 $\omega = [73, 94]$rad/s，输出信号为水平方向振动位移。

将每种故障状态下的振动响应数据在不同的采样时间进行截断，每种故障状态下建立 10 个 NARX 模型。在 $\omega = 73$rad/s 下进行模型的 MPO 验证。每个工况下，部分 NARX 模型的 MPO 验证结果如图 6.33～图 6.44 所示。由图 6.33～图 6.44 可知，12 种故障状态下 NARX 模型输出和实际输出在时域和频域均拟合较好，NARX 模型均能准确描述系统。

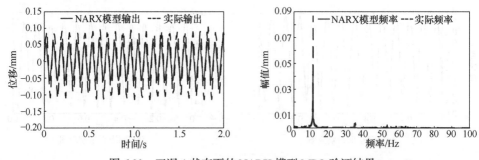

图 6.33　工况 1 状态下的 NARX 模型 MPO 验证结果

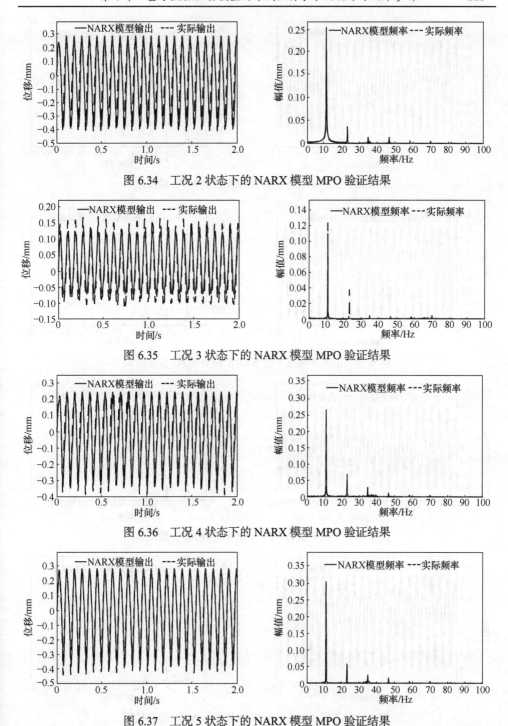

图 6.34　工况 2 状态下的 NARX 模型 MPO 验证结果

图 6.35　工况 3 状态下的 NARX 模型 MPO 验证结果

图 6.36　工况 4 状态下的 NARX 模型 MPO 验证结果

图 6.37　工况 5 状态下的 NARX 模型 MPO 验证结果

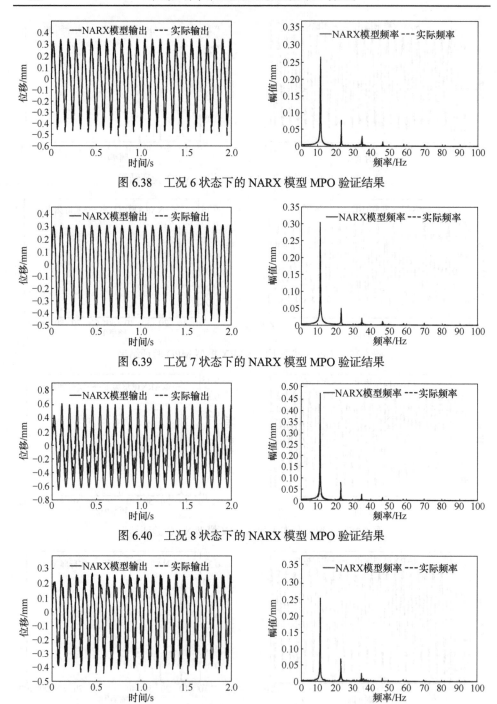

图 6.38　工况 6 状态下的 NARX 模型 MPO 验证结果

图 6.39　工况 7 状态下的 NARX 模型 MPO 验证结果

图 6.40　工况 8 状态下的 NARX 模型 MPO 验证结果

图 6.41　工况 9 状态下的 NARX 模型 MPO 验证结果

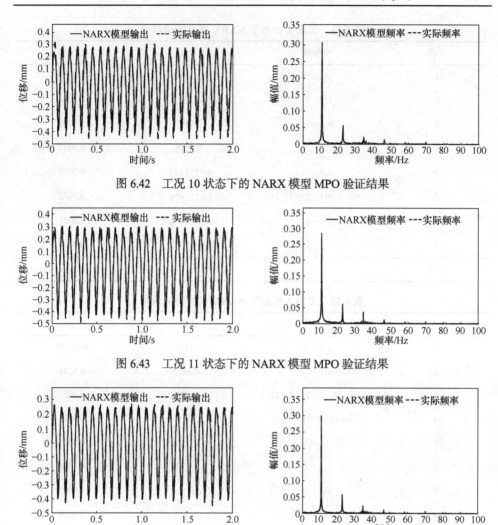

图 6.42　工况 10 状态下的 NARX 模型 MPO 验证结果

图 6.43　工况 11 状态下的 NARX 模型 MPO 验证结果

图 6.44　工况 12 状态下的 NARX 模型 MPO 验证结果

在每个工况下，部分 NARX 模型最终结构、模型系数及 ERR 值如表 6.11～表 6.22 所示。对比表 6.11 和表 6.12 可知，工况 1 状态下的 NARX 模型中，非线性项 ERR 值仅为 0.0003%，工况 2 状态下的 NARX 模型中，非线性项 ERR 值为 0.0041%。

由图 6.33 和图 6.34 可知，工况 2 状态下的频谱图比工况 1 状态下的频谱图非线性现象强烈，表明 NARX 模型结构准确反映了系统的非线性程度。

表 6.11　工况 1 状态下 NARX 模型辨识结果

步骤	模型项	系数	ERR/%
1	$y(k-1)$	2.2704	99.6843
2	$y(k-2)$	-1.4333	0.3010
3	$y(k-3)$	0.0683	0.0003
4	$y(k-5)$	0.0928	0.0002
5	$u(k-1)$	-1.9779×10^{-5}	0.0002
6	$u(k-5)u(k-5)u(k-5)$	-1.0211×10^{-15}	0.0003
7	$u(k-5)$	-6.8390×10^{-6}	0.0001
8	$u(k-2)$	2.6559×10^{-5}	0.0034
总计	—	—	99.9898

表 6.12　工况 2 状态下 NARX 模型辨识结果

步骤	模型项	系数	ERR/%
1	$y(k-1)$	1.3150	99.6492
2	$y(k-3)$	-0.1873	0.3323
3	$y(k-1)y(k-2)y(k-2)$	-12.2302	0.0022
4	$y(k-1)y(k-1)y(k-3)$	12.3197	0.0011
5	$u(k-3)u(k-4)$	-2.5523×10^{-11}	0.0005
6	$y(k-5)$	-0.1378	0.0008
7	$u(k-1)$	6.1067×10^{-7}	0.0005
8	$y(k-1)u(k-1)u(k-5)$	-6.2632×10^{-6}	0.0003
总计	—	—	99.9869

　　由表 6.13 可知，工况 3 状态下的 NARX 模型非线性项 ERR 值仅为 0.0001%，非线性现象不明显。对比图 6.35 中的频谱图，可知该 NARX 模型没有反映出系统二倍频成分。然而，NRSF 的关注点在系统一倍频上，基于描述函数法计算的 DF 值与系统输出响应和基频相关：

$$\mathrm{DF}(\mathrm{j}\omega)=\frac{Y(\mathrm{j}\omega)}{U(\mathrm{j}\omega)} \tag{6.27}$$

在实际计算过程中，ω 为转子系统工作状态基频，在该实验中，建模频率范围为 $\omega\in[73,94]\mathrm{rad/s}$，选取 $\omega=73\mathrm{rad/s}$ 为 NRSF 的计算频率。

　　因此，基频为 $\omega = 73\text{rad/s}$。只要 NARX 模型输出的基频与实际输出的频率能拟合上，就能说明该 NARX 模型可以准确反映系统的基频特征，可以用来计算 NRSF。

表 6.13　工况 3 状态下 NARX 模型辨识结果

步骤	模型项	系数	ERR/%
1	$y(k-1)$	2.7181	99.5832
2	$y(k-2)$	-2.8458	0.3986
3	$y(k-3)$	1.6690	0.0042
4	$u(k-1)$	-2.1704×10^{-5}	0.0002
5	$u(k-5)$	-6.7551×10^{-6}	0.0006
6	$u(k-2)$	4.2892×10^{-5}	0.0029
7	$u(k-3)$	-2.5843×10^{-5}	0.0005
8	$y(k-4)$	-0.7689	0.0001
9	$y(k-5)$	0.2269	0.0002
10	$u(k-4)$	1.1349×10^{-5}	0.0002
11	$y(k-1)y(k-1)$	0.0184	5.5406×10^{-5}
12	$y(k-1)y(k-2)y(k-3)$	-0.1974	0.0001
总计	—	—	99.9898

表 6.14　工况 4 状态下 NARX 模型辨识结果

步骤	模型项	系数	ERR/%
1	$y(k-1)$	2.1150	99.5663
2	$y(k-2)$	-1.1729	0.4265
3	$y(k-5)$	0.0526	0.0016
4	$u(k-2)$	3.2301×10^{-7}	0.0004
5	$y(k-1)u(k-4)u(k-4)$	-1.1114×10^{-10}	0.0003
6	$u(k-3)u(k-4)$	-2.8414×10^{-9}	4.3555×10^{-5}
7	$y(k-1)y(k-1)y(k-1)$	8.3397×10^{-9}	8.8905×10^{-5}
8	$y(k-1)y(k-1)y(k-2)$	-5.5161×10^{-9}	0.0002
总计	—	—	99.9954

由表 6.15～表 6.22 可知，工况 5～工况 12 的 NARX 模型结构均较为精简，精简的 NARX 模型结构便于接下来对系统做进一步分析。基于精简 NARX 模型，NRSF 计算效率较高，具有工程实用性，特别是可应用于大数据背景下的特征提取，当数据量较大时，计算效率越高的模型其优势越能体现。

表 6.15　工况 5 状态下 NARX 模型辨识结果

步骤	模型项	系数	ERR/%
1	$y(k-1)$	1.4864	99.6516
2	$y(k-2)$	−0.2130	0.3377
3	$y(k-1)y(k-2)y(k-3)$	−8.8243	0.0009
4	$y(k-3)$	−0.1796	0.0007
5	$y(k-1)y(k-1)y(k-3)$	8.8088	0.0006
6	$u(k-3)u(k-5)$	-2.0342×10^{-11}	0.0004
7	$y(k-5)$	−0.0980	0.0002
8	$u(k-1)$	2.7208×10^{-7}	0.0002
总计	—	—	99.9923

表 6.16　工况 6 状态下 NARX 模型辨识结果

步骤	模型项	系数	ERR/%
1	$y(k-1)$	1.4804	99.6727
2	$y(k-2)$	−0.2059	0.3192
3	$y(k-1)y(k-2)y(k-2)$	−6.8976	0.0007
4	$y(k-3)$	−0.1702	0.0006
5	$y(k-1)y(k-1)y(k-3)$	6.8823	0.0004
6	$u(k-3)u(k-4)$	-2.1340×10^{-11}	0.0003
7	$y(k-5)$	−0.1087	0.0002
8	$u(k-1)$	3.2411×10^{-7}	0.0002
总计	—	—	99.9943

表 6.17　工况 7 状态下 NARX 模型辨识结果

步骤	模型项	系数	ERR/%
1	$y(k-1)$	1.2580	99.6681
2	$y(k-3)$	−0.0927	0.3126
3	$y(k-1)y(k-2)y(k-2)$	−8.1101	0.0013

步骤	模型项	系数	ERR/%
4	$y(k-5)$	−0.1849	0.0010
5	$y(k-1)y(k-3)y(k-3)$	8.1798	0.0009
6	$u(k-3)u(k-4)$	-2.6697×10^{-11}	0.0006
7	$u(k-1)$	1.2243×10^{-6}	0.0005
8	$y(k-1)y(k-5)u(k-5)$	-5.0916×10^{-6}	0.0002
总计	—	—	99.9852

表 6.18　工况 8 状态下 NARX 模型辨识结果

步骤	模型项	系数	ERR/%
1	$y(k-1)$	1.5644	99.6749
2	$y(k-3)$	−0.1460	0.3115
3	$y(k-1)y(k-1)y(k-2)$	−0.0082	0.0015
4	$y(k-2)$	−0.2994	0.0003
5	$u(k-1)u(k-5)$	−0.0046	0.0001
6	$y(k-4)$	−0.1247	0.0002
7	$u(k-2)$	5.0760×10^{-7}	9.5121×10^{-5}
8	$y(k-2)y(k-2)u(k-5)$	-4.1287×10^{-6}	0.0002
总计	—	—	99.9887

表 6.19　工况 9 状态下 NARX 模型辨识结果

步骤	模型项	系数	ERR/%
1	$y(k-1)$	1.3165	99.6249
2	$y(k-3)$	−0.1889	0.3504
3	$y(k-1)y(k-3)y(k-4)$	−11.0029	0.0023
4	$y(k-1)y(k-2)y(k-4)$	11.0656	0.0010
5	$y(k-5)$	−0.1409	0.0008
6	$u(k-3)$	7.0898×10^{-7}	0.0008
7	$y(k-2)u(k-2)$	-7.4798×10^{-7}	0.0008
8	$y(k-4)y(k-4)u(k-1)$	-5.2221×10^{-6}	0.0002
总计	—	—	99.9812

表 6.20　工况 10 状态下 NARX 模型辨识结果

步骤	模型项	系数	ERR/%
1	$y(k-1)$	1.9704	99.6183
2	$y(k-3)$	0.0009	0.3547
3	$y(k-1)y(k-3)u(k-1)$	-16.1643	0.0024
4	$y(k-2)y(k-2)y(k-2)$	9.7810	0.0016
5	$y(k-2)$	-0.9847	0.0031
6	$u(k-3)$	6.3578	0.0030
7	$u(k-2)$	3.4215×10^{-7}	0.0003
8	$y(k-1)y(k-1)y(k-1)$	-0.0067	0.0002
总计	—	—	99.9836

表 6.21　工况 11 状态下 NARX 模型辨识结果

步骤	模型项	系数	ERR/%
1	$y(k-1)$	1.4793	99.6501
2	$y(k-3)$	-0.1690	0.3331
3	$y(k-2)y(k-2)y(k-3)$	-0.0939	0.0017
4	$u(k-1)$	6.2558×10^{-7}	0.0004
5	$y(k-5)$	-0.0989	0.0003
6	$y(k-1)y(k-1)y(k-1)$	-0.0315	0.0003
7	$y(k-1)y(k-3)u(k-5)$	1.2169×10^{-6}	0.0002
8	$y(k-2)$	-0.2179	0.0002
总计	—	—	99.9863

表 6.22　工况 12 状态下 NARX 模型辨识结果

步骤	模型项	系数	ERR/%
1	$y(k-1)$	1.2899	99.6435
2	$y(k-3)$	-0.1538	0.3318
3	$y(k-2)y(k-3)y(k-4)$	-9.6327	0.0020
4	$u(k-3)$	1.0215×10^{-6}	0.0008
5	$y(k-5)$	-0.1542	0.0006
6	$y(k-2)y(k-2)y(k-3)$	9.7124	0.0011

续表

步骤	模型项	系数	ERR/%
7	$y(k-1)u(k-1)u(k-1)$	-3.2212×10^{-11}	0.0011
8	$y(k-5)u(k-1)$	-5.9210×10^{-6}	0.0004
总计	—	—	99.9813

经过信号采集—数据分割—NARX 建模—特征提取流程之后，计算得到 120 个不同故障状态下的转子系统 NRSF 特征。随机将特征样本按照 70%、30%的比例划分为两部分，其中，70%的数据作为有标签的训练集，用于训练 SVM 分类器，SVM 分类器的核函数为 RBF 核函数，训练好后，用测试集数据进行未知样本的标签预测；30%的数据作为测试集，测试集中数据无标签，用于模型验证，将特征样本作为分类器的输入，用上一步中训练好的 SVM 分类器进行标签的学习，即转子系统故障状态的预测，得到结果后与真实标签进行对比，从而得到分类器故障预测的准确率。

在相同的训练集和测试集划分下，在训练集中，分别以 DF、NRSF_1、NRSF_∞，DF、NRSF_∞，DF、NRSF_1 作为系统特征，训练 SVM 分类器，随后用测试集数据进行分类器准确率的验证。测试集预测结果准确率结果如表 6.23 所示。由表 6.23 可知，在测试集中进行的转子系统故障预测的准确率较高，与仿真结果较为相似，有力论证了 NRSF 是有效的系统特征，可分性强，基于 NARX-NRSF-SVM 的方法能够有效实现转子系统故障诊断的目的。

表 6.23　不同特征的辨识结果

系统特征	准确率/%
DF, NRSF_1, NRSF_∞	69.69
DF, NRSF_∞	61.67
DF, NRSF_1	62.13

对于上述 12 种不同故障状态(工况)，以实验中转子系统水平方向振动位移响应的一阶频率响应函数 FFT 作为特征时，在与上述过程相同的训练集和测试集划分以及相同的 SVM 分类器参数下，首先以训练集带标签数据训练 SVM 分类器，随后用测试集无标签数据进行故障预测，可得到测试集预测故障的准确率为 18%。由转子系统振动位移响应的频谱图可知，二阶频率响应也是该转子试验台系统的主要频率响应成分，以转子系统水平方向振动位移响应的二阶频率响应函数 FFT 作为特征时，测试集预测故障的准确率为 6%。由此可知，对于本实验数据，以

一阶或者二阶频率响应函数 FFT 作为特征，数据是不可分的。

此外，以转子系统水平方向的振动位移时域响应作为输入，用三层的深度神经网络(deep neural network, DNN)进行训练，在相同的训练集和测试集划分下，测试集准确率为 2%。由此可知，对于本实验数据，DNN 不易从中学习到规律，不易收敛。分析图 6.32 可知，不同故障状态下的时域响应振幅十分接近，在时域下无法区分开不同的故障模式，而 NRSF 将不可分的时域响应映射到频域，可有效地辨识出转子系统不同的故障模式。这种现象有力说明了 NRSF 的可分性强，对于系统状态变化十分敏感，是一种有效的特征函数，NARX-NRSF-SVM 方法是一种效率高的建模-特征提取-故障诊断方法。

6.4　本　章　小　结

本章以第 4 章建立的带有螺栓连接结构转子系统作为数值算例，选取螺栓连接结构弯曲刚度拐点作为建模中考虑的物理参数，得到的螺栓连接转子系统动态参数化模型能够准确预测其他物理参数值下的临界转速和最大振幅，说明了所提出的方法在转子系统参数化分析和设计中应用的适用性。随后，通过螺栓连接转子实验台采集的实测信号，验证了频域系统辨识方法在实际转子系统动态参数化模型辨识中的适用性。结果表明所提方法能为实际转子系统的参数化设计和分析提供一种快速、有效的建模方法，促进转子系统的设计与参数化分析。

利用 NARX-NRSF-SVM 方法对不同故障模式下的转子系统进行辨识。设计了几种不同的故障模式，在每种故障模式下，利用电涡流位移传感器及测试系统采集转子系统升速状态下的响应信号。由于是实验实测信号，即使是同一份数据，不同的采样时间内也会存在微小差异，为了样本增强，在建立 NARX 模型之前将每一份数据进行多值均等分。每个故障模式下所建立的 NARX 模型均较为精简，MPO 验证预测精度较高。因此，可以通过 NARX 模型计算所得 NRSF 来表示系统特征。实验分析结果表明，对于实际转子系统，NARX-NRSF-SVM 方法可有效进行不同故障状态下的辨识。

参 考 文 献

[1] Hafiz F, Swain A. A meta-heuristic approach to identification of renal blood flow[C]. 18th European Control Conference, Cambridge, 2019: 1995-2000.

[2] Zhang F, Murphy M D, Shalloo L, et al. An automatic model configuration and optimization system for milk production forecasting[J]. Computers and Electronics in Agriculture, 2016, (128): 100-111.

[3] 仇越. 基于系统辨识的非线性隔振系统研究[D]. 沈阳: 东北大学, 2021.

[4] 葛晓彪. 基于 NARX 模型的非线性系统动力学响应建模方法研究[D]. 沈阳: 东北大学, 2020.

[5] Vapnik V N. An overview of statistical learning theory[J]. IEEE Transactions on Neural Networks, 1999, 10(5): 988-999.

[6] Widodo A, Yang B S. Support vector machine in machine condition monitoring and fault diagnosis[J]. Mechanical Systems and Signal Processing, 2007, 21(6): 2560-2574.

[7] 马莹. 基于 NARX 模型的非线性系统建模及频域分析方法研究[D]. 沈阳: 东北大学, 2019.

[8] Liu H P, Zhu Y P, Luo Z, et al. PRESS-based EFOR algorithm for the dynamic parametrical modeling of nonlinear MDOF systems[J]. Frontiers of Mechanical Engineering, 2018, 13(3): 390-400.

[9] Wei H L, Lang Z Q, Billings S A. Constructing an overall dynamical model for a system with changing design parameter properties[J]. International Journal of Modelling, Identification and Control, 2008, 5(2): 93-104.

[10] 刘昊鹏. 多自由度非线性系统的动态参数化建模方法研究[D]. 沈阳: 东北大学, 2018.

[11] 李玉奇. 基于 NARX 模型的螺栓连接转子系统建模及振动特性研究[D]. 沈阳: 东北大学, 2021.

[12] Li Y Q, Luo Z, Shi B L, et al. NARX model-based dynamic parametrical model identification of the rotor system with bolted joint[J]. Archive of Applied Mechanics, 2021, 91(6): 2581-2599.

[13] Cheng C M, Peng Z K, Zhang W M, et al. Volterra-series-based nonlinear system modeling and its engineering applications: A state-of-the-art review[J]. Mechanical Systems and Signal Processing, 2017, 87: 340-364.

[14] Jing X J, Lang Z Q, Billings S A. Output frequency response function-based analysis for nonlinear Volterra systems[J]. Mechanical Systems and Signal Processing, 2008, 22(1): 102-120.

附　录

1. 非线性系统 NARX 模型辨识 MATLAB 程序

1) FROLS 算法

```
clc
clear all
close all
%= = = = = =达芬方程参数和系统辨识参数设置= = = = = =%
x0=[0,0]; fs=512; dt=1/fs;        %初值、采样频率、采样步长
N=100; ks=500; jss=1200; jgg=8;
   YQMXXS=5; SZy=2; SZu=2;     %预期模型项个数、输出最大时滞、输入最大时滞
jie_shu=3;                       %最高阶数
n=SZu+SZy;
M=factorial(n+jie_shu)/factorial(n)/factorial(jie_shu)-1;
u=6000*randn(N*fs,1);            %定义随机输入信号
dA1=[];
m=15; c=600; k=3.56e5; kk=6.85e7;     %质量、阻尼、线性刚度、非线性刚度
%= = = = = =达芬方程求解——ODE45= = = = = =%
for i=1:1:length(u)
  X(1)=0;dX(1)=0;
  x0=[X(i),dX(i)];
  uu=u(i,1);
   [t,x]=ode45(@duffing_suijishuru,[(i-)*dt:dt:(i+1)*dt],x0,[],uu,
   m,c,k,kk);
  X(i+1)=x(2,1);dX(i+1)=x(2,2);
  dA1=[dA1;X(i)];
end
%= = = = = =构建候选模型项矩阵= = = = = =%
qs=round(length(u)/2);
js=qs+1000;
P=[];Y=[];
```

```
for j=1:1:1
  eval(['JL=u;'])
  eval(['XY=dA1;'])
  eval(['[Y_',int2str(j),',P_',int2str(j),']=Build_MXX_new(JL,XY,
  qs,js,SZy,SZu,ji e_shu);'])
  eval(['Y=[Y;Y_',int2str(j),'];'])
  eval(['P=[P;P_',int2str(j),'];'])
end
%= = = = = =基于 FROLS 算法的 NARX 模型辨识= = = = = =%
[r,xs,AERR]=FROLS_freedom1(YQMXXS,P,Y);
jg=moxingxiang2(SZy,SZu,jie_shu,r);
[SS,S]=shibie(jg);
Y_test=dA1;
U_test=u;
S=['y(j)=',S,'*xs;'];
y(1:3,1)=Y_test(1:3,1);
disp(S)
%= = = = = =基于 MPO 准则的模型验证= = = = = =%
for j=4:1:length(Y_test)
  eval(S);
end
t=dt:dt:dt*length(Y_test);
plot(t(ks:1:jss),Y_test(ks:1:jss),'b-','linewidth',1) %绘制数值积分
                                                          结果

hold on
plot(t(ks:1:jss),y(ks:1:jss),'r-','linewidth',1)   %绘制模型预测结果
xlabel ('时间','fontsize',11); ylabel ('幅值','fontsize',11)
set(gca,'FontName','Times New Roman','fontsize',11);
set(gcf,'position',[200,300,370,255]);
```

2) 构建候选模型项矩阵子程序

```
function mxx=moxingxiang2(szy,szu,jie_shu,r)
P1=[];
for j=1:1:szy
  eval(['syms y',int2str(j),';'])
```

```
    eval(['P1=[P1,y',int2str(j),'];'])
end
for j=1:1:szu
  eval(['syms u',int2str(j),';'])
  eval(['P1=[P1,u',int2str(j),'];'])
end
GS=[1:1:szy+szu];
for jj=2:1:jie_shu
  pp=[];
  ppp=[];
  eval(['pp=P',int2str(jj-1),';'])
  gs=1;
    for j=1:1:szy+szu
      p_zj=[];
  p_zj=repmat(P1(:,j),1,length(pp(1,GS(j):end))).*pp(:,GS(j):end);
      gs(1,j+1)=length(pp(1,GS(j):end))+gs(1,j);
      ppp=[ppp,p_zj];
    end
  GS=[];
  GS=gs(:,1:end-1);
  gs=[];
  eval(['P',int2str(jj),'=ppp;'])
end
P=P1;
for j=2:1:jie_shu
  eval(['P=[P,P',int2str(j),'];'])
end
mxx=P(r);
end
```

3) 达芬方程子程序

```
function xd=duffing_suijishuru(t,x,uu,m,c,k,kk)
xd=zeros(2,1);
xd(1)=x(2);
 xd(2)=(uu-c*x(2)-k*x(1)-kk*x(1)^3)/m;
```

```
end
```

4) 构建候选模型矩阵子程序

```
function [Y,p]=Build_MXX_new(JL,XY,QS,JS,szy,szu,jie_shu)
lie_shu=1;
shuju_gs=100;
y=XY;
u=JL;
Y=XY(QS:JS);
for j=1:1:szy
  Y1(:,j)=y(QS-j:JS-j,1);
end
for j=1:1:szu
  U1(:,j)=u(QS-j:JS-j,1);
end
P1=[Y1 U1];    %一阶候选模型项
%= = = = = =构建高阶候选模型矩= = = = = =%
GS=[1:1:szy+szu];
for jj=2:1:jie_shu
  pp=[];
  ppp=[];
  eval(['pp=P',int2str(jj-1),';'])
  gs=1;
    for j=1:1:szy+szu
        p_zj=[];
        p_zj=repmat(P1(:,j),1,length(pp(1,GS(j):end))).*pp(:,GS(j)
         :end);
        gs(1,j+1)=length(pp(1,GS(j):end))+gs(1,j);
        ppp=[ppp,p_zj];
    end
GS=[];
GS=gs(:,1:end-1);
gs=[];
eval(['P',int2str(jj),'=ppp;'])
end
```

```
P=P1;
for j=2:1:jie_shu
    eval(['P=[P,P',int2str(j),'];'])
end
p=P;                            %形成最终候选模型项矩阵
end
```

5) FROLS 算法子程序

```
function [r,xs,AERR]=FROLS_freedom1(YQMXXS,P,Y)
P_origin=P;
p=P_origin;
[mp,np]=size(p);
y=Y;
%= = = = = =候选模型项正交化= = = = = =%
for j=1:1:np
    g(j,1)=dot(y(:,1),p(:,j))/dot(p(:,j),p(:,j));
    ERR(j,1)=(dot(y(:,1),p(:,j)))^2/(dot(y(:,1),y(:,1))*dot(p(:,j),
    p(:,j)));
end
ERR(1,1)=max(ERR); f1=find(ERR==max(ERR)); r(1,1)=f1;
G(1,:)=g(f1,:);
w(:,1)=p(:,f1);
SC=sort(r,'descend');
S=1;
%= = = = = =模型项辨识= = = = = =%
while (S<YQMXXS)
g=zeros(np,1);
ERR=zeros(np,1);
  [mSC,nSC]=size(SC);
  for j=1:1:mSC
    p(:,SC(j,1))=zeros(mp,1);
end
W=zeros(mp,np);
  for jj=1:1:np
    zW=zeros(mp,1);
```

```
     if dot(p(:,jj),p(:,jj))==0
       jj=jj+1;
     else
       for i=1:1:mSC
       zW(:,1)=zW+((p(:,jj))'*w(:,i))/((w(:,i))'*w(:,i))*w(:,i);
       end
       W(:,jj)=p(:,jj)-zW(:,1);
     end
   end
for j=1:1:np
  if dot(p(:,j),p(:,j))==0
    j=j+1;
  else
    g(j,1)=dot(y(:,1),W(:,j))/dot(W(:,j),W(:,j));
    ERR(j,1)=(dot(y(:,1),W(:,j)))^2/(dot(y(:,1),y(:,1))*dot(W(:,j),
    W(:,j)));
  end
end
ERR(S+1,1)=max(ERR); f1=find(ERR==max(ERR)); r(S+1,1)=f1;
G(S+1,:)=g(f1,:);
w(:,S+1)=W(:,f1);
SC=sort(r,'descend');
S=S+1;
r;
end
sum(ERR)
for j=0:1:S-1
  q(:,j+1)=P(:,r(j+1,1));
end
%= = = = = =参数估计= = = = = =%
a=[];
for i=1:1:S
  a(i,i)=1;
end
for j=2:1:S
```

```
    for R=1:1:j-1
      a(R,j)=dot(w(:,R),q(:,j))/dot(w(:,R),w(:,R));
    end
end
xs=a\G;
end
```

2. 谐波信号 NARX 模型辨识 MATLAB 程序

1) 简单转子系统谐波信号 NARX 模型辨识程序

```
clc;
clear;
close all
tic
th=0;
%= = = = = =设置系统辨识参数= = = = = =%
yq_gs=4; szy=3; szu=3; jie_shu=3;
%= = = = = =设置转子系统参数= = = = = =%
m=15;k=356000;c=600;e=0.01;
M=m; K=k;
%= = = = = =设置转子系统响应求解参数= = = = = =%
zhouqi=50;
range1=[10:1:40];
range=range1.*60;
d_omg=range(2)-range(1);
qq=512*2;
bbq1=zeros(length(range),zhouqi*qq);
FF=zeros(length(range),zhouqi*qq);
dof=2*length(M);
Dt=zeros(length(range),1);
%= = = = = =求解响应= = = = = =%
for j=1:1:length(range)
  w_rotor=range(j)/60*2*pi;
  disp(w_rotor/pi/2*60)
  T=2*pi/w_rotor;
```

```
dt=1/qq;
Dt(j)=dt;
tn=60*qq;
t_step=0;
u2=zeros(2*length(M),1);
u=zeros(length(u2),tn);
ff=zeros(1,tn);
    for i=1:1:tn
        t_step=t_step+dt;
        [F,u2]=Runge_kutta(t_step,u2,e,w_rotor,dt,m,c,k);
        u(:,i)=u2;
        ff(:,i)=F;
    end
%= = = = = =保存计算结果= = = = = =%
    bbq1(j,:)=u(1,end-zhouqi*qq+1:1:end);
    FF(j,:)=ff(1,end-zhouqi*qq+1:1:end);
end
toc
%= = = = = =谐波信号系统辨识= = = = = =%
[ERR,SUMERR,MXX,xishu_FROLS,Y,U]=sweep_identification(FF,bbq1,
qq,range1,Dt,yq_gs,szy,szu,jie_shu);
%= = = = = =模型验证= = = = = =%
th=th+1;
y_v=[];
ht=1:4:length(range);
for yz=ht
    y=Y(200:5000,yz);
    u=U(200:5000,yz);
    [~,S]=shibie(MXX);
    S=['y(j)=',S,'*xishu_FROLS;'];
    y(szu+szy+1:end)=0;
    for j=szu+szy+1:1:length(y)
        eval(S);
    end
%= = = = = =绘制时域响应结果= = = = = =%
```

```
dt=Dt(yz);
time2=dt:dt:length(y)*dt;
figure(th);
th=th+1;
plot(time2,y,'r.-.','linewidth',3)      %预测输出
y_v=[y_v y];
hold on
plot(time2,Y(200:5000,yz),'k--','linewidth',1.5)      %真实结果
hold off
 xlabel('Time(s)','FontName','TimesNewRoman','FontSize',16,'LineWidth',
 2,'Fo ntWeight','bold'); ylabel('Amplitude (m)','FontName', 'Times
 New Roman','FontSize',16,'LineWidt h',2,'FontWeight', 'bold');
 legend({'NARX output','simulation output'},'fontname','Times New
 Roman','Fo ntSize',16,'Location', 'best')
title('MPO','fontname','Times New Roman','Color','k','FontSize',
16);
 set(gca,'FontSize',16);
 xlim([0,0.3])
 NSME=sum((y*1e3-Y(200:5000,yz)*1e3).^2)/sum((y*1e3).^2);
end
disp(S)
%= = = = = =绘制频域响应结果= = = = = =%
[ii,jj]=size(y_v);
for i=1:1:jj
  th=th+1;
  figure(th)
  fs=qq;
  dt=Dt(ht(i));
  yy=y_v(:,i);
  L=length(yy);
  p=fft(yy);
  p=abs(p)*2/L;
  p(1)=p(1)/2;
  maxHz=length(p)-1;
  plot([1:1:maxHz]/(L*dt),p(2:maxHz+1)*1e3,'b-','LineWidth',2)
```

```
%绘制预测结果
hold on
yy=Y(200:5000,ht(i));
L=length(yy);
p=fft(yy);
p=abs(p)*2/L;
p(1)=p(1)/2;
maxHz=length(p)-1;
plot([1:1:maxHz]/(L*dt),p(2:maxHz+1)*1e3,'r.-.','LineWidth',2)
   %绘制真实结果
 ylabel({'';'dis (rad/s)'},'FontName','Times New Roman','
 FontSize',45,'LineWidt h',2);
 xlabel({'';'Frequency (Hz)'},'FontName','Times New Roman','
 FontSize',45,'Line Width',2);
 xlim([0 100]);
 legend({'NARX output','simulation output'},'fontname','
 TimesNew Roman','Fo ntSize',16,'Location', 'northeast')
 set(gca,'FontName','Times New Roman','FontSize',16,'LineWidth',2);
  hold off
end
%= = = = = =保存辨识结果= = = = = =%
sweep.ERR_sweep=ERR;
sweep.SUMERR_sweep=SUMERR;
sweep.xishu_FROLS_sweep=xishu_FROLS;
sweep.S_sweep=S;
save sweep sweep
```

2) Runge-Kutta 子程序

```
function [F,u2_next]=Runge_kutta(t_step,U,e,w,dt,mrp,crp,k)
[F,K1]=fun_substrcture(t_step,U,e,w,dt,mrp,crp,k);
[F,K2]=fun_substrcture(t_step+0.5*dt,U+0.5*dt*K1,e,w,dt,mrp,crp,k);
[F,K3]=fun_substrcture(t_step+0.5*dt,U+0.5*dt*K2,e,w,dt,mrp,crp,k);
[F,K4]=fun_substrcture(t_step+dt,U+dt*K3,e,w,dt,mrp,crp,k);
U_next=U+dt/6*(K1+2*K2+2*K3+K4);
```

```
u2_next=U_next;
end
```

3) 简单转子系统运动方程子程序

```
function [F,dx]=fun_substrcture(t,U,e,w,dt,m,c,k)
dx=[U(2);
(m*e*w^2*cos(w*t)-c*U(2)-k*U(1)-68500000*U(1)^3)*(1/m);];
F=m*e*w^2*cos(w*t);
end
```

4) 构建候选模型项子程序

```
function mxx=moxingxiang(szy,szu,jie_shu,r)
P1=[];
%= = = = = =构建一阶候选模型项= = = = = =%
for j=1:1:szy
  eval(['syms y',int2str(j),';'])
  eval(['P1=[P1,y',int2str(j),'];'])
end
for j=1:1:szu
  eval(['syms u',int2str(j),';'])
  eval(['P1=[P1,u',int2str(j),'];'])
end
%= = = = = =构建高阶候选模型项= = = = = =%
GS=[1:1:szy+szu];
for jj=2:1:jie_shu
  pp=[];
  ppp=[];
  eval(['pp=P',int2str(jj-1),';'])
  gs=1;
    for j=1:1:szy+szu
      p_zj=[];
      p_zj=repmat(P1(:,j),1,length(pp(1,GS(j):end))).*pp(:,GS(j):
      end);
      gs(1,j+1)=length(pp(1,GS(j):end))+gs(1,j);
      ppp=[ppp,p_zj];
    end
```

```
  GS=[];
  GS=gs(:,1:end-1);
  gs=[];
  eval(['P',int2str(jj),'=ppp;'])
end
P=P1;
%= = = = = =构建候选模型项矩阵= = = = = =%
for j=2:1:jie_shu
  eval(['P=[P,P',int2str(j),'];'])
end
mxx=P(r);
end
```

5) 谐波信号辨识子程序

```
function[ERR,SUMERR,MXX,xishu_FROLS,Y,U]=sweep_identification
(shuru1,shuju1,Fs,range1,Dt,yq_gs,szy,szu,jie_shu)
tic
%= = = = = =定义输入和输出信号= = = = = =%
U=shuru1;
[m,n]=size(U);
if m>n
  elseif m<n
  U=U';
end
Y=shuju1;
[m,n]=size(Y);
if m>n
  elseif m<n
  Y=Y';
end
%= = = = = =定义系统辨识参数= = = = = =%
QS=10;
JS=length(Y)-5;
shuju_gs=23000-2;
M=factorial(szu+szy+jie_shu)/factorial(szu+szy)/factorial
```

```
(jie_shu)-1;
lie_shu=1:1:length(range1);
PP=[];
Y_FFt=[];
mm=0;
%= = = = = =提取频域数据= = = = = =%
for jj=lie_shu
  mm=mm+1;
  y=Y(QS:JS,jj);
  u=U(QS:JS,jj);
  Y2=y(end-shuju_gs-1:end,1);
  L=length(Y2(:,1));
  p1=fft(Y2);
  p1y=abs(p1).*2/L;
  p1y(1)=p1y(1)/2;
  maxHz=L;
  b=p1y(2:maxHz,:);
  [first_Y,first_correY]=max(b,[],1);
  jilu_first_correY(mm)=first;
  Y_FFt(mm)=p1(correY);
  p=zeros(shuju_gs,M-1);
%= = = = = =构建一阶候选模型项= = = = = =%
    for j=1:1:szy
      Y1(:,j)=y(end-shuju_gs-1-j:end-j,1);
    end
    for j=1:1:szu
      U1(:,j)=u(end-shuju_gs-1-j:end-j,1);
    end
  P1=[Y1 U1];
  GS=[1:1:szy+szu];
%= = = = = =构建高阶候选模型项= = = = = =%
    for jj=2:1:jie_shu
      pp=[];
      ppp=[];
      eval(['pp=P',int2str(jj-1),';'])
```

```
        gs=1;
          for j=1:1:szy+szu
            p_zj=[];
            p_zj=repmat(P1(:,j),1,length(pp(1,GS(j):end))).*pp(:,
            GS(j):end);
            gs(1,j+1)=length(pp(1,GS(j):end))+gs(1,j);
            ppp=[ppp,p_zj];
          end
        GS=[];
        GS=gs(:,1:end-1);
        gs=[];
        eval(['P',int2str(jj),'=ppp;'])
      end
P=P1;
  for j=2:1:jie_shu
    eval(['P=[P,P',int2str(j),'];'])
  end
 p=P;     %形成最终频域候选模型项矩阵
 L=length(p(:,jj));
 p1=fft(p);
 PP(mm,:)=p1(first_correY+1,:);
end
toc
%======基于FROLS算法的模型项选取======%
Y_real=real(Y_FFt);
Y_imag=imag(Y_FFt);
P_real=real(PP);
P_imag=imag(PP);
Y_use=[Y_real';Y_imag'];
P_use=[P_real;P_imag];
[mp,np]=size(P_use);
d=dot(Y_use,Y_use);
g1=[];
for i=1:1:np
  g1=[g1,dot(Y_use,P_use(:,i))./dot(P_use(:,i),P_use(:,i))];
```

```
end
e=[];
for i=1:1:np
  e=[e,(g1(:,i).^2*dot(P_use(:,i),P_use(:,i))./d)];
end
ERR=[];g=[];r=[];q=[];qx=[];
ERR=[ERR,max(e)]; f1=find(e==max(e)); r(1,1)=f1; g=g1(:,f1);
q(:,1)=P_use(:,f1);
qx(:,1)=P_use(:,f1);
P_use(:,f1)=zeros(mp,1);
s=1;
a=[];
SUMERR=0;
%= = = = = =模型项选取过程= = = = = =%
 while (s<yq_gs)
  gy=zeros(1,np);
  ERRy=zeros(1,np);
  for i=1:1:np
    if dot(P_use(:,i),P_use(:,i))==0
      while dot(P_use(:,i),P_use(:,i))==0
        i=i+1;
      end
    end
    [mq,nq]=size(q);
    z=zeros(mq,nq);
    for j=1:1:nq
      z(:,j)=(dot(P_use(:,i),q(:,j))/dot(q(:,j),q(:,j)))*q(:,j);
    end
    qy(:,i)=P_use(:,i)-sum(z,2);
    gy(1,i)=dot(Y_use,qy(:,i))/dot(qy(:,i),qy(:,i));
    ERRy(1,i)=(gy(1,i))^2*dot(qy(:,i),qy(:,i))/d;
  end
  s=s+1;
  [E,i]=max(ERRy);
  r(s,1)=i;
```

```
    ERR(s,1)=ERRy(1,i);
    SUMERR=sum(ERR);
%= = = = = = =模型参数估计= = = = = = =%
    g(s,1)=gy(1,i);
    for R=1:1:s-1
        a(R,s)=dot(q(:,R),P_use(:,i))/dot(q(:,R),q(:,R));
    end
    q(:,s)=qy(:,i);
    qx(:,s)=P_use(:,i);
    P_use(:,i)=zeros(mp,1);
end
for i=1:1:s
    a(i,i)=1;
end
xishu_FROLS=a\g;        %计算模型系数
MXX=moxingxiang2(szy,szu,jie_shu,r);
toc
end
```

3. 频域参数化模型辨识 MATLAB 程序

频系统辨识方法的频域参数化模型辨识程序

```
clc;
clear;
close all
tic
th=1;            %图号;
%= = = = = =设置工况、辨识参数= = = = = =%
gk=3;            %工况数
ccc=3e-6;        %轴承游隙
yanzheng=5;      %用第几组验证
load Fs Fs
load range1 range1
load Dt Dt
QS=10000;
```

```
JS=80000;
shuju_gs=81920-20;
yq_gs=5;            %预期模型项个数
szy=3;
szu=3;
jie_shu=3;
M=factorial(szu+szy+jie_shu)/factorial(szu+szy)/factorial
(jie_shu)-1;
for i=1:1:gk
eval(['load',' ','shuru',num2str(i),' ','shuru',num2str(i);])
eval(['load',' ','shuju',num2str(i),' ','shuju',num2str(i);])
%= = = = = =调整数据= = = = = =%
eval(['U','=shuru',num2str(i),';'])
[m,n]=size(U);
if m>n
  elseif m<n
  U=U';
end
eval(['Y','=shuju',num2str(i),';'])
[m,n]=size(Y);
if m>n
  elseif m<n
  Y=Y';
end
%= = = = = =将时域数据转换为频域数据= = = = = =%
lie_shu=1:1:length(range1);
PP=[]; Y_FFt=[];
mm=0;
for jj=lie_shu
mm=mm+1;
y=Y(QS:JS,jj);
u=U(QS:JS,jj);
Y2=y;
L=length(Y2(:,1));
p1=fft(Y2);
```

```
p1y=abs(p1).*2/L;
p1y(1)=p1y(1)/2;
maxHz=L;
b=p1y(2:maxHz,:);
[first_Y,first_correY]=max(b,[],1);
jilu_first_correY(mm)=first_correY;
Y_FFt(mm)=p1(first_correY+1);
%= = = = = =构建候选模型项矩阵= = = = = =%
p=zeros(shuju_gs+2,M-1);
for j=1:1:szy
  Y1(:,j)=Y(QS-j:JS-j,jj);
end
for j=1:1:szu
  U1(:,j)=U(QS-j:JS-j,jj);
end
P1=[Y1 U1];   %一阶候选模型项
GS=[1:1:szy+szu];
%= = = = = =构建 n 阶候选模型项矩阵= = = = = =%
for jj=2:1:jie_shu
  pp=[];
  ppp=[];
  eval(['pp=P',int2str(jj-1),';'])
  gs=1;
  for j=1:1:szy+szu
    p_zj=[];
    p_zj=repmat(P1(:,j),1,length(pp(1,GS(j):end))).*pp(:,GS(j):
    end);
    gs(1,j+1)=length(pp(1,GS(j):end))+gs(1,j);
    ppp=[ppp,p_zj];
  end
  GS=[];
  GS=gs(:,1:end-1);
  gs=[];
  eval(['P',int2str(jj),'=ppp;'])
end
```

```
P=P1;
for j=2:1:jie_shu
  eval(['P=[P,P',int2str(j),'];'])
end
p=P;    %候选模型项矩阵
%= = = = = =时域数据转换为频域数据= = = = = =%
L=length(p(:,jj));
p1=fft(p);
PP(mm,:)=p1(first_correY+1,:);
end
toc
Y_real=real(Y_FFt);
Y_imag=imag(Y_FFt);
P_real=real(PP);
P_imag=imag(PP);
eval(['Y_use',int2str(i),'=[Y_real',',','Y_imag',']'';'])
eval(['P_use',int2str(i),'=[P_real',';','P_imag','];'])
end
Y_use=[];
for ii=1:1:gk
eval(['Y_use','=[Y_use',',','Y_use',int2str(ii)',']',';'])
end
%= = = = = =模型辨识= = = = = =%
s=1;
[m,n]=size(Y_use);
J=zeros(n,M);
g_ll=zeros(n,M);
pp=zeros(m,n*M);
epsilon=zeros(m,n*M);
BETA=zeros(m,n*M);
for ii=1:1:n
  eval(['Y_u','=Y_use',int2str(ii),';'])
  eval(['P_u','=P_use',int2str(ii),';'])
  [J1,w,epsilon1,g_1,beta1]=narx1(Y_u,P_u,M);
  J(ii,:)=J1;
```

```
  g_ll(ii,:)=g_1;
  pp(:,(ii-1)*M+1:1:M*ii)=w;
  BETA(:,(ii-1)*M+1:1:M*ii)=beta1;
  epsilon(:,(ii-1)*M+1:1:M*ii)=epsilon1;
end
[hang_J,~]=size(J);
if hang_J>1
J=sum(J)./hang_J;
else
end
[~,LL(1)]=min(J,[],2);
[m1,n1]=size(epsilon);
m2=n1/n;
EP=zeros(m1,n);
for ii=1:1:n
EP(:,ii)=epsilon(:,LL(1)+(ii-1)*m2);
end
BIC=zeros(1,M);
BIC_1=zeros(1,M);
BIC_xs=(1+(s*log(m)/(m-s)));
BIC(s)=(1/n)*BIC_xs*sum((1/m)*sum(EP.^2),2);
qqq=[];
p_1=pp;
BETA_1=BETA;
epsilon_1=epsilon;
for i=1:1:yq_gs
  s=s+1;
  J=zeros(n,M-s+1);
  jilu=[];
  eval(['p_',num2str(s),'=zeros(m,n*(M-',num2str(s),'+1));'])
  eval(['epsilon_',num2str(s),'=zeros(m,n*(M-',num2str(s),'+1));'])
  eval(['BETA_',num2str(s),'=zeros(m,n*(M-',num2str(s),'+1));'])
    for ii=1:1:n
      dan=pp(:,(ii-1)*M+1:ii*M);
      if s==2
```

```
        W=dan(:,LL(1));
        qqq=[qqq,W];
      else
        W=qqq(:,ii);
        [a,~]=size(W);
        c=a/b;
        W=reshape(W,b,c);
      end
      BETA_calculate=eval(['BETA_',num2str(s-1),';']);
      epsilon_calculate=eval(['epsilon_',num2str(s-1),';']);
      [~,fuzhu_lie]=size(BETA_calculate);
      fuzhu_1=fuzhu_lie/n;
      zhengjiao=eval(['p_',num2str(s-1),';']);
      eval(['Y_u','=Y_use',int2str(ii),';'])
      eval(['P_u','=P_use',int2str(ii),';'])
[J1,w,epsilon1,g_1,beta1]=narx2(Y_u,P_u,M,LL,s,W,BETA_calculate(:,LL
(s-1)+(ii-1)*fuzhu_1),epsilon_calculate(:,LL(s-1)+(ii-1)*fuzhu_1),
zhengjiao(:,(ii-1)*fuzhu_1+1:1:ii*fuzhu_1));%%%%%%%%%BETA_calculate
(:,(ii-1)*fuzhu_1+1:1:ii*fuzhu_1),epsilon_calculate(:,(ii-1)*fuzhu_1
+1:1:ii*fuzhu_1),zhengjiao(:,(ii-1)*fuzhu_1+1:1:ii*fuzhu_1)
      J(ii,:)=J1;
      [~,a]=size(w);
      jilu=[jilu,w];
eval(['p_',num2str(s),'(:,(',num2str(ii),'-1)*(M-',num2str(s),'+1)+1:
1:(M-',num2str(s),'+1)*',num2str(ii),')=w;'])%%%%%%%p_s(:,(ii-1)*
(M-s+1)+1:1:(M-s+1)*ii)=w;
eval(['epsilon_',num2str(s),'(:,(',num2str(ii),'-1)*(M-',num2str(s),
'+1)+1:1:(M-',num2str(s),'+1)*',num2str(ii),')=epsilon1;'])
eval(['BETA_',num2str(s),'(:,(',num2str(ii),'-1)*(M-',num2str(s),'+1)
+1:1:(M-',num2str(s),'+1)*',num2str(ii),')=beta1;'])
      end
      [hang_J,~]=size(J);
      if hang_J>1
      J=sum(J)./hang_J;
      else
```

```
    end
    [~,LL(s)]=min(J,[],2);
    qqq=[qqq;jilu(:,[LL(s):a:end])];
    [m1,n1]=size(eval(['epsilon_',num2str(s),';']));
    m2=n1/n;
    EP=zeros(m1,n);
    for ii=1:1:n
      EP(:,ii)=eval(['epsilon_',num2str(s),'(:,LL(',num2str(s),')+(',
num2str(ii),'-1)* m2);']);
    end
    BIC_xs=(1+(s*log(m)/(m-s)));
    BIC(s)=(1/n)*BIC_xs*sum((1/m)*sum(EP.^2),2);
    [b,~]=size(jilu);
end
toc;
%= = = = = =系数计算= = = = = =%
xishu=zeros(s-1,n);
% LL=[1,1,1,20,15];
LL=LL(1:1:(s-1));
for ii=1:1:n
  eval(['Y_u','=Y_use',int2str(ii),';'])
  eval(['P_u','=P_use',int2str(ii),';'])
  xishu1=p_formulate(Y_u,P_u,M,jie_shu,LL);
  xishu(:,ii)=xishu1;
end
MOXINGXIANG=moxingxiang(szy,szu,jie_shu,M);
MXX=[];
for i=LL
  MXX=[MXX,MOXINGXIANG(i)];
  MOXINGXIANG(i)=[];
end
%= = = = = =模型验证= = = = = =%
for ii=1:1:gk
  eval(['Y','=shuju',int2str(ii),''';'])
  eval(['U','=shuru',int2str(ii),''';'])
```

```
  y_v=[];
  jjj=1;
for yz=jjj
  y=Y(200:25000,yz);
  u=U(200:25000,yz);
  [SS,S]=shibie(MXX);
  S=['y(j)=',S,'*xishu(:,ii);'];
  y(szu+szy+1:end)=0;
for j=szu+szy+1:1:length(y)
  eval(S);
end
%= = = = = =模型验证= = = = = =%
dt=Dt(yz);
time2=dt:dt:length(y)*dt;
figure(th);
th=th+1;
plot(time2,y,'r.-.','linewidth',3)%%%%%%%拟合信号
y_v=[y_v y];
hold on
plot(time2,Y(200:25000,yz),'k--','linewidth',1.5)%%%%原始信号
hold off
 xlabel('Time \rm(s)','FontName','Times New Roman','FontSize',35,
 'LineWidth',2,' FontWeight','bold');
 ylabel('Amplitude','FontName','Times  New  Roman','FontSize',35,
 'LineWidth',2,'F ontWeight','bold');
 legend({'NARX output','simulation output'},'fontname','Times New
 Roman','Font Size',16,'Location','best')
title('MPO','fontname','Times New Roman','Color','k','FontSize',
16);
set(gca,'FontSize',16);
NSME=sum((y*1e3-Y(200:25000,yz)*1e3).^2)/sum((y*1e3).^2);
end
end
disp(S);
%= = = = = =系数估计= = = = = =%
```

```
c=[1 5 9]*1e-7;
cc=[1 1 1;c;c.^2;c.^3];
beita=xishu*cc'*pinv(cc*cc');
save beita beita
a=7*1e-7;    %设计参数
beta=beita;
cc=[1;a;a^2;a^3];
xita1=beta*cc;
%= = = = = =预测其他工况下的系统响应= = = = = =%
eval(['load',' ','shuru',num2str(yanzheng),' ','shuru',num2str
(yanzheng);])
eval(['load',' ','shuju',num2str(yanzheng),' ','shuju',num2str
(yanzheng);])
eval(['Y','=shuju',int2str(yanzheng),''';'])
eval(['U','=shuru',int2str(yanzheng),''';'])
y_v=[];
jjj=1:1:40;
for yz=jjj
y=Y(200:25000,yz);
u=U(200:25000,yz);
[SS,S]=shibie(MXX);
S=['y(j)=',S,'*xita1;'];
y(szu+szy+1:end)=0;
for j=szu+szy+1:1:length(y)
    eval(S);
end
dt=Dt(yz);
time2=dt:dt:length(y)*dt;
figure(th);
th=th+1;
plot(time2,y*ccc*1e3,'r.-.','linewidth',3);    %拟合信号
y_v=[y_v y];
hold on
plot(time2,Y(200:25000,yz)*ccc*1e3,'k--','linewidth',1.5);%原始信号
hold off
```

```
xlabel('Time \rm(s)','FontName','Times New Roman','FontSize',35,
'LineWidth',2,' FontWeight','bold');
ylabel('Amplitude','FontName','Times  New  Roman','FontSize',35,
'LineWidth',2,'F ontWeight','bold');
legend({'NARX output','simulation output'},'fontname','Times New
Roman','Font Size',16,'Location','best')
title('MPO','fontname','Times New Roman','Color','k','FontSize',
16);
set(gca,'FontSize',16);
NSME=sum((y*ccc*1e3-Y(200:25000,yz)*ccc*1e3).^2)/sum((y*ccc*1e3)
.^2);
end
```

4. 螺栓连接转子系统动力学建模与分析 MATLAB 程序

1) 螺栓连接转子系统建模与动力学特性分析主程序

```
clc;
clear;
close all;
tic
lp=1;
th=1;
preload=1e-7;
for iii=1:1:length(preload)
  tic
  xx=preload(iii);
[Mfinite,Gfinite,Kfinite,panp,~,system1,alfa,byounta,m3,m4]
=build(1);   %转子系统建模
%= = = = = =求解设置= = = = = = =%
state0x=zeros(length(Mfinite),1);
state0xv=zeros(length(Mfinite),1);
qj=1;
range1=sort([45:qj:185]);
cc=10e-6;
range=range1.*60;
```

```
zhouqi=100;
zongzhouqi=250;
fre=512;
shuju1=zeros(length(range1),zhouqi);
shuju2=zeros(length(range1),zhouqi);
shuju11=zeros(length(range1),zhouqi);
shuju22=zeros(length(range1),zhouqi);
jl_gd=zeros(length(range),zhouqi);
jl_al=zeros(length(range),zhouqi);
%= = = = = =求解= = = = = =%
for j=1:1:length(range)
  tic
  omega=range(j)/60*2*pi;
  T=2*pi;
  qq=fre;
  dt=T/qq;
  fs=1/dt;
  Fs(j)=fs;
  Dt(j)=dt;
  total=zongzhouqi;
  [f,fv,jilu_KL,al]=Timets(Mfinite,Gfinite,Kfinite,omega,total,dt,
  panp,lp,state0x,state0xv,system1,alfa,byounta,m3,m4,cc,xx);
  shuju1(j,:)=f(7, 1:1:end);
  shuju2(j,:)=f(19, 1:1:end);
  shuju11(j,:)=fv(7, 1:1:end);
  shuju22(j,:)=fv(19, 1:1:end);
  jl_gd(j,:)=jilu_KL(1:1:end);
  jl_al(j,:)=al(end-1:1:end);
  toc
end
%= = = = = =保存数据= = = = = =%
eval(['shuju1_',num2str(iii),'=shuju1;'])
eval(['shuju2_',num2str(iii),'=shuju2;'])
eval(['shuju11_',num2str(iii),'=shuju11;'])
eval(['shuju22_',num2str(iii),'=shuju22;'])
```

```
eval(['jl_gd_',num2str(iii),'=jl_gd;'])
eval(['jl_al_',num2str(iii),'=jl_al;'])
toc
end
toc
```

2) 构建转子系统模型子程序

```
function[M,G,K,panp,para,system1,alfa,byounta,m3,m4]=build(~)
alfa=2*(xi2/wn2-xi1/wn1)/(1/wn2^2-1/wn1^2);
byounta=2*(wn2*xi2-wn1*xi1)/(wn2^2-wn1^2);
g=10;
%= = = = = =转子系统参数= = = = = =%
 m1=0.0439*qqq;m2=0.02343*qqq;m3=0.6919*qqq;m4=0.5919/2*qqq;
 m5=m4;m6=0.09633*qqq;
 Jp1=2.957e-6*qqq;Jd1=3.196e-6*qqq;
 Jp2=0.2929e-6*qqq;Jd2=2.966e-6*qqq;
 Jp3=5.735e-4*qqq;Jd3=2.867e-4*qqq;
 Jp4=0.5*4.735e-4*qqq;Jd4=0.5*2.478e-4*qqq;
 Jp5=0.5*4.735e-4*qqq;Jd5=0.5*2.478e-4*qqq;
 Jp6=7.526e-6*qqq;Jd6=8.780e-6*qqq;
 crp=1200;
 kbLx=0;kbLy=0;
 E=2.1e11;
 boso=0.3;
 p=7800;
 para.alfa=alfa;
 para.byounta=byounta;
 para.g=g;
 para.E=E;
 para.boso=boso;
 para.G=G;
 para.p=p;
 r_i=00;
 Mx=diag([m1 Jd1 m2 Jd2 m3 Jd3 m4 Jd4 m5 Jd5 m6 Jd6]);    %质量矩阵
 My=Mx;
```

```
[h0,L0]=size(Mx);
M=[Mx,zeros(h0,L0);zeros(h0,L0),My];
J1=diag([0 Jp1 0 Jp2 0 Jp3 0 Jp4 0 Jp5 0 Jp6]);
[h1,L1]=size(J1);
[h2,L2]=size(-J1.');
G=[zeros(h1,L2),J1;-J1.',zeros(h2,L1)];        %陀螺矩阵
%= = = = = =轴段1刚度矩阵= = = = = =%
system1=3;
order=zeros(4,system1);
order(1,:)=system1;
order(2,:)=[40.1 40.1 40.1]*2/1000;
order(3,:)=r_i*ones(1,system1)/1000;
order(4,:)=[35 480 480]/1000;
[Kx1,Ky1]=E_Timoshenko(E,system1,order);
%= = = = = =轴段2刚度矩阵= = = = = =%
system=1;
order=zeros(4,system);
order(1,:)=system;
order(2,:)=[40.1]*2/1000;
order(3,:)=r_i*ones(1,system)/1000;
order(4,:)=[480]/1000;
[Kx3,Ky3]=E_Timoshenko(E,system,order);
K=blkdiag(Kx1,Kx3,Ky1,Ky3);
K2=diag([0 0 kbLx 0 0 0 0 0 0 0 0 0 kbLy 0 0 0 0 0 0 0 0]);
%支承刚度
K=K+K2;                              %整体刚度矩阵
panp=[5,17,7,19,9,21];               %偏心位置
end
```

3) 动力学方程求解子函数

```
function[f,fv,jlkl,al]=Timets(Mfinite,Gfinite,Kfinite,omega,total,dt,panp,lp,state0x,state0xv,system1,alfa,byounta,m3,m4,cc,xx)
MMM=diag(Mfinite);
gama=0.5;
beta1=0.25;
```

```
a0=1/beta1/dt/dt;
a1=gama/beta1/dt;
a2=1/beta1/dt;
a3=1/2/beta1-1;
a4=gama/beta1-1;
a5=dt/2*(gama/beta1-2);
a6=dt*(1-gama);
a7=gama*dt;                              %Newmark 法参数设置
cbLx=100;cbLy=100;
Mfinit=Mfinite;Kfinit=Kfinite;  %建模矩阵
%%无量纲质量矩阵%%
Mfinite=Mfinite*omega^2;
%%无量纲阻尼矩阵%%
u=state0x+1e-10;                          %设定初值
du=state0xv+1e-10;
d2u=du+1e-10;
%%偏心%%
pian1=m3*0.01e-3*omega^2/lp;
pian2=m4*0.01e-3*omega^2/lp;
pian3=pian2;
fai1=0;
fai2=0;
fai3=0;
%= = = = = =连接刚度矩阵= = = = = =%
ks=Kx2(1,1);k1=0;k2=0;kx=0;kxx=0;
Kx2=[ks k1 -ks k2;
    k1 kx -k2 kx-kxx;
    -ks -k2 ks -k1;
    k2 kx-kxx -k1 kx];
Ky2=[ks -k1 -ks -k2;
    -k1 kx k2 kx-kxx;
    -ks k2 ks k1;
    -k2 kx-kxx k1 kx];
%螺栓系数
[kj1,kj2]=luoshuan(Kx2,Ky2);
```

```
%开始计算
num=0;
bearing=[3,15,11,23];
zhongli=[13 15 17 19 21 23];
bearingp=[7 19 20 8 9 21 22 10];
Nb=8; Kb=13.34e9; R=63.9e-3; r=40.1e-3; c=cc;      %轴承参数
anglea=0:2*pi/Nb:(2*pi-2*pi/Nb);          %参数准备
anglea=anglea';
xishu=r/(R+r);
jilu=zeros(length(MMM),total);
jilu_KL=[];al=[];
% jilu_kx=zeros(cd*2,total);
for i=1:1:total
  Kfinite=Kfinit;
  t=i;
  xfsee=u(bearing)+dt*du(bearing)+0.5*dt^2*d2u(bearing);
  angle=xishu*t+anglea;
  cosanl=cos(angle);
  sinanl=sin(angle);
    place=cosanl*xfsee(1)+sinanl*xfsee(2)-1;
    Fx1=Kb*c^0.5*sum(real(place.^1.5).*cosanl);      %轴承力1
    Fy1=Kb*c^0.5*sum(real(place.^1.5).*sinanl);      %轴承力2
    place=cosanl*xfsee(3)+sinanl*xfsee(4)-1;
    Fx2=Kb*c^0.5*sum(real(place.^1.5).*cosanl);      %轴承力3
    Fy2=Kb*c^0.5*sum(real(place.^1.5).*sinanl);      %轴承力4
uf=u(bearingp)+du(bearingp)*dt+0.5*d2u(bearingp)*dt^2;    %预估位移
angle=(uf([3,4])-uf([7,8]));        %连接处外力
al=[al angle];
place=abs(angle)-xx;                %螺栓力
panduan=(place<=0);                 %判断阈值
angle(find(angle~=0))=1./angle(find(angle~=0));       %计算偏差
 KL=kj1.*panduan+(kj2*place.*angle+kj-1*xx*angle).*(~ panduan);
 %计算变化的刚度
KL=abs(KL);
jilu_KL=[jilu_KL KL];
```

```
%= = = = = =更新连接刚度矩阵= = = = = =%
kx=KL(2); kxx=0;
Kx2=[ks k1 -ks k2;
     k1 kx -k2 -kx-kxx;
     -ks -k2 ks -k1;
     k2 -kx-kxx -k1 kx];
kx=KL(1); kxx=0;
Ky2=[ks k1 -ks k2;
     k1 kx -k2 -kx-kxx;
     -ks -k2 ks -k1;
     k2 -kx-kxx -k1 kx];
wz=4+(system1-1)*(4-2)-1:4+(system1-1)*(4-2)+2;
Kfinite(wz,wz)=Kfinite(wz,wz)+Kx2;
 Kfinite(wz+length(Kfinite)*0.5,wz+length(Kfinite)*0.5)=Kfinite
 (wz+length(Kfinite)*0.5,wz+length(Kfinite)*0.5)+Ky2;
C=alfa*Mfinit+byounta*Kfinite;        %有量纲瑞利阻尼矩阵
C2=diag([0 0 cbLx 0 0 0 0 0 0 0 0 0 0 cbLy 0 0 0 0 0 0 0 0]);
C=C+C2;
CC=zeros(size(C));
ii=[length(C)*0.5-1,length(C)-1];
for i=ii
CC(i,i)=cbLx;           %支承阻尼
end
Cfinite=C+CC;          %总阻尼矩阵
Cobtain=omega*(Cfinite-omega*Gfinite);       %无量纲阻尼矩阵
Kanswer=Kfinite+a0*Mfinite+a1*Cobtain;
Qobtain=zeros(length(MMM),1);    %重力
Qobtain(zhongli)=Qobtain(zhongli)-MMM(zhongli)*10;
 Qobtain([panp(1),panp(2)])=Qobtain([panp(1),panp(2)])+
 pian1*[cos(t+fai1);sin(t+fai1)];        %偏心力
 Qobtain([panp(3),panp(4)])=Qobtain([panp(3),panp(4)])+
 pian2*[cos(t+fai2);sin(t+fai2)];
 Qobtain([panp(5),panp(6)])=Qobtain([panp(5),panp(6)])+
 pian3*[cos(t+fai3);sin(t+fai3)];
Qobtain=Qobtain;      %轴承力
```

```
Qobtain(bearing)=Qobtain(bearing)-[Fx1 Fy1 Fx2 Fy2]';
 u_next=Kanswer\(Qobtain+Mfinite*(a0*u+a2*du+a3*d2u)+
 Cobtain*(a1*u+a4*du+a5*d2u));   %赋值
d2u_next=a0*(u_next-u)-a2*du-a3*d2u;
du_next=du+a6*d2u+a7*d2u_next;
u=u_next;
du=du_next;
d2u=d2u_next;
num=num+1;
jilu(:,num)=u;
jiluv(:,num)=du;
end
jlkl=jilu_KL;
f=jilu;
fv=jiluv;
end
```